新型无保持架球轴承的原理分析与探讨

赵彦玲　著

U0222743

哈尔滨工业大学出版社

内 容 简 介

　　本书从无保持架球轴承滚道设置局部变速曲面,使滚动体经过局部变速曲面时进行微变速,通过微变速调整滚动体之间的间距,达到滚动体自动离散、互相不接触的理想效果;分别对无保持架球轴承滚动体碰摩机理、自动离散机理,自动离散球轴承接触动力学特性、振动力学特性,无保持架球轴承动态试验设计以及实现不同型号的自动离散轴承的相关参数化设计等进行了系统的探讨,较为全面地反映了无保持架球轴承动态特性的相关进展以及作者的研究思路和方法。

　　本书可以作为机械工程学科本科生和研究生的参考用书,对从事轴承设计相关领域的研究人员和工程技术人员也有一定的参考价值。

图书在版编目(CIP)数据

　　新型无保持架球轴承的原理分析与探讨/赵彦玲著
. —哈尔滨:哈尔滨工业大学出版社,2023.8(2024.9重印)
　　ISBN 978 - 7 - 5767 - 1110 - 3

　　Ⅰ.①新… Ⅱ.①赵… Ⅲ.①保持架－球轴承－研究
Ⅳ.①TH133.33

　　中国国家版本馆 CIP 数据核字(2023)第 210364 号

策划编辑　杨明蕾　刘　瑶
责任编辑　刘　瑶
出版发行　哈尔滨工业大学出版社
社　　址　哈尔滨市南岗区复华四道街 10 号　邮编 150006
传　　真　0451 - 86414749
网　　址　http://hitpress.hit.edu.cn
印　　刷　哈尔滨市颉升高印刷有限公司
开　　本　787 mm×1 092 mm　1/16　印张 14　字数 332 千字
版　　次　2023 年 8 月第 1 版　2024 年 9 月第 2 次印刷
书　　号　ISBN 978 - 7 - 5767 - 1110 - 3
定　　价　95.00 元

前　　言

近年来,我国已经开启全面建设社会主义现代化国家的新征程,轴承行业发展站到了新的起点。轴承作为旋转机械的核心部件,起着支撑旋转件、减少摩擦损耗的作用。随着近几年国家大力发展实体经济,国内的制造业、航空航天以及交通运输等领域得到飞速发展,轴承在这些领域的应用越来越广泛,已经作为重点发展扶持项目被列入国家"强基工程"计划之中,提高我国轴承性能已经成为迫切需要解决的问题。随着轴承动态特性及轴承设计理论的发展,根据轴承适用环境与要求对轴承现有结构进行改变,或设计新型结构以达到更好的动态性能,已成为目前轴承动态特性研究的一种手段。

现阶段工程中应用的轴承都含有保持架,为了避免保持架所带来的摩擦阻力,实现轴承的高速或超高速运行,近年来出现了无保持架陶瓷球轴承。高速无保持架陶瓷球轴承摒弃了传统意义上的保持架,消除了保持架带来的摩擦阻力,在轴承结构方面产生了突破性进展,但同时也带来了问题。通常轴承在无保持架的情况下滚动体的运动比较复杂,具有一定的随机性,滚动体之间会相互摩擦和碰撞,运转过程中将带来不小的阻力,虽然陶瓷球密度低、质量轻、表面质量好,滚动体之间的摩擦低于普通钢球,但这种摩擦仍然是产生热量的主要原因,高速运转时的摩擦发热使轴承产生高温,影响轴承的工作性能。因此,迫切需要从运动原理和接触机理上对新型轴承进行设计,以控制滚动体运动速度实现自动离散,从而减少滚动体之间的碰撞,提高轴承的性能,为提升无保持架球轴承性能以及扩展其应用场合具有重要的科学意义、技术价值和经济效益。

本书在总结作者及其研究团队过去针对无保持架球轴承研究工作取得成果的基础上,介绍无保持架球轴承滚动体的碰摩机理、离散机理、振动接触力学及动力学,主要围绕以下4个方面进行探讨:无保持架球轴承滚动体运动特性及分布规律分析;球轴承滚动体离散原理与变速曲面接触点路径研究;变速曲面磨损及滚动体打滑碰撞动力学分析;变速曲面设计及离散轴承结构的参数化设计等。

全书共8章:第1章介绍了无保持架球轴承研究意义及现状,阐述了轴承动态特性理论建模、数字化方法、试验方法及轴承设计;第2章阐述了无保持架球轴承滚动体随机碰摩运动动态分布规律;第3章阐述了无保持架球轴承滚动体与滚道接触点轨迹,滚动体自动离散原理,实现滚动体自动离散的变速曲面空间几何模型;第4章阐述了无保持架自动离散轴承零部件的接触变形以及时变特性的动力学行为;第5、6章阐述了无保持架自动离散轴承变速曲面磨损及润滑行为;第7章阐述了无保持架自动离散轴承变速曲面损伤所引起的滚动体离散失效及损伤振动动态性能;第8章阐述了基于高速摄影和图像处理算法相结合的非接触式无保持架轴承滚动体运动测量方法。

感谢国家自然科学基金项目（项目号：51875142）对与本书相关内容的研究提供经费支持。在撰写过程中，作者所指导的博士研究生和硕士研究生在结构设计、仿真分析、试验研究等方面做了大量工作，王崎宇和武传旺参与了插图和公式后期的编辑工作，在此表示感谢。

本书在撰写过程中参考了国内外许多专家、学者的论著，在此表示感谢。

由于作者水平有限，书中难免存在不妥之处，恳请专家、读者批评指正。

作　者

2023 年 6 月

目　　录

第1章 绪 论

轴承作为基础部件,在装备制造业中发挥着重要的作用。轴承是工业机械的"关节",是装备制造业的"心脏",在各类装备和主机产品的功能、质量、可靠性方面具有决定性作用。2020年9月22日,国家主席习近平在第75届联合国大会一般性辩论上发表重要讲话,提出:"中国将提高国家自主贡献力度,采取更加有力的政策和措施,二氧化碳排放力争于2030年前达到峰值,努力争取2060年前实现碳中和。"面对这新一轮产业革命带来的机遇与挑战,美国、德国、日本、瑞典等工业发达国家已将环保、无摩擦、无润滑油及轻量化的高端轴承列为21世纪发展战略。在这一背景下,对航天航空、石油运输、超高速精密加工、机器人等高科技领域高端轴承进行了革新,并对轴承系统提出了全新的技术要求。

1.1 无保持架球轴承研究意义及现状

轴承工业是国家基础性战略性产业,对国民经济发展和国防建设起着重要的支撑作用。中国机械工程技术路线图对未来20年机械工程技术发展进行了预测和展望,面向2030年提出轴承绿色发展,对轴承进行复杂建模以及优化设计。未来5年,全球轴承销量预计将大幅增长,电机和汽车驱动将占新产品需求的1/3以上。轴承系统适用领域如图1.1所示。随着对可持续性和能源效率的关注不断增长,环境问题很可能在全球轴承市场的未来中发挥重要作用,消费者和政府逐渐意识到产品与生产过程对环境的影响,因此轴承的研发与生产将向更加节能和环保的方向转变。

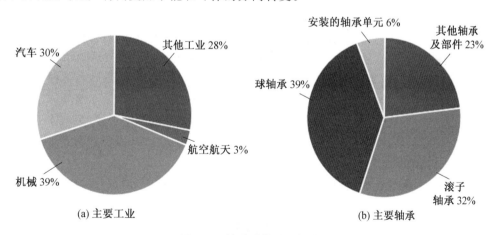

(a) 主要工业　　　　　　　　　　　(b) 主要轴承

图 1.1 轴承系统适用领域

为了应对轴承领域日益激烈的市场竞争及多元化产品需求,采用无接触、无磨损、无须润滑的磁浮轴承取代传统滚动轴承设计是未来的发展方向,保护轴承作为磁浮轴承失效转子的临时支撑,保护磁浮轴承定子和电机定子不受损坏。

　　无保持架陶瓷混合球轴承,作为磁浮轴承失效后的保护轴承,替代传统保护轴承越来越被各国学者所关注。陶瓷球具有低密度、高硬度、耐高温、耐磨、自润滑等特性,特别适用于高转速、无润滑场合。无保持架结构使轴承滚动体的数量更多,可以达到最大填装量,提高了轴承的承载能力且单个滚动体负载小。当磁浮轴承失效转子下落时,由于没有保持架的引导作用惯性减少,适合于高速并在较短的自旋下降时间内转子达到平稳,作为保护轴承目前已经取得了良好的效果。但无保持架球轴承滚动体之间接触产生摩擦力,滚动体动态行为不可控,碰撞工况下不稳定因素较多,作为保护轴承会出现滚动体发生打滑碰摩及滚道滑动磨痕现象。

　　尽管国内外学者围绕磁浮轴承的保护轴承失效问题开展了研究,但均未涉及无保持架球轴承的理论研究及滚动体互不接触方法研究,因此,到目前并没有从根本上解决滚动体接触摩擦问题,从而影响了轴承极限转速和保护轴承寿命的提高,针对无保持架球轴承有待从以下几方面开展研究:

　　(1)无保持架球轴承滚动体动态特性系统理论的建立。无保持架球轴承是保护磁浮轴承失效的关键部件,对其性能起着至关重要的影响。滚动体之间需尽量减少互相接触和摩擦,解决这个问题是这类轴承能够得以进一步发展的关键。因此,研究无保持架陶瓷球轴承的滚动体运动规律和找到滚动体自动离散的方法,将为磁浮轴承转子系统性能提高提供关键技术手段,使对轴承领域的研究跃升到一个新阶段和新水平。

　　(2)无保持架球轴承滚动体之间碰摩问题。通常在无保持架的情况下球轴承滚动体之间会相互接触摩擦和碰撞,在运转过程中将带来不小的阻力,虽然陶瓷球密度低、质量轻、表面质量好,滚动体之间的摩擦低于普通钢球,但这种摩擦仍然是产生热量的主要原因,高速运转时的摩擦发热使轴承产生高温,影响轴承的工作性能。

　　(3)无保持架球轴承滚动体之间的非接触运动原理。滚动体运动与轴承滚道结构具有紧密联系,通过对无保持架球轴承滚道进行设计,使轴承做到了既没有保持架产生的摩擦,也没有滚动体之间产生的摩擦,对于滚动轴承来说是一种极佳的工作状态,从根本上解决了轴承内部元件的摩擦问题,属于轴承结构和工作原理创新性的突破。

　　(4)服役状态下无保持架自动离散轴承动的力学问题。无保持架球轴承在运动过程中,没有保持架的隔离滚动体的空间位置和运动姿态都会发生变化,导致各部件的接触位置和接触力改变,且接触区域内的接触状态也十分复杂,无保持架球轴承滚动体与滚道之间接触状态的改变会影响轴承的磨损,从而导致滚动体的离散运动失效,滚动体出现堆积现象,此时轴承运转过程载荷分布不均匀而引起振动。因此,需从服役状态下对新型自动离散轴承进行优化。

　　本书将针对无保持架陶瓷球混合轴承离散机理进行系统的分析和探讨。

1.2　轴承结构与其动态特性相关性研究进展

　　随着轴承动态特性及轴承设计理论的发展,根据轴承适用环境与要求对轴承现有结构进行改变或设计新型结构以达到更好的动态性能,已成为目前轴承动态特性研究的一种手段。由于轴承几何结构的改变会影响其如接触形式、接触刚度、摩擦形式等动力学特性的改变,因此针对改变结构主要从以下几个两方面考虑。

1.2.1　滚动体与套圈接触状态

　　滚动轴承在运转过程中,对球轴承施加径向或者轴向和径向两个方向的载荷,即联合载荷,滚动体与滚道之间将产生接触变形,内外圈之间产生相对位移甚至倾斜。此时,各个滚动体的接触角随其所处位置的不同而不同,内圈沟道曲率相应地发生改变,内外圈被迫处于相互扭曲状态,滚动体与滚道之间将产生过大载荷,从而增加摩擦耗散和发热,导致轴承出现早期失效。2015 年我国修订了关于三点和四点接触球轴承的国家标准,将轴承内外圈沟道进行了新的设计,与深沟球轴承和角接触球轴承相比,不仅提高了承载能力和极限转速,还具有轴向蹿动更小的优点。三点接触球轴承由于钢球在内外圈滚道上有3 个接触点,在使用过程中随着轴承转速的增加,受离心力影响,外圈接触角减小,此类型的轴承适合在中等转速条件下工作,或者对装配有特殊要求的场合。四点接触球轴承是一种可承受双向轴向载荷的角接触球轴承,当无载荷或纯径向载荷作用时,球与套圈呈四点接触状态,原因在于此类轴承的内外圈沟道为桃形截面,圆弧的中心距和半径大小直接影响轴承的轴向游隙、径向游隙和接触角。三点接触球轴承的结构有两种,即双半内圈三点接触轴承和双半外圈接触轴承。图 1.2 所示为内圈分半的二点和三点接触球轴承结构图。滚道为双圆弧曲线,能同时承受较大的径向载荷与轴向载荷,起到一对角接触球轴承的作用;同时,由于其采用整体保持架,因此具有较高的速度特性。图 1.3 所示为将整体圆弧外滚道设计为双瓣拱形对称的三点接触球轴承结构图。外圈上两个接触点分担了高速运动过程中由大离心力产生的接触载荷,减少了滚动元件和滚道之间的磨损,并改善了滚动元件移动时由于陀螺扭矩引起的滑动,为提高轴承的动态性能提供了新的解释。

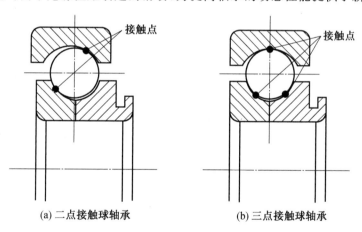

(a) 二点接触球轴承　　　　　　　　(b) 三点接触球轴承

图 1.2　内圈分半的二点和三点接触球轴承结构图

　　随着风力涡轮机、航空领域的发展,一些学者为进一步提高轴承在高速工况下的稳定性及承载能力,将轴承内外滚道结构进行了更改,图 1.4 所示为双拱形滚道结构四点接触球轴承结构图,沟道的曲率中心对称且曲率半径相等。结合双拱形滚道的间隙、拱形尺寸参数,分析了滚动体与滚道接触的滑动速度,控制滚动体与滚道的滑动摩擦。研究发现,当轴承承受联合载荷时,若内外滚道曲率值相同会导致套圈偏转,进而减小滚动体所受摩

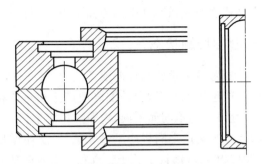

图 1.3　双瓣拱形对称的三点接触球轴承结构图

擦力,降低滚动体的自旋及滑动运动。通过在内外滚道的沟底设计一个大曲率的复合沟道,形成复合沟道曲率半径深沟球轴承,如图 1.5 所示。

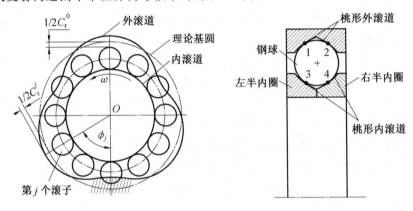

图 1.4　双拱形滚道结构四点接触球轴承结构图

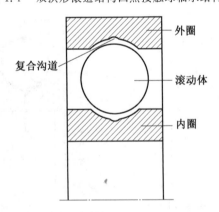

图 1.5　复合沟道曲率半径深沟球轴承结构图

将内外滚道均设计成椭圆形,如图 1.6 所示,通过改变滚道结构在某些特定工况下增加接触点个数,改善滚动体与滚道之间的接触应力。

在挖掘机上使用的轴承需要有较高的回转支撑精度和较低的噪声及振动,因此提出了正方形滚道球式回转支撑结构,如图 1.7 所示。内外滚道均为 90° 夹角的 V 形球式回转支撑,将正方形滚道替代普通的圆形滚道,与普通圆形滚道相比降低了加工难度,能够同

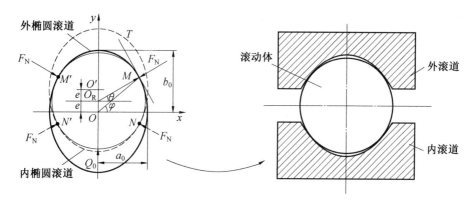

图 1.6   椭圆形滚道轴承结构图

时承受径向力、轴向力和倾覆力矩的组合轴承。

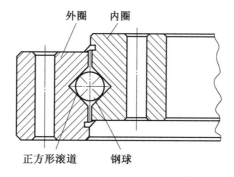

图 1.7   正方形滚道球式回转支撑结构

　　针对普通球轴承服役期间滚动体与滚道由于长期高频次的点接触,滚动体表面容易产生固定环带状磨损区域这一问题,提出了一种 V 形内圈滚道轴承结构,如图 1.8 所示。内滚道为锥形、外滚道为弧形的球轴承,提高了轴承的使用寿命。

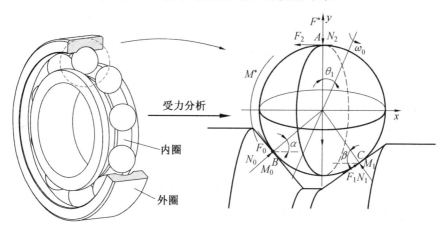

图 1.8   V 形内圈滚道轴承结构图

　　滚动元件的摩擦和运动规律随着曲率的变化而变化,通过改变深沟球轴承滚道的曲率半径和滚动元件的尺寸降低磨损,内圈将采用具有母线形环面的表面形式,其轴线沿环的旋转轴线倾斜 20°,如图 1.9 所示,改变了滚动体与滚道之间摩擦力的方向,使摩擦力矩在运动过程中相互抵消一部分,这样可以降低磨损和振动水平并提高速度。

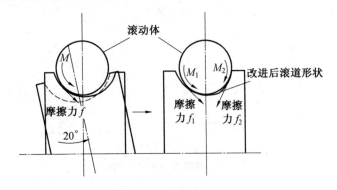

图 1.9　　母线形环面内圈轴承结构图

针对航空发动机圆柱滚子轴承易发生打滑问题,提出了一种具有弹性支撑的三瓣波滚道圆柱滚子轴承(图 1.10)来代替常规滚子轴承。该轴承可用于控制滚动元件的滑动,通过增大外圈安装旋转角可以使载荷分布更加均匀,降低了轴承的振动。

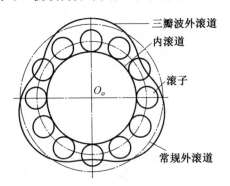

图 1.10　　三瓣波滚道圆柱滚子轴承结构图

1.2.2　　无保持架球轴承动态特性研究现状

为了避免保持架所带来的摩擦阻力,实现轴承的高速或超高速运行,近年来出现了无保持架陶瓷球轴承。无保持架结构使轴承滚动体的数目更多,可以达到最大填装量,提高了轴承的承载能力,同时替代保持架有效控制保持架与滚动体高频接触带来的磨损问题,这种轴承自 20 世纪 60 年代出现,也被称为满装滚子轴承。20 世纪 80 年代初期,随着磁浮轴承转子系统的发展,保护轴承作为磁浮轴承失效后转子的临时支撑越来越被重视,当磁浮轴承失效后支撑因磁力消失而坠落的转子完成再旋转运动,保护磁浮轴承定子和电机定子不受损坏,无保持架球轴承逐渐被用于火箭发动机转子系统的备用轴承。由于没有保持架限制滚动体的运动范围,作为保护轴承在转子下落过程中一起同向旋转,保证转子系统的平稳运行。近年来国外将无保持架陶瓷球轴承应用在各种军用和民用无人机微型涡轮喷气发动机上。无保持架球轴承摩擦力矩低于带保持架球轴承,针对无保持架球轴承摩擦力矩提出了新的计算方法,如图 1.11 所示。

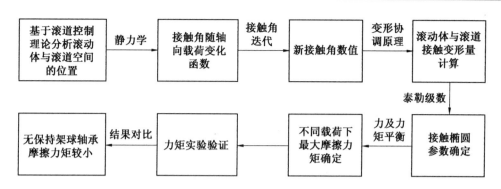

图 1.11　无保持架球轴承摩擦力矩计算原理

通过控制滚动体与滚道之间的接触摩擦角大小,将轴承内外圈滚道廓线均设计为对数螺旋线,从摩擦学角度对轴承的径向和轴向方向进行设计,使得滚动体与滚道之间形成摩擦自锁效应,从而限定滚动体在滚道内的空间位置,防止相邻滚动体之间发生碰摩,以实现全部滚动体在滚道内的纯滚动或趋近纯滚动。含对数螺旋线滚道的无保持架球轴承结构图如图 1.12 所示。

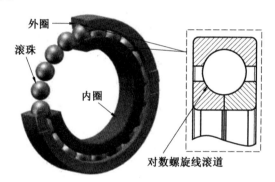

图 1.12　含对数螺旋线滚道的无保持架球轴承结构图

用异形隔离体代替传统保持架,既增加圆柱滚子数量,提高承载能力,又防止滚子之间的接触,减小摩擦力。将相邻滚子之间的滑动摩擦通过隔离体转变成滚动摩擦,并对隔离体无保持架球轴承进行动力学分析,给出了隔离体的最佳材料和结构参数。通过试验证明隔离体能有效降低滚动元件之间的摩擦,减小轴承温升,提高轴承寿命。圆柱形和梯形隔离体无保持架球轴承结构图分别如图 1.13 和图 1.14 所示。

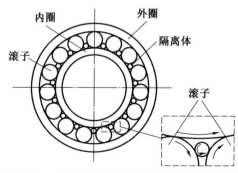

图 1.13　圆柱形隔离体无保持架球轴承结构图

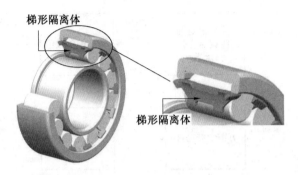

图 1.14　梯形隔离体无保持架球轴承结构图

如图 1.15 所示,对无保持架全钢球滚动轴承内圈进行设计,钢球采用弧形凹槽,改进后提高了隧道窑窑车轴承的承载能力,并适用于高温度、低转速的工况。图 1.16 所示为无保持架曲沟球轴承结构图,在轴承的内外圈同时设计了"峰"和"谷"个数分别相等的曲面滚道,这种曲面滚道可以将滚动体的回转运动变为直线运动,并增加承受径向载荷的能力。

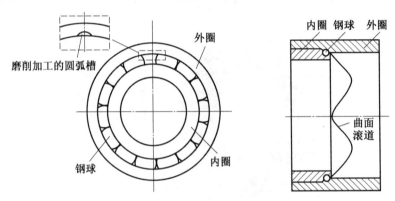

图 1.15　无保持架全钢球滚动轴承结构图　图 1.16　无保持架曲沟球轴承结构图

图 1.17 所示为用于陀螺仪上的特殊无保持架满球轴承结构图,并通过试验测试表明该类轴承的摩擦力矩较小。图 1.18 所示为一种新型无外圈无保持架圆柱满装滚子轴承结构图,该轴承增大了滚子数量及其尺寸,提高了其承载能力。

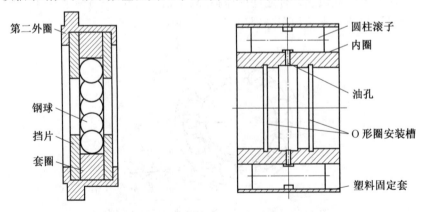

图 1.17　特殊无保持架满球轴承结构图　图 1.18　无外圈无保持架圆柱满装滚子轴承结构图

在无保持架的情况下轴承滚动体之间会相互摩擦和碰撞,运转过程中将带来不小的阻力,虽然陶瓷球密度低、质量轻、表面质量好,滚动体之间的摩擦低于普通钢球,但这种摩擦仍然是产生热量的主要原因,尤其高速运转时的摩擦发热会使轴承产生高温,影响轴承的工作性能。针对此问题主要从轴承外圈结构进行重新设计,从滚动体经过承载区时使球心距变大角度出发,在外圈滚道上增加了一处很小的波状结构来降低滚动体之间的摩擦,滚动体经过该波状结构时的接触半径比其他的接触区域小,从而实现减速,该轴承在经过几十圈转动后进入稳定运行状态,可实现滚动体依次按照所设计的波谷间距分开并自动离散。改变相邻滚动体的速度角度,在无保持架陶瓷球轴承滚道设置局部变速曲面,使陶瓷球经过局部变速曲面时进行微变速,通过微变速调整陶瓷球的间距,达到各滚动体自动离散、互相不接触的理想效果。

目前已有将无保持架球轴承作为备用轴承,如图 1.19 所示。磁浮轴承正常运行时,无保持架球轴承的滚珠彼此相邻地位于轴承底部;当磁浮轴承断电、转子下落时,无保持架球轴承有较好的支撑能力,转子的冲击力分布给更多的滚动体,从而降低转子的冲击。无保持架球轴承的预期寿命比带保持架的普通轴承更高,在转子减速碰摩作用下,无保持架球轴承运转更稳定。

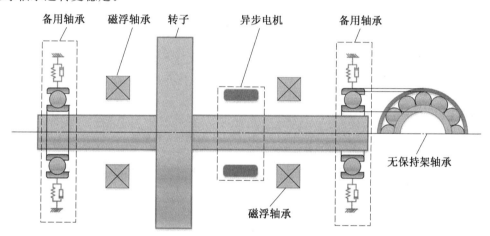

图 1.19 无保持架备用轴承结构图

备用轴承应具有抗冲击性及有效性,保证在转子与内圈摩擦力的带动下迅速控制其达到稳定运转的功能。带有保持架的磁浮轴承的备用球轴承,由于启动时剧烈地碰撞以及内圈高速旋转,使得滚动体与滚道两者之间产生滑动,带来的较大热量也会导致保持架损坏,在转子跌落瞬间,在大冲击下保持架更容易破碎。Prashad 在传统轴承的基础上提出双层滚动轴承作为备用轴承的思想,虽然能减弱冲击对保持架的影响,但是该类轴承对空间需求较大,应用场合受到了限制。俞成涛提出了自消除间隙保护轴承,通过连杆带动支座,但其结构比较复杂。目前国内外学者认为无保持架球轴承作为磁浮轴承备用轴承具有很好的发展前景。

Cole 等人分析了在转子下落过程中无保持架球轴承受冲击力及摩擦力对其稳定性的影响,并以轴承内圈中心轨迹和接触载荷为参量表征无保持架球轴承的运转特性。Kärkkäinen 等人考虑滚动体位置角度,分析了在转子下落过程中滚动体分布不均引起的轴承内圈与滚动体接触变形量。Helfert 采用高速摄影技术和图像识别技术对无保持架球轴承的内圈和滚珠的位置进行检测,发现转子在旋转频率为 150 Hz 发生下坠时,滚珠之间的反复碰撞导致滚珠速度达到稳定的时间大约是内圈的 3 倍。日本某机构轴承提出了无保持架球轴承产品,并结合试验方法确定无保持架球轴承适用工况参数。

1.3　轴承动态特性分析方法研究进展

1.3.1　轴承动态特性试验方法研究现状

试验观测是球轴承滚动体运动学研究的重要手段。Hirano 等通过测量磁化球在电磁线圈中产生的激励电流,研究了球轴承滚动体的运动规律。由于其只测量了一组路电流检测信号,因而其运动规律的推导预测必须参照球轴承在理想运动状态下的运动规律,才能推测出滚动体打滑、姿态角变化等运动特征。Kawakita 等在此基础上进一步采用彼此正交布局的 3 组霍尔元件埋入保持架内,分别检测 3 个方向上的电磁激励电压值,确定磁轴偏转角度,直观地呈现了滚动体自转角速度矢量的变化规律。电磁法测量滚动体自转角速度原理如图 1.20 所示。

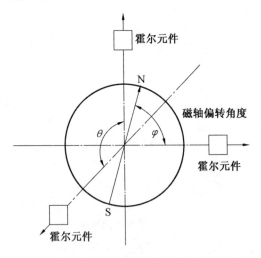

图 1.20　电磁法测量滚动体自转角速度原理

Kawakita 等采用标记点方法测定了径向载荷作用下深沟球轴承滚动体的运动规律,发现滚动体在随保持架转动一周的过程中会相继出现周期运动、相对滑动、随机运动等运动形式,且在稳定运动状态阶段滚动体自转轴线与球轴承轴线基本平行。标记点法测量滚动体公转打滑特性如图 1.21 所示。

针对运动过程中保持架变形导致测量不准,提出了静止斜角坐标系测量法,从静止位置测量为基准,校正动态测量中的误差。Gentle 利用高速摄影对滚动体表面光斑进行拍摄,并通过图像序列组合,对光斑轨迹拟合确定旋转角度及旋转位移,并根据图像拍摄时间间隔确定滚动体公转、自转动态特性。高速摄影法测量滚动体运动成像原理如图 1.22 所示。

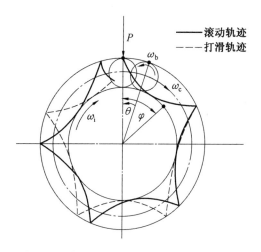

图 1.21　标记点法测量滚动体公转打滑特性

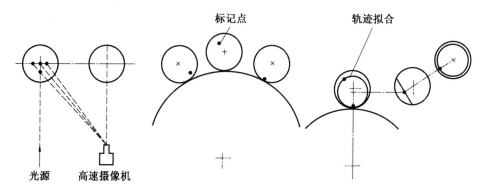

图 1.22　高速摄影法测量滚动体运动成像原理

　　无保持架球轴承滚动体的运动试验虽然能直接观察滚动体的动态,但由于采集难度及环境要求较高并存在误差,将运动与振动试验相结合,对轴承的振动特性进行试验,以分析轴承整体的动态特性。无保持架球轴承滚动体动态试验系统如图 1.23 所示。该系统实现滚动体运动光学采集、轴承振动测试及数控、数据采集 3 部分功能。利用高速摄影仪跟踪滚动体的动态运动特性,通过对轴承外圈振动加速度信号采集振动信号,确定滚动体之间运动状态及轴承运转的稳定性。

　　滚动轴承的性能、精度和寿命对主机的工作性能及可靠性有非常重要的影响,因此近年来国内外的学者对滚动轴承的摩擦磨损进行了试验研究。娄正坤通过选取不同的材料作为混合陶瓷球轴承的内圈,在高速轻载的条件下探究混合陶瓷球轴承的磨损机理及磨损量的变化。黄敦新等人通过对陶瓷球轴承与普通钢制轴承在干摩擦作用下的高速运转试验,得到陶瓷球轴承的失效特征以及摩擦副表面磨损特征和磨屑等形貌,探讨了陶瓷球轴承的驱动特性和失效特性,其建立的轴承摩擦磨损试验系统结构图如图 1.24 所示。苏冰等人利用往复式摩擦磨损试验机在不同工况下对钢盘－钢球、钢盘－陶瓷球进行了摩擦磨损试验,并对其摩擦因数、磨损量和磨痕形貌进行了分析。往复摩擦磨损试验机结构图如图 1.25 所示。

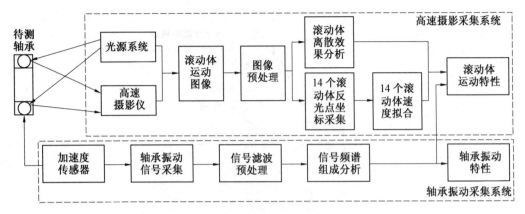

图 1.23　无保持架球轴承滚动体动态试验系统

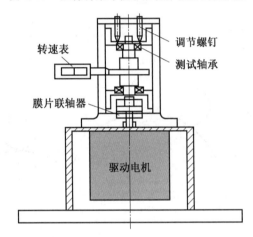

图 1.24　轴承摩擦磨损试验系统结构图

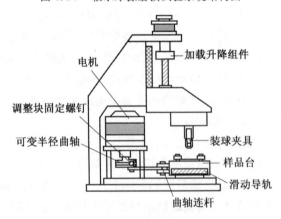

图 1.25　往复摩擦磨损试验机结构图

　　轴承滚动体与内外圈滚道的接触,是典型的非线性接触问题。轴承在受到载荷后接触状态和应力应变分布均会发生变化,这种变化在某些场合下是有利的,在某些场合下是有害的,因此,在工程上对接触进行分析是很重要的。轴承的滚动体在不受载荷时与滚道的接触形式为一点,在受载后其接触形式变为椭圆点接触,而滚动体与滚道的接触状态会影响轴承的磨损,进而影响轴承失效时间。而接触应变与接触应力是共同存在、相辅相成的,采用试验对应变分布进行分析以确定应力的大小。将应变片贴在轴承盖的表面上来采集信号,该试验表明应变法监测主轴承磨损状态是可行的。Torsvik 等人使用光纤应变传感器阵列测量主轴承固定环的周向应变,如图 1.26 所示,并对应变数据进行了分析。

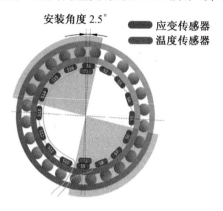

图 1.26　轴承应变传感器的位置与安装

Kriss 等人通过在支承板上安装两个同心圆的分布式光纤传感器来测量周向应变分布。Nsselqvist 等人对原型枢轴销上不同安装位置的应变片进行对比分析,通过在枢轴销的内部或侧面安装应变计,得到作用在轴承上的径向力所引起的应变。Mostafavi 等人研究了测量试验轴承外滚道的动态接触应变的方法,首次提出了使用频闪能量色散射线衍射法测量滚珠轴承的动态接触应变,并与有限元模拟结果进行对比,结果表明这种新的动态应变测量技术适用于摩擦学系统。Chris 等人基于应变计开发了一种测量轴承载荷和轴的偏心角传感器,通过轴承箱的变形来诱导应变测量轴承载荷。

1.3.2　轴承动态特性数字化方法研究现状

针对滚动轴承试验成本大且耗时长的问题,轴承动态特性的研究已经不再局限于传统试验观察或理论模型的建立,国内外学者逐渐开发了轴承动态特性分析软件,以便更好地将理论模型与轴承动态进行数据传递,为轴承运转及服役过程中动态特性变化提供依据。Gupta 开发了 ADORE 轴承动态特性分析软件,针对轴承各部件几何尺寸改变及轴承发热对轴承动态性能的影响研究提供了研究思路,形成系统化动态特性分析流程。SKF 公司与 PELAB 合作开发的轴承仿真软件包采用全三维模型,使轴承动力学分析达到了新的水平,可以实现轴承服役状态下的寿命预测,从而评价轴承设计是否合理,实现了未见产品即可预知其运行效果。河南科技大学开发的滚动轴承仿真分析软件可用于各类标准或非标准滚动轴承、轴承 — 转子系统以及变速箱齿轮传动系统的动力学仿真分析。邓四二等基于 Adams 平台开发了滚动轴承动力学仿真模型,该模型不仅能够对轴承各元件之间的接触动态进行分析,还将润滑特性以接触修正参数的方式在仿真模型中进行模拟,直观地提高了轴承动态研究的准确性。

近年来数字孪生技术对轴承动态性能的研究逐渐被学者关注。数字孪生以数字化方式建立物理实体的多维、多时空尺度、多学科、多物理量的动态虚拟模型来仿真和刻画物理实体在真实环境中的属性、行为及规则。利用数字孪生技术,对轴承全生命周期进行监测,建立滚动轴承的数字孪生模型并进行服役状态下的实时修正,通过轴承数字孪生体对轴承进行全生命周期的监测和预警,可以反映轴承全生命周期的运转性能,有利于更好地判断轴承寿命及使用过程中可能会出现的故障情况。基于数字孪生的轴承全生命周期监测如图1.27所示。王艳青通过对轴承结构采集获取表面形貌,生成数字轴承几何体,将数字体孪生模型导入有限元仿真平台,获取轴承振动动态特性,并对比试验中对轴承样件振动特性采集分析结果,完成轴承振动动态特性的数字化交互。顾伟基于滚动轴承5自由度振动模型,利用全寿命数字孪生虚拟实体分析轴承在不同阶段疲劳失效的振动动态响应,对轴承服役时的动态特性提供了预测模型,减缓了服役中疲劳所造成的振动损伤。Farah通过利用数字孪生技术对影响滚动轴承动态特性的润滑进行了研究,基于弹流润滑理论利用离散元法对油膜厚度与接触压力之间的关系建模,并通过数字体模型对不同工况下流体特性预测以获得定量数值,更大程度地替代试验工况复杂难以准确计算的问题。

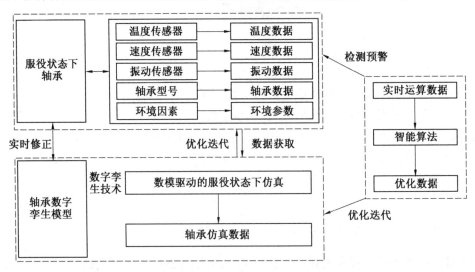

图1.27　基于数字孪生的轴承全生命周期监测

　　在智能技术已经引起各个国家高度重视的背景下,高端轴承必然向智能化的趋势发展,未来研制新一代智能化、集成化轴承系统是全世界的发展目标。智能轴承具有服役状态自感知、自诊断、自调控、自适应等功能,如何适应主机运行是智能轴承研发的关键。根据轴承性能参数对智能轴承进行参数化模型建立,结合智能轴承应用场景建立智能轴承数字孪生体,制造物理实体并与智能轴承的数字孪生体相互迭代优化,实现轴承状态智能评估、智能诊断技术及轴承状态智能调控技术。

1.3.3　轴承动态特性理论建模研究现状

　　基于运动学、力学、摩擦学及结构设计的相关几何学等理论知识,分析轴承各部件的动态特性,国内外学者逐步对轴承理论进行完善。理论建模不仅能够逐步完善轴承动态特性相关研究,同时还能从本质上发现各影响因素对于轴承动态规律的影响。轴承理论的发展主要经历4个研究阶段,即静力学、拟静力学、拟动力学及动力学。

　　静力学主要针对轴承几何形状与载荷及接触变形进行分析。在静力学的分析中滚动体及轴承套圈仅存在接触变形法向的自由度,不考虑轴承的运动引起的离心力、打滑或其他惯性因素,目前针对轴承静力学研究及应用主要是轴承受载分析,疲劳寿命及接触应力方面的建模与计算,同时还作为动态特性研究中理论模型初值确定方法。Jones 最早提出了拟静力学分析方法。Harris 充分考虑弹性流体动力润滑的作用,发展了拟静力学理论并使之系统化。拟静力学分析模型考虑轴承中滚动体所受的离心力及陀螺力矩作用,结合外载荷及力矩作用建立轴承各零部件的力和力矩平衡方程。但拟静力学分析模型对运动约束做了假设,假设滚动体与滚道之间为纯滚动而无自旋运动,忽略了保持架运动、滚动体的滑动及随时间变化的影响。尽管如此,拟静力学分析模型对高速球轴承设计仍然非常有用,它能提供轴承滚动体所受载荷真实分布,可预测疲劳寿命及轴承刚度。因此,拟静力学方法不适合对高速球轴承进行动态分析,但为动力学分析奠定了基础。在考虑滚动体与滚道之间相互作用关系的基础上,考虑保持架在运动中的动态,Gentle 和 Boness 提出了拟动力学分析方法,假设滚动轴承处于稳定运转状态,分析运动过程中以润滑剂的摩擦力作为拖曳力,滚动体离心力及陀螺效应,对保持架建立了拟动力学模型,针对保持架对滚动体接触引起动态特性改变未考虑。

　　在高速下滚动轴承各零部件的动力学特性对轴承性能的影响不容忽视。随着轴承理论及动态特性分析方法的发展,为了更精确地分析轴承动态特性,目前主要以动力学研究为主要手段。轴承动力学模型可以实时模拟轴承的性能,也可以代替某些昂贵的试验对轴承的性能指标进行分析。Walters 首先提出了动力学分析模型,考虑了钢球的 4 自由度运动方程和保持架 6 自由度运动方程。Gupta 又进一步发展了动力学分析方法,在动力学模型中,将所建轴承各零部件的运动微分方程代替了拟静力学的平衡方程,在没有任何运动学的约束下,模型考虑滚动体和套圈沟道之间的滑动,滚动体和套圈对保持架的每次碰撞,在内外沟道的每一接触点上滚动体的拖动力、滑动力,轴承相互作用产生的力和力矩决定各部件的加速度,所有外部作用以及对滚动体和保持架运动随时间变化的实时模拟,以及求解每个滚动体上随时间变化的赫兹接触应力,所有这一切将导致整个计算运行时间很长,因而动力学分析方法又过于复杂。Meeks 在总结拟静力学分析和动力学分析的基础上,提出了保持架 6 自由度动力学分析模型,所建动力学模型考虑了全部滚动体与保持架以及保持架与沟道接触的相互作用的矢量和,滚动体与保持架之间的相互作用被看作是在接触表面的法向力和切向的库仑摩擦力作用下的有阻尼弹簧,保持架与套圈之间的相互作用也做了相似处理,通过选择坐标系使建立的方程组和积分变得比较容易,同时求解 6 自由度的矢量矩阵方程,简化了方程及降低计算时间,能较准确地描述滚动体和保持架的动态特性。国内学者对高速滚动轴承的研究主要在动力学、润滑、接触力学、滚道摩擦等方面,丰富了轴承动力学的分析理论。

　　近年来,现代非线性动力学理论的研究已经取得了很大进展,用现代非线性动力学理论的研究成果解决轴承系统中存在的非线性动力学等问题已提上日程。轴承动态特性理论模型的非线性特性较为复杂,对于实际中轴承动态性能的分析与反馈存在较大的困难,不利于工程中的计算与使用,因此轴承动态特性的分析方法逐渐结合了计算机等学科,并结合模型特点提供了振动频谱分析、相轨迹、庞加莱映射等手段用以描述轴承动态特性。

第 2 章　　无保持架球轴承滚动体碰摩机理

无保持架球轴承滚动体运动具有随机性,相邻滚动体之间存在接触碰撞,从而引起速度突变,导致滚动体分布不均使轴承性能下降,因此有必要针对滚动体的随机碰摩产生机理及特性展开研究。本章首先对滚动体随机运动状态进行分析,基于相邻滚动体之间碰撞冲击及连续碰摩接触形式,建立滚动体随机间隙的碰摩力激励模型。考虑相邻滚动体之间因接触点相对运动引起的接触力,结合变形协调原理建立轴承各零部件之间非线性接触力模型;综合考虑滚动体打滑、自旋及碰摩等特性,建立无保持架球轴承 6 自由度动力学模型。基于改进的 Adams 预估校正算法对滚动体动态特性进行数值求解,对所获得的无保持架球轴承滚动体动态特性分布规律进行分析。

2.1　基于随机激励的滚动体碰摩力

2.1.1　滚动体碰摩接触原理

选择包含 14 个滚动体的深沟球轴承作为研究对象,本书仅考虑轴承运转稳定阶段相邻滚动体之间接触状态,由于轴承外圈固定将其看作刚体支撑,内圈以 ω_i 旋转,当轴承承受径向载荷 F_r 和轴向载荷 F_a 时,轴承内圈发生空间位置偏移,产生轴向和径向的偏移量 δ_a 和 δ_r,非承载区内的滚动体与套圈之间存在间隙,滚动体在运转过程中会存在仅与内圈或者仅与外圈接触的情况,这将引起相邻滚动体之间出现随机碰摩接触,如图 2.1(a) 所示。

在径向载荷作用下,当轴承转速过低时,滚动体所受离心力不足以抵抗重力,滚动体在非承载区内与外圈接触力减少,发生相对打滑。当转速提高时,滚动体离心力克服重力,使得滚动体脱离轴承内圈摩擦力的驱动沿轴承外圈运动,此时滚动体相对内圈发生打滑,由于没有保持架兜孔的限制,相邻滚动体速度不一致,将发生接触碰撞而产生碰撞冲击力。碰撞后滚动体运动状态发生改变,相邻滚动体之间的间距随之改变,滚动体在套圈作用下沿着轴向发生偏移,如图 2.1(b) 所示。滚动体与套圈接触角及接触点轨迹改变,滚动体在运动过程中也存在轴向偏移,滚动体自转轴发生偏转与公转轴之间存在夹角,影响其运动姿态,使得相邻滚动体之间发生接触。而且滚动体之间的法向接触力角度随滚动体运动而改变,在滚动体与滚道及滚动体之间接触点处产生与运动方向不重合的切向摩擦力,引起滚动体相对于滚道的滑移和自旋运动。相邻滚动体之间接触点速度相反且在切向摩擦力作用下将存在严重的摩擦现象,使得相邻滚动体之间的接触点处相对速度增大,瞬时增大的相对滑动速度使滚动体的自转及公转运动出现不连续性。

针对任意一个滚动体,其自身的运动状态不仅取决于轴承套圈对它的作用力,同时还取决于相邻滚动体之间是否会发生接触,滚动体受到碰撞与摩擦均会影响滚动体的自转

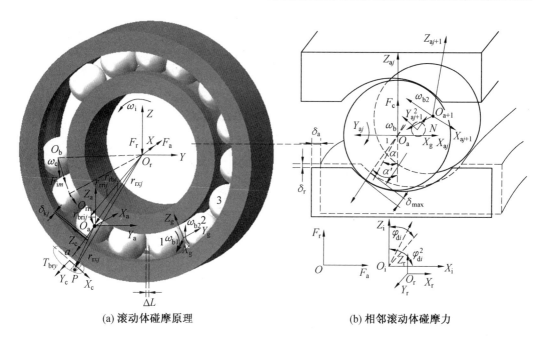

(a) 滚动体碰摩原理　　　　　　(b) 相邻滚动体碰摩力

图 2.1　轴承滚动体碰摩原理

和公转状态,进而在自身运动状态改变的同时还会影响其他相邻滚动体的运动。因此,在无保持架限制滚动体空间位置的情况下,轴承内所有滚动体的运动特性均存在随机性,体现在滚动体之间可能发生接触碰撞,以及所有滚动体在轴承内分布不均的空间位置随机性,进而会导致滚动体堆积分布不均,使得轴承在承载时内圈和外圈间支撑刚度不平衡,引起轴承内圈振动,增大了轴承在服役过程中的不稳定性。

2.1.2　滚动体之间的随机碰摩力

根据前述中滚动体碰摩接触原理可知,相邻滚动体之间可能随着滚动体运动打滑而产生冲击碰撞、摩擦的运动特性,滚动体之间的碰摩力作为随机激励作用于滚动体,为了研究滚动体的动态特性,首先针对相邻滚动体之间不连续碰摩力进行分析,以相邻 3 个滚动体(1 号、2 号和 3 号)为研究对象。考虑了相邻滚动体之间随滚动体运动而存在的随机间隙,建立了接触点处间隙函数,并通过定义间隙函数与滚动体位移差以此判断相邻滚动体之间的接触状态。考虑滚动体之间碰摩角度,接触点处切向力引起滚动体自旋,相邻滚动体之间存在绕接触点处扭转的运动趋势,将该切向力简化为扭转弹簧模型。同时考虑套圈对滚动体的摩擦力作用,因此将相邻滚动体之间接触特性简化为含有摩擦和随机间隙的碰撞激励系统。其模型如图 2.2 所示。

将滚动体 1、滚动体 2 和滚动体 3 分别等效质量为 M_1、M_2 和 M_1 的振子,3 个滚动体质量相同,主要分析滚动体 2 的运动特性,将滚动体 1 与滚动体 3 等效为一体,且 $M_1 = 2M_2$。同时滚动体、内圈摩擦力与接触载荷及内圈转速相关,将其简化为简谐力 $P\sin(\omega_i T + t)$。滚动体在内圈摩擦力的带动下在滚道内做公转运动,由 A 至 A' 的间隙为 ΔL_{12} 和由 B 至 B' 的间隙 ΔL_{23} 的位置约束,并考虑滚动体 1 和滚动体 3 之间的间隙可知,滚动体 2 的

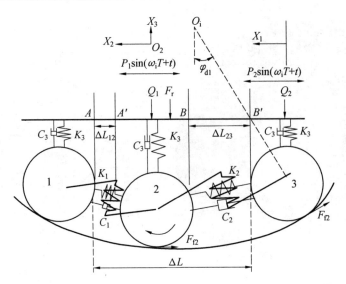

图 2.2　相邻滚动体之间含有摩擦和随机间隙的碰撞激励系统模型

运动则被间隙 $\Delta L = \Delta L_{12} + \Delta L_{23} + D_w$ 进行约束。滚动体与外圈之间的摩擦力方向根据滚动体与滚道之间接触点处运动线速度方向判断。滚动体还与轴承内圈接触并在法向压力作用下产生变形,将接触简化为刚度阻尼系统,滚动体承受径向载荷 F_r 作用下产生接触力 Q_1 和 Q_2。考虑轴承相对运动,滚动体与滚道之间的刚度系数为 K_3、阻尼系数为 C_3,等效相邻滚动体之间接触刚度分别为 K_1、K_2,阻尼系数分别为 C_1、C_2。确定相邻 2 个滚动体的运动方程为

$$\begin{cases} M_2\ddot{X}_2 + C_1\dot{X}_2 + K_1 X_2 + C_2(\dot{X}_2 - \dot{X}_1) + K_1(X_2 - X_1) = F_{f2}\sin\varphi_{d2} + P_1\sin(\omega_i T + t) \\ M_1\ddot{X}_1 + C_2(\dot{X}_2 - \dot{X}_1) + K_2(X_2 - X_1) = F_{f1}\sin\varphi_{d1} + P_2\sin(\omega_i T + t) \\ M_2\ddot{X}_3 + C_3\dot{X}_3 + K_3 X_3 = Q_1 \end{cases}$$

$$(2.1)$$

式中,F_{f1} 和 F_{f2} 分别为滚动体与外圈的摩擦力;φ_{d1}、φ_{d2} 分别为滚动体 1 和滚动体 2 所在空间的位置角。

考虑轴承动力学系统中包含多参量之间协同迭代计算,系统参数的数值范围对计算及参量之间的换算具有影响。为了在分析中忽略参数单位对碰撞力特征的影响,使研究具有普遍性,对方程中参数进行无量纲化处理,得到以下无量纲量:

$$\begin{cases} \mu_m = \dfrac{M_1}{M_2}, \mu_{ki} = \dfrac{K_i}{K_2}, \mu_{ci} = \dfrac{C_1}{C_2}, \omega = \omega_i\sqrt{\dfrac{M_1}{K_1}}, \omega_0 = \sqrt{\dfrac{M_1}{K_1}}, t = T\sqrt{\dfrac{M_1}{K_1}}, \zeta = \dfrac{C_1}{2\sqrt{K_1 M_1}} \\ l = \dfrac{\Delta L K_1}{P_1 + P_2}, x_i = \dfrac{X_i K_1}{P_1 + P_1}, x_0 = \dfrac{g}{\omega_0^2}, \mu = \dfrac{Q_i}{M_1 g}, p_i = \dfrac{P}{g M_1}, v_r = \dfrac{V_b - \dot{X}}{\omega_0 x_0}, x = \dfrac{X}{x_0}, y = \dfrac{Y}{x_0} \end{cases}$$

$$(2.2)$$

式中,Q_i 为法向接触载荷;μ_m、μ_{ki}、μ_{ci} 分别为质量、刚度和阻尼的无量纲系数;μ 为滚动体与滚道之间的摩擦系数;v_r 为滚动体相对于外圈的移动速度;Y 为相邻滚动体表面之间的

位移。

轴承相邻滚动体无量纲化运动微分方程为

$$
\begin{cases}
m_2\ddot{x}_2 + 2\zeta_1\dot{x}_2 + k_1x_2 + 2\zeta_2(\dot{x}_2 - \dot{x}_1) + k_1(x_2 - x_1) = f_2\sin\varphi_{d2} + p_1\sin(\omega t + \tau) \\
m_1\ddot{x}_2 + 2\zeta_2(\dot{x}_2 - \dot{x}_1) + k_1(x_2 - x_1) = f_1\sin\varphi_{d1} + p_2\sin(\omega t + \tau) \\
m_2\ddot{x}_3 + 2\zeta_3\dot{x}_3 + k_3x_3 = q \\
\dot{x}_{2+} = -\dot{x}_{2-}, x_2 = l
\end{cases}
$$

$$(2.3)$$

式中，$\dot{x}_{2+}$、$\dot{x}_{2-}$ 分别为滚动体 2 在碰撞前后的速度。

通过式(2.3)可确定在运动过程中滚动体发生碰撞前后所受的力与速度的关系，定义相邻滚动体之间的间隙函数存在 3 种不同形式：① 当滚动体 2 运动位移 X_2 小于间隙 ΔL 时，滚动体在内圈驱动力作用下相对于外圈做滚动运动；② 当滚动体 2 运动位移 X_2 等大于间隙 ΔL 时，相当于滚动体与相邻任意一个滚动体发生碰撞，碰撞瞬间滚动体的速度及加速度大小和方向发生突变，呈现滚动体打滑状态，系统存在非光滑特性；③ 当滚动体运动位移 X_2 刚好等于间隙 ΔL 时，相邻滚动体接触并黏着在一起以相同速度继续运动。

根据图 2.2，滚动体 1 由于存在内圈摩擦力 $P_2\sin(\omega_i T + t)$，始终处于运动状态，滚动体 2 受滚动体 1 冲击力作用，当滚动体 2 所受的冲击力 F_{im} 大于内圈的摩擦力及外圈作用摩擦力时，且滚动体 2 的速度不为 0，则滚动体 2 做加速滑移运动，处于打滑运动状态，此时滚动体 1 和滚动体 2 均处于运动状态，其运动微分方程为

$$
\begin{cases}
\dot{x}_1 = y_1 \\
\dot{y}_1 = -f_1 - \dfrac{1}{\mu_m}[a_1\sin(\omega t + \tau) - 2\zeta(1 + \mu_{c2})(y_1 - y_2) - (1 + \mu_{k1})(x_1 - x_2)] \\
\dot{x}_2 = y_2 \\
\dot{y}_2 = -f_2 - \dfrac{a_2\sin(\omega t + \tau) - 2\zeta(1 + \mu_{c2})(y_2 - y_1)}{\mu_m} - (1 + \mu_{k2})x_2 + (1 + \mu_{k1})x_1
\end{cases}
$$

$$(2.4)$$

式中，y_1 和 y_2 分别为滚动体之间接触表面法向位移变化量。

当滚动体 2 所受的冲击力小于内圈的摩擦力及外圈作用摩擦力，同时滚动体 2 速度不为 0 时，此时滚动体 2 做减速滑移运动，但仍处于打滑状态，并且滚动体 2 和滚动体 1 均处于运动状态，其运动微分方程与式(2.4)相同。当相邻滚动体之间的位移等于间隙，且刚好发生接触但速度不相等时，此时相邻滚动体之间也发生碰撞，则有

$$
\begin{cases}
\mu_m\dot{x}_{1+} + \dot{x}_{2+} = \mu_m\dot{x}_{1-} + \dot{x}_{2-} \\
\dot{x}_{2+} - \dot{x}_{1+} = -R(\dot{x}_{2-} - \dot{x}_{1-})
\end{cases}
$$

$$(2.5)$$

式中，$\dot{x}_{1+}$、$\dot{x}_{1-}$、$\dot{x}_{2+}$ 和 $\dot{x}_{2-}$ 分别为滚动体 1、2 碰撞前后的速度；R 为恢复系数。

利用连续接触力法确定任意滚动体与相邻滚动体之间瞬态碰撞冲击力，需考虑相邻滚动体的位置姿态，根据滚动体在不同接触状态下的碰撞速度，综合式(2.3) ～ (2.5)可确定相邻滚动体之间碰撞冲击力 F_{im} 为

$$F_{im} = (1 + \mu_{c2})\dot{x}_2 + (1 + \mu_{k2})x_2 - (1 + \mu_{c1})\dot{x}_1 + (1 + \mu_{k1})x_1 \tag{2.6}$$

当滚动体 1 逐渐接近滚动体 2 时,相邻两滚动体发生接触后并未发生分离,而是以相同速度同步公转运动,此时相邻滚动体之间为相互摩擦运动,不产生瞬时冲击力,则滚动体 1 和滚动体 2 的公转速度、加速度在此阶段是相同的,且振动系统变为质量是 $2M_2$ 的振子,其动力学方程为

$$\begin{cases} F_1 = a_1 \sin(\omega t + \tau) - \mu_{k2}l - \mu_{k1}x_1 - \mu_{c1}\dot{x}_1 - F_{fqq} - f_1 \\ F_2 = a_2 \sin(\omega t + \tau) - \mu_{k2}l + F_{fqq} - f_2 \end{cases} \tag{2.7}$$

式中,F_1 和 F_2 分别为接触过程中滚动体 1 和滚动体 2 在接触过程所受合力。

由于两滚动体的速度及加速度相同,根据合力相同,则可确定相邻滚动体同步运动时两者之间产生的扭转摩擦力,即

$$F_{fqq} = \frac{\mu_m[a_1 \sin(\omega t + \tau) - \mu_{k2}l - \mu_{k1}x_1 - \mu_{c1}\dot{x}_1 - f_1] + f_2 + \mu_{k2}l - a_2 \sin(\omega t + \tau)}{1 + \mu_m} \tag{2.8}$$

在扭转摩擦力作用下,滚动体之间由于随机激励引起的摩擦力矩为

$$M_f = R_w F_{fqq} \tag{2.9}$$

综合以上分析,通过判断相邻滚动体的空间位置及相对运动速度,根据振动碰撞原理确定相邻滚动体之间可能存在的碰撞冲击及摩擦状态,并结合轴承结构及相邻滚动体之间间隙,建立滚动体的碰撞冲击力及扭转摩擦力模型。

2.2　基于变形协调原理的非线性接触力

2.2.1　滚动体与滚道非线性接触力建模

滚动体与滚道及相邻滚动体之间在载荷作用下,接触点存在非线性赫兹接触变形,根据变形协调原理可知,需要确定接触点及质心相对位置关系,对轴承各零部件相互作用模型做如下假设:

(1)轴承各零部件均为刚体,不考虑塑性变形,当零件接触产生局部变形时为弹性变形。

(2)各零部件质量分布均匀,质心与零件形心重合。

(3)轴承润滑剂属性稳定且已知,润滑剂特性稳定且不随稳定时间因素改变。

考虑由滚动体运动的随机性引起的公转及自转姿态变化,建立单个滚动体 6 自由度模型,轴承内圈具有 5 自由度姿态。为了确定滚动体与滚道之间因接触变形产生的接触力,结合图 2.1 中滚动体与滚道之间的相互位置关系,滚动体中心和内圈中心相对于惯性坐标系中心的位置矢量分别为 r_b^i 和 r_r^i(上标 i 代表惯性坐标系),在内圈坐标系下,基于变形协调原理的第 j 号滚动体相对于内圈中心位置矢量为

$$r_{brj}^r = T_{ir}(r_{bj}^i - r_r^i) \tag{2.10}$$

式中,$T_{ir}(\varphi_x, \varphi_y, \varphi_z)$ 为惯性坐标系到内圈坐标系的变换矩阵。

利用接触点处的滚动体与滚道相对位置 δ_{kj} 确定滚动体和滚道接触的变形量,接触相

对位置表达式为

$$\delta_{kj} = \left| \boldsymbol{T}_{ac}\boldsymbol{T}_{ia}\boldsymbol{T}'_{ir}(\boldsymbol{r}^{r}_{brj} - \boldsymbol{r}^{r}_{rrij}) \right| - (f_{i} - 0.5)D_{w} \tag{2.11}$$

式中，r^{r}_{rrij} 为内圈沟曲率中心到内圈中心矢径；T_{ia} 根据滚动体空间位置角进行坐标系转换；T_{ac} 为接触坐标系与滚动体方位坐标系转换矩阵。

T_{ia} 和 T_{ac} 通过动态接触角进行转换，α_1 和 α_2 为滚动体与滚道之间的动态接触角，表达式分别为

$$\alpha_1 = \arctan\left(\frac{r^{a}_{bri1}}{r^{a}_{bri3}}\right) \tag{2.12a}$$

$$\alpha_2 = \arctan\left(\frac{-r^{a}_{bri2}}{\sqrt{(r^{a}_{bri1})^{2} + (r^{a}_{bri3})^{2}}}\right) \tag{2.12b}$$

转换矩阵 T_{ac} 为

$$\boldsymbol{T}_{ac} = \begin{bmatrix} \cos\alpha_1 & 0 & -\sin\alpha_1 \\ \sin\alpha_1\sin\alpha_2 & \cos\alpha_2 & \cos\alpha_1\sin\alpha_2 \\ \sin\alpha_1\cos\alpha_2 & -\sin\alpha_2 & \cos\alpha_1\cos\alpha_2 \end{bmatrix} \tag{2.13}$$

基于变形协调原理，综合考虑润滑油膜形成的流动阻尼力，结合赫兹接触理论及弹流润滑理论建立滚动体与滚道之间非线性法向接触力为

$$F_{bnk} = \pm K\delta^{1.5}_{k} + C_{h+o}v^{c}_{rbj3} \tag{2.14}$$

式中，v^{c}_{rbj3} 为滚动体与滚道在接触区域内相对滑动速度在法向变形的速度分量；C_{h+o} 为润滑剂的黏滞阻尼系数，与外圈接触时取负，与内圈接触取正。

由碰摩原理可知滚动体在运动过程中存在与滚道之间打滑运动，接触点处相对滑动速度突变，根据滚动接触理论：接触点处速度引起滚动体与滚道之间摩擦形式改变，为精确分析接触点处摩擦力，利用窄带微分思想，将接触区域划分为 m 个窄条，忽略接触椭圆内沿 Y_c 轴相对滑动。根据接触点相对于滚动体及套圈空间矢量关系，根据多体运动合成定理可确定接触区域内在滚动体上任意一点 P 的线速度为

$$\begin{cases} v^{c}_{b} = \boldsymbol{T}_{ac}\left[\boldsymbol{T}_{ia}(\boldsymbol{T}'_{ib}\boldsymbol{\omega}^{b}_{b} \times \boldsymbol{T}'_{ia}\boldsymbol{T}'_{ac}\boldsymbol{r}^{c}_{xbj}) + v^{i}_{b}\right] \\ v^{c}_{r} = \boldsymbol{T}_{ac}\boldsymbol{T}_{ia}\left[(\boldsymbol{T}'_{ir}\boldsymbol{\omega}^{r}_{r} - \boldsymbol{\omega}^{i}_{c}) \times \boldsymbol{r}^{i}_{xbj}v^{i}_{r}\right] \end{cases} \tag{2.15}$$

式中，ω^{b}_{b}、ω^{i}_{c} 和 ω^{r}_{r} 分别为滚动体角速度、滚动体公转角速度和内圈角速度；v^{i}_{b} 和 v^{i}_{r} 分别为滚动体平移速度和内圈平移速度。

接触椭圆内各接触点处相对滑动速度为

$$v^{c}_{rb} = v^{c}_{r} - v^{c}_{b} \tag{2.16}$$

根据 Hamrock 润滑理论并结合式(2.16)，接触区域内各个点局部相对滑动速度，利用膜厚比 λ 判断不同润滑状态引起不同摩擦状态：

$$\lambda = \frac{2.69\overline{U}^{0.67}\overline{G}^{0.53}(1 - 0.61e^{-0.73k})}{\overline{Q}^{0.067}_{z}\sqrt{\sigma^{2}_{r} + \sigma^{2}_{b}}} \tag{2.17}$$

式中，σ_r 和 σ_b 分别为滚动体与滚道表面粗糙度；$\overline{U}$ 为无量纲速度参数；$\overline{G}$ 为无量纲滚道与滚动体材料参数；$\overline{Q}_z$ 为接触区域无量纲载荷；k 为接触区域椭圆率。

进而可确定滚动体与滚道之间等效摩擦系数为

$$\mu_k = \begin{cases} \mu_b, & \lambda < 1(\text{边界润滑}) \\ (\mu_b)q_b + \mu_h(1-q_b), & 1 \leqslant \lambda < 3(\text{部分弹流润滑}) \\ \mu_h, & 3 \leqslant \lambda(\text{完全弹流润滑}) \end{cases} \tag{2.18}$$

式中,μ_b 为边界润滑等效摩擦系数;μ_h 为弹流润滑等效摩擦系数;q_b 为接触表面负荷比。

根据 Kragelskii 摩擦磨损理论可知,边界润滑和混合润滑等效系数为

$$\begin{cases} \mu_b = (-0.1 + 22.28s)\exp(-181.46) + 0.1 \\ \mu_h = (A + Bs)\exp(-Cs) + D \end{cases} \tag{2.19}$$

式中,s 为滑滚比;A、B、C、D 均为润滑剂参数,润滑剂选用牌号为 L-HM32。

结合式(2.19)可确定接触区域内滑滚比 s 为

$$s = \frac{\sqrt{\left(\dfrac{v_{r1}^c + v_{b1}^c}{2}\right)^2 + \left(\dfrac{v_{r2}^c + v_{b2}^c}{2}\right)^2}}{\sqrt{(v_{rb1}^c)^2 + (v_{rb2}^c)^2}} \tag{2.20}$$

根据库仑摩擦定理,结合式(2.14)和式(2.18)接触区域内任意窄条的摩擦力为

$$\begin{cases} \boldsymbol{T}_{brkx} = \mu_k \boldsymbol{F}_{bnk} \sin\left(\arctan\dfrac{v_{rb1}^c}{v_{rb2}^c}\right) \\ \boldsymbol{T}_{brky} = \mu_k \boldsymbol{F}_{bnk} \cos\left(\arctan\dfrac{v_{rb1}^c}{v_{rb2}^c}\right) \end{cases} \tag{2.21}$$

通过以上分析可以确定滚动体与滚道非线性接触作用力矢量关系为

$$\boldsymbol{F}_{rbi} = \begin{cases} \boldsymbol{T}_{brx} = \displaystyle\sum_{k=1}^m \boldsymbol{T}_{brkx} \\ \boldsymbol{T}_{bry} = \displaystyle\sum_{k=1}^m \boldsymbol{T}_{brky} \\ \boldsymbol{F}_n = \displaystyle\sum_{k=1}^m \boldsymbol{F}_{bnk} \end{cases} \tag{2.22}$$

为确定滚动体的自转姿态,根据滚动体与滚道之间的接触力及空间相对位置分别建立滚动体及套圈所受摩擦力矩,即

$$\boldsymbol{M}_{br}^c = \sum_{k=1}^m \left[\boldsymbol{r}_{xbj}^c \times (T_{brkx}, T_{brky}, F_{bnk})^T\right] \tag{2.23}$$

$$\boldsymbol{M}_{rb}^c = \sum_{k=1}^m \left[(\boldsymbol{r}_{xbj}^c + \boldsymbol{T}_{bp}\boldsymbol{T}_{ib}\boldsymbol{r}_{brj}^i) \times (T_{brkx}, T_{brky}, F_{bnk})^T\right] \tag{2.24}$$

2.2.2　相邻滚动体非线性接触力建模

在润滑油充足的情况下,相邻滚动体之间产生一层油膜,流体动力及油膜的存在会影响滚动体之间的接触力,根据滚动体的运动形式,本节采用流体动压及非完全碰撞理论建立相邻滚动体之间接触作用模型。结合图 2.1(a),为了确定相邻滚动体之间接触相对位置与油膜厚度临界值关系,在滚动体方位坐标系内,相邻滚动体质心间相对位置向量可表示为

$$\boldsymbol{r}_{jj+1}^a = \boldsymbol{T}_{ib}\boldsymbol{r}_{jj+1}^i = \boldsymbol{T}_{ib}(\boldsymbol{r}_{bj}^i - \boldsymbol{r}_{bj+1}^i) \tag{2.25}$$

相邻滚动体之间最小相对位置为

$$h_0 = |\boldsymbol{r}_{jj+1}^a - \boldsymbol{r}_{jj-1}^a| - D_w \tag{2.26}$$

因此,判断最小相对位置 h_0 与接触状态改变的油膜厚度临界值 Δr 之间关系,当接触间隙 $h_0 > 4/3\Delta r$ 时,认为相邻滚动体之间不存在相互作用,当接触间隙 $\Delta r < h_0 < \frac{4}{3}\Delta r$ 时,相邻滚动体之间不存在赫兹接触变形,但会存在油膜产生的油膜动压,此时相邻滚动体之间的法向作用力由润滑流体产生的动压力提供,确定流体动压产生的法向接触力为

$$F_{bn} = \frac{UL}{\varphi}\sqrt{\frac{128\alpha_r R_z}{h}} \tag{2.27}$$

式中,L 结合接触几何结构,结合本书球轴承结构确定 $L = 5.163$;$\alpha_r = 1$;U 为无量纲速度参数,$U = \eta_0 U_{i(0)}/2E'$,与运动接触表面相对滑动速度有关。

根据相邻滚动体空间位置确定其矢径,并建立接触区域内任意一点 G 的滑动速度方程为

$$\begin{cases} \boldsymbol{v}_{gb}^g = \boldsymbol{T}_{bg}\boldsymbol{\omega}_{bj}^b \times \boldsymbol{r}_{gb}^g + \boldsymbol{T}_{bg}\boldsymbol{T}_{bi}\boldsymbol{v}_{bj}^i \\ \boldsymbol{v}_{gp}^g = \boldsymbol{T}_{pg}\boldsymbol{\omega}_{bj+1}^b \times \boldsymbol{r}_{gp}^g + \boldsymbol{T}_{pg}\boldsymbol{T}_{pi}\boldsymbol{v}_{bj+1}^i \end{cases} \tag{2.28}$$

式中,$\boldsymbol{r}_{gb}^g$、$\boldsymbol{r}_{gp}^g$ 分别为接触点 G 相对于相邻滚动体球心矢径;$\boldsymbol{\omega}_{bj}^b$ 和 $\boldsymbol{\omega}_{bj+1}^b$ 分别为滚动体 j 及滚动体 $j+1$ 的自转角速度;$\boldsymbol{v}_{bj}^i$ 和 $\boldsymbol{v}_{bj+1}^i$ 分别为滚动体 j 及滚动体 $j+1$ 空间平移速度;$\boldsymbol{T}_{pg}$ 为滚动体 j 从定体坐标系到相邻滚动体接触坐标系转换矩阵。

当接触间隙 $h_0 < \Delta r$ 时,滚动体接触法向还存在赫兹接触变形产生的赫兹力和滞后阻尼产生的阻尼力。基于变形协调原理,同时考虑润滑油膜影响,建立相邻滚动体之间法向接触力模型为

$$F_{jj+1k} = K_v \delta_{bpk}^{3/2} + C_n v_{bp2}^g \tag{2.29}$$

式中,δ_{bp} 为相邻滚动体之间的变形量,$\delta_{bp} = |h_0 - \Delta r|$;$K_v$ 为等效润滑刚度。

根据滚动体接触法向变形量求偏导,可确定考虑润滑等效刚度 K_v 为

$$K_v = \left(\frac{1}{3}\frac{\pi^2 J_1 \kappa^2 E'^2}{J_2^3 \sum \rho}\right)\delta^{1/2} \tag{2.30}$$

接触阻尼系数 C_n 为

$$C_n = \frac{6\pi\eta(\sum\rho)^{3/2}}{\sqrt{2}h_c^{3/2}} \tag{2.31}$$

结合式(2.27)和式(2.29)得到滚动体 j 与滚动体 $j+1$ 之间在接触坐标系内法向接触力 F_{qq} 为

$$F_{qq} = \begin{cases} \sum_{k=1}^m F_{jj+1k}, & h_0 < \Delta r \\ F_{bn}, & \Delta r \leqslant h_0 < \frac{4}{3}\Delta r \end{cases} \tag{2.32}$$

相邻滚动体之间接触区域为圆形,根据 Hertz 接触理论可知,接触区域内滑动方向与切向方向各点摩擦牵引力不能忽略,不能利用 2.3.1 节窄带微分法计算,为了保证接触区域内各点作用力及力矩的计算精度,须对各点牵引摩擦力进行广义二维积分计算,根据式

(2.32)可计算接触区域内任意一点牵引摩擦力合力为

$$\Delta T_{qq}^{g} = \frac{3\mu_{kqq}F_{qq}a^2}{2\pi}\sqrt{1-(ax)^2-(az)^2}\,dzdx \tag{2.33}$$

式中，μ_{kqq} 为相邻滚动体之间牵引摩擦系数。在接触区域内沿接触点滚动方向，牵引摩擦系数 μ_{kqqx} 和垂直滚动方向牵引摩擦系数 μ_{kqqz} 与接触点的相对速度有关，结合式(2.18)、式(2.19)和式(2.28)确定。

则有任意点在接触坐标系内，相邻滚动体之间摩擦力为

$$\begin{cases} T_{jj+1x}^{g} = \int_{-a}^{a}\int_{-a\sqrt{1-(z/a)^2}}^{a\sqrt{1-(z/a)^2}}\mu_{kqqx}\Delta T_{qq}^{g}\,dxdz \\ T_{jj+1z}^{g} = \int_{-a}^{a}\int_{-a\sqrt{1-(x/a)^2}}^{a\sqrt{1-(x/a)^2}}\mu_{kqqz}\Delta T_{qq}^{g}\,dzdx \end{cases} \tag{2.34}$$

最终确定相邻滚动体之间基于变形协调原理而产生的非线性接触力为

$$\boldsymbol{F}_{bq}^{a} = \boldsymbol{T}_{bg}\boldsymbol{F}_{bq}^{g} = \boldsymbol{T}_{bg}(T_{jj+1x},F_{qq},T_{jj+1z})^{\mathrm{T}} \tag{2.35}$$

相邻滚动体之间摩擦力矩为

$$\boldsymbol{M}_{bq}^{a} = \boldsymbol{T}_{bg}(\boldsymbol{r}_{bg}^{g}\times\boldsymbol{F}_{bq}^{g}) \tag{2.36}$$

滚动体在润滑油中由于打滑等情况平移运动产生滚滑运动将受到润滑油的阻力作用，同时滚动体的自转将会引起润滑油的力矩产生涡动。根据 Schlichtig 经验公式确定，润滑油气混合对滚动体产生的阻力可表达为

$$F_{d} = \frac{1}{2}C_{D}\rho AV^2 \tag{2.37}$$

式中，C_{D} 为阻力系数，通过润滑剂雷诺数插值确定；A 为滚动方向有效面积；ρ 为润滑剂的浓度；V 为滚动体公转速度。

当滚动体在运动时，润滑剂会产生涡动力矩 M_{e}，来反映润滑剂流体动力的损耗，根据帕姆格林试验结果通常计算为

$$M_{e} = \begin{cases} 10^{-7}f_0(vn)^{2/3}D_{m}^3, & vn \geqslant 2\,000 \\ 160\times10^{-7}f_0D_{m}^3, & vn < 2\,000 \end{cases} \tag{2.38}$$

式中，f_0 为与轴承类型及润滑方式相关系数；D_{m} 为轴承平均直径；n 为轴承转速；v 为润滑剂的黏度。

当无保持架球轴承高速旋转时，滚动体产生的离心力不应被忽略，离心力表达式为

$$F_{cj} = m_{b}r_{b}\dot{\theta}^2 \tag{2.39}$$

式中，m_{b} 为滚动体质量。

2.3　基于随机碰摩激励的轴承动力学

2.3.1　基于滚动体之间随机碰摩激励

通过以上分析可知，任意一个滚动体在运动过程中受滚道非线性接触力作用，相邻滚动体之间不仅存在非线性接触力，同时相邻滚动体之间产生随机碰摩激励、润滑阻力、离

心力及摩擦力矩共同作用,如图 2.3 所示。

滚动体在各种力及力矩的作用下,对滚动体的公转及自转运动姿态产生复杂影响,因此为了分析无保持架球轴承滚动体运动特性,考虑滚动体运动姿态及轴承内圈运动特性,基于欧拉运动学理论针对每个滚动体建立考虑随机碰摩激励的 6 自由度欧拉运动方程,用以描述滚动体空间的运动特性,式(2.40)为所其建立的方程。

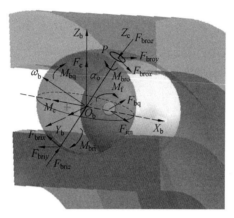

图 2.3 滚动体力及力矩作用模型

$$
\begin{cases}
\ddot{x}_{bj} m_b = F_{brox}^a + F_{brix}^a + F_{bqi+1x}^a + F_{imx}^a \\
\ddot{r}_{bj} m_b = F_{broz}^a + F_{briz}^a + F_{bqi+1z}^a + F_{bqi-1z}^a + F_{imz}^a + m_b r_b^i \dot{\theta}_b^i \\
m_b r_{bj} \ddot{\theta} = -F_{broy}^a - F_{briy}^a - F_{bqi+1y}^a - F_d + F_{bqi-1y}^a + F_{imy}^a - F_c - 2 m_b \dot{r}_b^i \dot{\theta}_b^i \\
I_b \dot{\omega}_{xbj} = M_{brxi}^a + M_{brxo}^a + M_{bqx}^a - M_{ex}^a + M_{fx} + M_{gx} \\
I_b \dot{\omega}_{ybj} = M_{bryi}^a + M_{bryo}^a + M_{bqy}^a - M_{ey}^a + M_{fy} + M_{gy} + I_b \omega_{zbj} \dot{\theta}_b^i \\
I_b \dot{\omega}_{zbj} = M_{brzi}^a + M_{brzo}^a - M_{ez}^a + M_{bqy}^a + M_{fz} + M_{gz} - I_b \omega_{ybj} \dot{\theta}_b^i
\end{cases}
\tag{2.40}
$$

式中,I_b 为滚动体自转转动惯量,$I_b = m_b D_w^2 / 10$;θ_b^i 为滚动体公转角位置;r_b 为滚动体空间坐标系中径向位置矢量;F_{imx}、F_{imy} 和 F_{imz} 分别为相邻滚动体之间碰撞冲击力在轴向、径向及公转方向的分量。

结合滚动体碰摩接触原理可知,两滚动体之间由于存在碰撞冲击力与速度方向存在夹角,滚动体之间为斜碰撞,根据位置向量确定碰摩力与轴向及径向间夹角为

$$
\begin{cases}
\theta_n = \arccos \dfrac{\boldsymbol{r}_{bb} \boldsymbol{r}_{pj}}{|\boldsymbol{r}_{bb}| |\boldsymbol{r}_{pj}|} \\
\theta_\tau = \arccos \dfrac{\boldsymbol{r}_{b1} \boldsymbol{r}_{pj}}{|\boldsymbol{r}_{b1}| |\boldsymbol{r}_{pj}|}
\end{cases}
\tag{2.41}
$$

则相邻滚动体之间的碰撞冲击力分量分别为

$$
\begin{cases}
F_{imx} = F_{im} \sin \theta_\tau \\
F_{imy} = F_{im} \cos \theta_\tau \sin \theta_n \\
F_{imz} = F_{im} \cos \theta_\tau \cos \theta_n
\end{cases}
\tag{2.42}
$$

滚动体的运动姿态会引起滚动体运动速度及空间位置的改变,滚动体的分布不均使得轴承内圈在载荷作用下稳定性改变,考虑轴承中 14 个滚动体之间存在的随机碰摩激励导致其分布不均,根据滚道之间非线性接触力作用,由于本节选用滚道对称结构且径向间隙较小,轴承在轴向及径向载荷作用下,内圈翻转对轴承动态特性影响可忽略,因此在对内圈进行分析时,忽略翻转力矩的影响,建立所有滚动体作用下的轴承 3 自由度动力学方程:

$$
\begin{cases}
m_r \ddot{x}_r = \sum_{j=1}^{N} (\boldsymbol{T}_{ic} F_{rbixj}^c) + F_a \\
m_r \ddot{y}_r = \sum_{j=1}^{N} (\boldsymbol{T}_{ic} F_{rbiyj}^c) \\
m_r \ddot{z}_r = \sum_{j=1}^{N} (\boldsymbol{T}_{ic} F_{rbizj}^c) + F_r
\end{cases}
\tag{2.43}
$$

式中,m_r 为轴承内圈总质量;$\boldsymbol{T}_{ic}$ 为滚动体与滚道接触坐标系到惯性坐标系转换矩阵;N 为滚动体个数,$N = 14$,即 $j = 1, 2, \cdots, 14$。

2.3.2 预估校正算法

本节所建立的无保持架球轴承随机碰摩激励动力学模型,包含非线性接触、变摩擦系数、滚动体之间随机冲击等多种非线性因素,针对任意一个滚动体均建立了考虑随机碰摩激励的 6 自由度欧拉运动方程,再加上轴承内圈方程,共 178 个非线性方程组,解算数据量巨大,因此基于 Gupta 提出的 Adam 隐式预估校正算法,结合 GSTIFF 变步长积分算法对前述所建动力学模型进行求解,以提高计算效率。

针对相邻滚动体随机碰摩激励具有突变特性量的计算难以收敛,本节引入以冲击力计算结果为判定条件,对上一步滚动体及套圈运动迭代计算参数对应滚动体之间接触力突变进行判断,若该接触力大于冲击判断条件,则表明接触力超出解算范围,结果不收敛,对滚动体及套圈运动参数计算范围扩大,由 x_k 扩大到 x_{k+1},再次迭代计算接触力并判断直至收敛,完成预估过程,其模型为

$$
y_{k+1} = y_k + \sum_{i=0}^{N} f[x_k, x_{k-1}, \cdots, x_{k-i}] \Delta_k^{i+1} \sum_{j=0}^{i} \frac{A_j^*}{j+1} +
$$

$$
f[x_k, x_{k-1}, \cdots, x_{k-N}, x_{k+1}] \Delta_k^{N+2} \sum_{j=0}^{N+1} \frac{A_j^*}{j+1}
\tag{2.44}
$$

针对完成预估的动力学方程数值解进行校正计算,选取预估解对应自变量确定轴承一阶运动微分方程 M 次多项式均差用来校正突变的接触力:

$$
y_{k+1} = y_k + \sum_{i=-1}^{M-1} f[x_{k+1}, x_k, x_{k-1}, \cdots, x_{k-i}] \sum_{j=0}^{i=1} \frac{x_{k+1}^{j+1} - x_k^{j+1}}{j+1} B_j +
$$

$$
f[x_{k+1}, x_k, x_{k-1}, \cdots, x_{k-M+1}, \xi] \sum_{j=0}^{M+1} \frac{x_{k+1}^{j+1} - x_k^{j+1}}{j+1} B_j
\tag{2.45}
$$

式中,B_j 为多项式系数。

设定均差值 $\xi = x_{k-M}$,并对预报解式(2.45)进行校正,得到经过预报—校正算法后无

保持架球轴承滚动体与套圈运动参数及接触力的解析解为

$$y_{k+1} = y_k + \sum_{i=-1}^{M-1} f[x_{k+1}, x_k, x_{k-1}, \cdots, x_{k-i}] \Delta_n^{i+2} \sum_{j=0}^{i=1} \frac{B_j^*}{j+1} +$$

$$f[x_{k+1}, x_k, x_{k-1}, \cdots, x_{k-M+1}, x_{k-M}] \Delta_n^{M+2} \sum_{j=0}^{M+1} \frac{B_j^*}{j+1} \qquad (2.46)$$

根据以上预估算校正算法分析,针对无保持架各零部件多自由度欧拉运动学模型以及建立多接触点接触力学模型的分析,采用 Adams−GSTIFF 隐式预估变步长积分算法进行求解,以确定滚动体运动姿态。无保持架球轴承求解参数见表 2.1,无保持架球轴承动力学计算流程图如图 2.4 所示。

表 2.1　无保持架球轴承求解参数

参数	数值
内径 d/mm	30
外径 D/mm	62
宽度 B/mm	16
径向游隙 G_r/μm	10
滚动体半径 r/mm	4.762 5
内沟道曲率半径 r_i/mm	4.905
外沟道曲率半径 r_o/mm	4.953
内圈沟底直径 D_i/mm	36.48
外圈沟底直径 D_o/mm	55.53
滚动体质量 m/g	3.6
滚动体泊松比 μ_1	0.26
套圈泊松比 μ_2	0.3
滚动体弹性模量 E/MPa	284 000
套圈弹性模量 E/MPa	208 000
滚动体初始角位置 φ_j/rad	$\pi(j-1)/7$
润滑油黏度 η/(mPa·s)	30
润滑油密度 ρ/(kg·m^{-3})	960
转速 n/(r·min^{-1})	1 800/3 000/6 000
径向载荷 F_r/N	500/1 000/2 000
轴向载荷 F_a/N	300/400/500

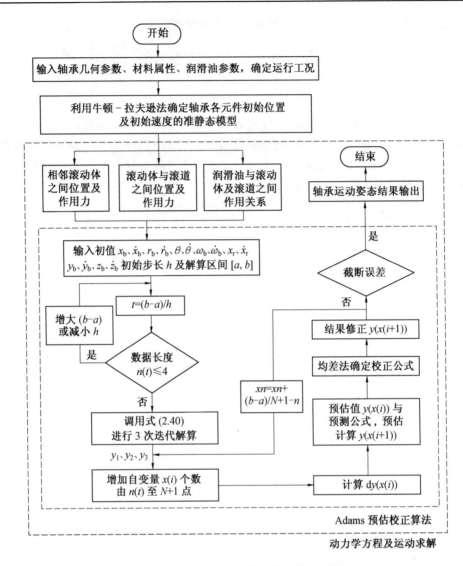

图 2.4　无保持架球轴承动力学计算流程图

2.4　滚动体随机碰摩运动数值求解

2.4.1　变工况下滚动体打滑及姿态规律

1. 径向载荷作用下滚动体动态特性

（1）滚动体打滑率分析。

滚动体在运动中打滑会导致相对套圈的摩擦及蹭伤，还会导致相邻滚动体之间发生接触碰撞，因此，滚动体公转运动特性通过滚动体公转打滑率进行表征。选取运转稳定阶段滚动体的公转打滑率如图 2.5 所示。

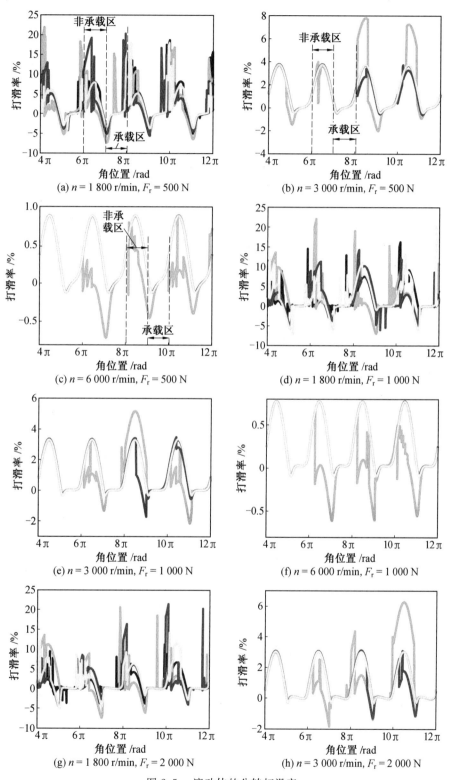

(a) $n = 1\ 800$ r/min, $F_r = 500$ N

(b) $n = 3\ 000$ r/min, $F_r = 500$ N

(c) $n = 6\ 000$ r/min, $F_r = 500$ N

(d) $n = 1\ 800$ r/min, $F_r = 1\ 000$ N

(e) $n = 3\ 000$ r/min, $F_r = 1\ 000$ N

(f) $n = 6\ 000$ r/min, $F_r = 1\ 000$ N

(g) $n = 1\ 800$ r/min, $F_r = 2\ 000$ N

(h) $n = 3\ 000$ r/min, $F_r = 2\ 000$ N

图 2.5　滚动体的公转打滑率

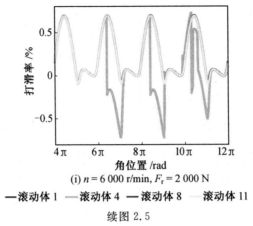

(i) $n = 6\ 000$ r/min, $F_r = 2\ 000$ N

——滚动体 1　——滚动体 4　——滚动体 8　——滚动体 11

续图 2.5

各滚动体运动变化趋势存在随机性,为避免单个滚动体的数值结果存在偶然性,保证不缺失一般性前提下,在 14 个滚动体中选取初始位置分别位于承载区、非承载区及二者交界处的滚动体 1、滚动体 4、滚动体 8 和滚动体 11 的运动结果进行分析,用以代表不同区域所有滚动体的运动特性。由图 2.5 可知,在没有保持架球轴承的情况下,尽管内圈转速恒定,但各滚动体的公转角速度存在差异,导致滚动体的打滑率不一致。在径向载荷一定的情况下,转速增加滚动体打滑率逐渐减小,这是由于在低速时离心力不足以抵抗滚动体重力作用,滚动体在非承载区最高点下落时,会在重力作用下明显加速,进而引起相邻滚动体之间发生接触,使滚动体出现多次打滑现象。随着转速增大,滚动体所受的离心力逐渐增大,克服了重力,滚动体与轴承外圈间在离心力及载荷的作用下摩擦力增大,因此滚动体的运动状态不易发生改变,打滑现象减弱。转速对滚动体打滑影响比径向载荷更明显,滚动体在非承载区更容易打滑。

(2)滚动体之间碰撞冲击力分析。

为进一步判断打滑引起的接触碰撞,选取任意相邻滚动体公转 12 个周期的内碰撞力,为了便于显示滚动体公转速度突变与滚动体碰摩力发生位置关系,采用极坐标形式表示相邻滚动体之间的碰摩力,如图 2.6 所示。

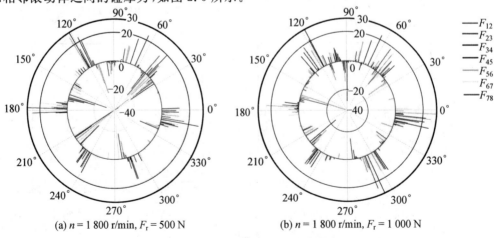

(a) $n = 1\ 800$ r/min, $F_r = 500$ N　　　　(b) $n = 1\ 800$ r/min, $F_r = 1\ 000$ N

图 2.6　相邻滚动体碰撞冲击力分布

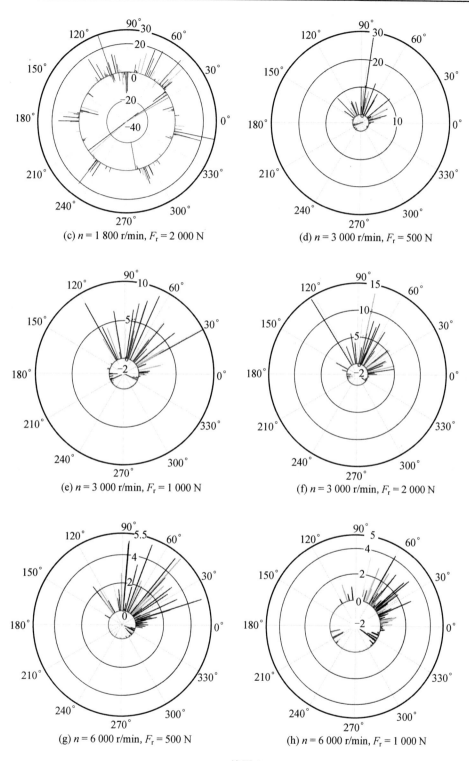

(c) $n = 1\ 800$ r/min, $F_r = 2\ 000$ N

(d) $n = 3\ 000$ r/min, $F_r = 500$ N

(e) $n = 3\ 000$ r/min, $F_r = 1\ 000$ N

(f) $n = 3\ 000$ r/min, $F_r = 2\ 000$ N

(g) $n = 6\ 000$ r/min, $F_r = 500$ N

(h) $n = 6\ 000$ r/min, $F_r = 1\ 000$ N

续图 2.6

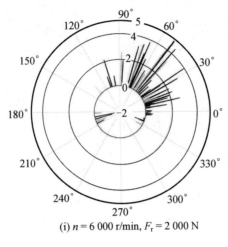

(i) $n = 6\,000$ r/min, $F_r = 2\,000$ N

续图 2.6

由图 2.6 可知,无论是变载荷工况还是变转速工况,相邻滚动体之间均存在碰撞冲击力。非承载区内相邻滚动体之间碰撞冲击力均为正值,这表示后面的滚动体推动前面滚动体;在承载区内接触力均为负值,表示前面的滚动体阻挡后面的滚动体运动,但碰撞冲击力为幅值,小于非承载区的碰撞冲击力。在相同径向载荷作用下,随着轴承转速的增加,相邻滚动体之间碰撞冲击力幅值减小。结合图 2.5 可知,随着转速的增大,滚动体打滑现象减弱,相邻滚动体之间运动状态差异性减弱,发生接触时,相邻滚动体速度差越小,碰撞冲击力越小。

(3)滚动体姿态分析。

滚动体之间的随机碰撞导致其自转角速度绕 x_{aj} 轴发生改变,考虑在径向载荷作用下,不同工况下滚动体的自转角速度如图 2.7 所示。

(4)一个周期内滚动体的动态特性。

图 2.8 所示为滚动体 1 随角位置变化引起的打滑率放大图,载荷为 500 N 的变转速工况。当转速为 1 800 r/min 时滚动体 1 从承载区进入非承载区(AB 段),其打滑率存在多次突变,引起滚动体 1 与相邻滚动体高频接触;滚动体 1 从 B 点运动至 D 点这一过程中公转速度先快于纯滚动速度值,随后速度逐渐减小滞后于纯滚动速度,出现负打滑率。转速

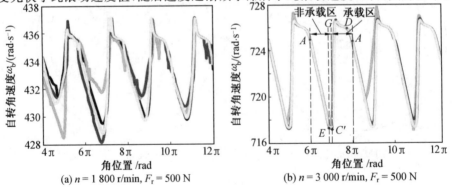

(a) $n = 1\,800$ r/min, $F_r = 500$ N　　　　　(b) $n = 3\,000$ r/min, $F_r = 500$ N

图 2.7　不同工况下滚动体的自转角速度

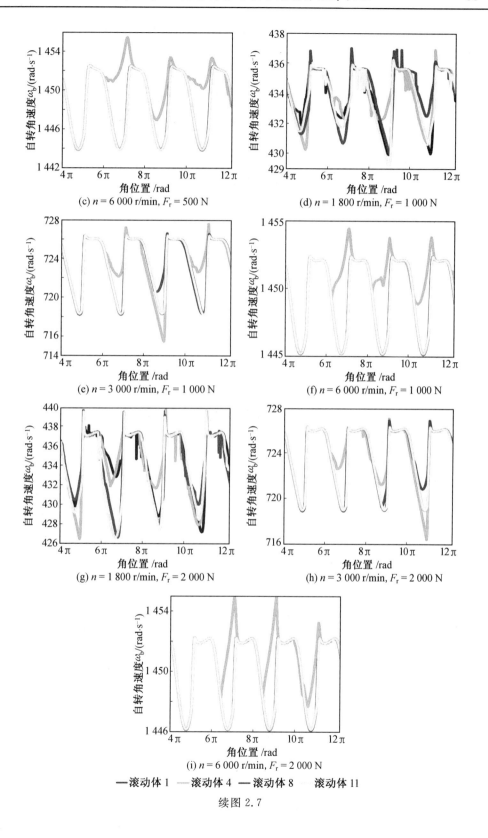

(c) $n = 6\ 000$ r/min, $F_r = 500$ N

(d) $n = 1\ 800$ r/min, $F_r = 1\ 000$ N

(e) $n = 3\ 000$ r/min, $F_r = 1\ 000$ N

(f) $n = 6\ 000$ r/min, $F_r = 1\ 000$ N

(g) $n = 1\ 800$ r/min, $F_r = 2\ 000$ N

(h) $n = 3\ 000$ r/min, $F_r = 2\ 000$ N

(i) $n = 6\ 000$ r/min, $F_r = 2\ 000$ N

—— 滚动体 1　　—— 滚动体 4　　—— 滚动体 8　　　滚动体 11

续图 2.7

分别为 3 000 r/min 和 6 000 r/min 时,滚动体虽未出现负打滑率,但依然因打滑出现相邻滚动体接触现象。

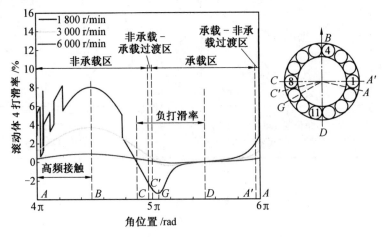

图 2.8　一个公转周期内滚动体公转运动规律

　　图 2.9 所示为滚动体 1 与内、外圈接触摩擦力在一个周期内的放大图,载荷及转速分别为 500 N 和 3 000 r/min。对比图 2.7(b) 和图 2.9 可知,当滚动体进入非承载区内(AE 段),滚动体 1 仅受外圈摩擦力阻碍使其自转减速,进入 EC' 段外圈摩擦力方向变为与自转方向相同,共同驱动滚动体 1 自转逐渐加速。当滚动体 1 从 C' 点进入 D 点时,自转角速度急剧增加至最大值(G 点),这是由于滚动体 1 从 C' 点到 1 点,轴承内外圈分别提供与运动方向相反的摩擦力,两个摩擦力差产生驱动滚动体自转加速度增大的摩擦力矩,当滚动体运动从 1 点至 G 点时,轴承内外圈提供方向相同的摩擦力,外圈摩擦力大于内圈摩擦力,摩擦力矩减小。当滚动体 1 处于 G 点这一时刻,由于内外圈摩擦力大小相等、方向相同,相互抵消,不再提供摩擦力矩改变滚动体 1 自转速度,此时滚动体 1 自转角速度达到最大值。滚动体在 GD 段时,内圈摩擦力一直大于外圈,产生阻碍滚动体自转运动的摩擦力矩使自转角速度缓慢降低。在 D 点内外圈摩擦力减小为 0,自转速度与理论值相近。

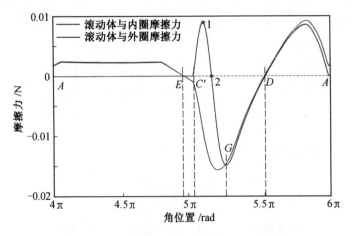

图 2.9　一个周期内滚动体 1 与套圈接触摩擦力

当滚动体 1 运动至 DA 段,内外圈摩擦力方向相同且外圈摩擦力大于内圈,产生阻碍自转摩擦力矩,滚动体自转角速度继续减小。在整个过程中,滚动体 1 与滚道之间出现方向交替改变的非线性摩擦力,改变其自转加速度。

2. 联合载荷作用下滚动体动态特性

（1）联合载荷下滚动体打滑率分析。

当轴承承受联合载荷作用时,导致滚动体与滚道之间接触点位置发生改变,进而引起滚动体与内圈及外圈的接触角改变,在运动过程中,自转轴发生角度偏转,不再平行于公转回转轴线,滚动体的自转姿态改变,接触点处摩擦力方向改变,同时相邻滚动体之间公转运动及接触状态也改变,为确定在不同工况下滚动体的公转打滑特性及自转姿态,得到如图 2.10 所示的打滑率。由图 2.10 可知,滚动体在联合载荷下仅随着径向载荷增大,打滑率存在突变,引起相邻滚动体发生碰撞。滚动体在较小轴向载荷作用下可能存在接触碰撞,打滑严重区域依旧为非承载区内,随着径向载荷增大、轴向载荷减小,滚动体的打滑率增加。

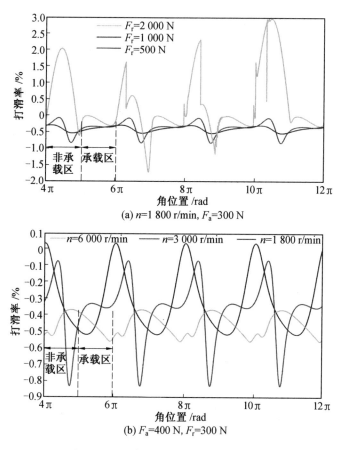

(a) n=1 800 r/min, F_a=300 N

(b) F_a=400 N, F_r=300 N

图 2.10　联合载荷下滚动体的打滑特性

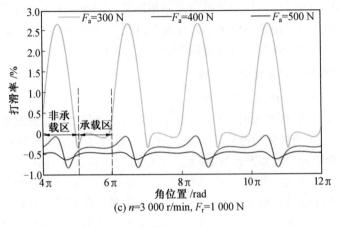

(c) n=3 000 r/min, F_r=1 000 N

图 2.10

（2）联合载荷下滚动体之间碰撞冲击力分析。

为了进一步判断滚动体公转打滑与接触关系，选取转速为 1 800 r/min，径向载荷为 500 N，公转角速度和碰撞力关系如图 2.11 所示。

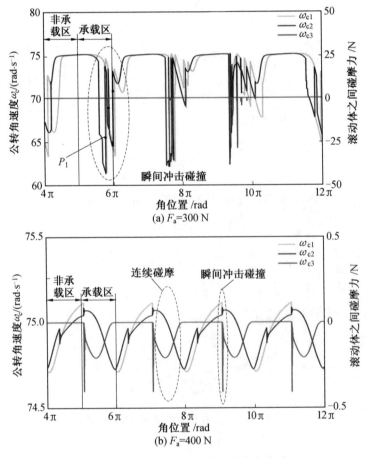

图 2.11　滚动体公转速度与碰摩力关系

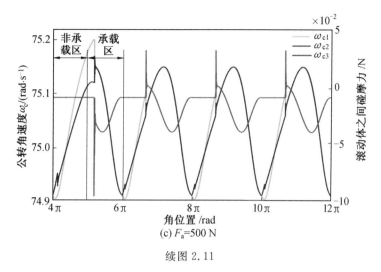

(c) F_a=500 N

续图 2.11

由图 2.11 可知,滚动体公转速度突变时,对应相邻滚动体之间的碰摩力也突变,此时滚动体 1 公转速度瞬间减小,滚动体 2 瞬时速度增大,表明此时滚动体 1 追赶滚动体 2 且发生了冲击碰撞;此后相邻两滚动体在内圈摩擦力作用下以相同公转速度继续运动,此时两滚动体不分离持续接触,滚动体 1 和滚动体 2 之间的碰摩力持续存在,在这一阶段相邻滚动体之间的接触形式为扭转摩擦接触。因此,在联合载荷作用下相邻滚动体的运动形式既存在冲击碰撞,又存在扭转摩擦,且碰撞与摩擦随机发生。随着轴向力的增大,相邻滚动体之间扭转摩擦接触越容易发生。为确定滚动体之间不同的接触碰撞形式,给出滚动体 1 和滚动体 2 之间碰摩力频谱分析,如图 2.12 所示。

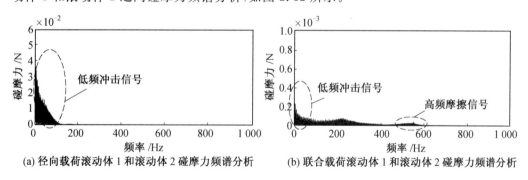

(a) 径向载荷滚动体 1 和滚动体 2 碰摩力频谱分析　　(b) 联合载荷滚动体 1 和滚动体 2 碰摩力频谱分析

图 2.12　滚动体 1 和滚动体 2 之间碰摩力频谱分析

由图 2.12 可知,当无保持架球轴承仅作用径向载荷时,碰摩力的频谱主要集中于 100 Hz 以下,其中频谱组成成分较为复杂,说明滚动体在径向载荷作用下的碰撞具有随机性,且相邻滚动体之间的接触主要是瞬时的冲击碰撞。当轴承承受联合载荷时,除了低频区域的碰撞力以外,则在 500 ~ 600 Hz 之间出现了微小的幅值增大信号组成,这表明相邻滚动体之间出现了持续的扭转摩擦力,相邻滚动体之间既会发生冲击碰撞也会发生持续接触产生摩擦。

（3）联合载荷下滚动体姿态分析。

当滚动体发生接触时,接触点处切向摩擦力引起滚动体自转姿态变化。滚动体自转角速度的 3 个方向分量和接触角变化分别如图 2.13 和图 2.14 所示。

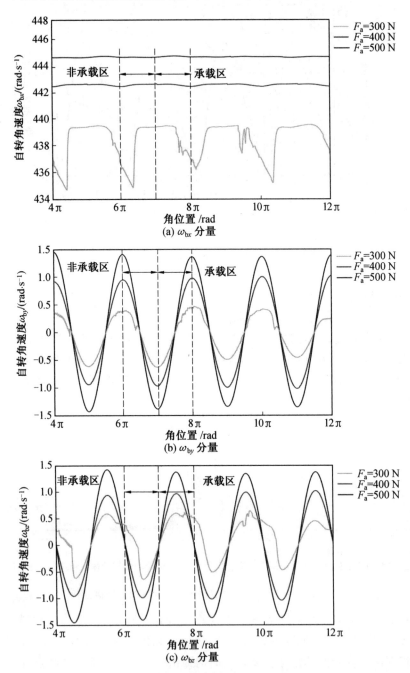

图 2.13　滚动体自转角速度 3 个方向分量

在联合载荷作用下，滚动体自转角速度 3 个方向分量随着轴向载荷的增大而增大，随着轴向载荷的增大，滚动体与滚道接触角增大，表明滚动体在接触点处的切向摩擦力分量增大，在非线性摩擦及扭转摩擦作用下，在接触点处绕接触表面垂直方向产生的自旋转动速度即分量 ω_{bz} 越大。相邻滚动体之间在扭转摩擦力作用下，沿着滚动体方向对称摇

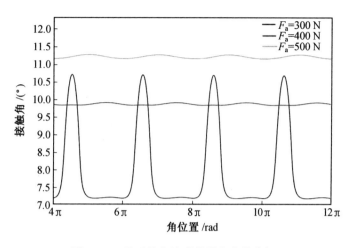

图 2.14　滚动体与滚道接触角变化分析

摆的自转形式随机运动。为了更清晰地表达滚动体的自转运动特性,滚动体与滚道接触点轨迹如图 2.15 所示。

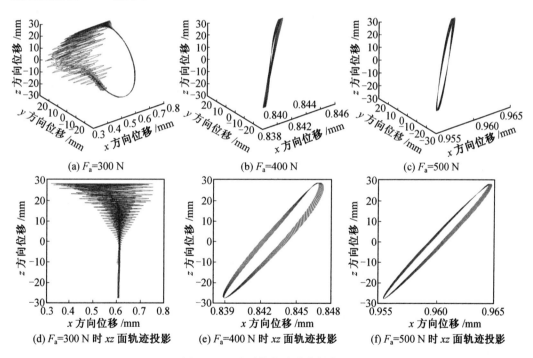

(a) F_a=300 N　　　　　　(b) F_a=400 N　　　　　　(c) F_a=500 N

(d) F_a=300 N 时 xz 面轨迹投影　(e) F_a=400 N 时 xz 面轨迹投影　(f) F_a=500 N 时 xz 面轨迹投影

图 2.15　滚动体与滚道接触轨迹

在较小轴向载荷作用下,滚动体自转接触轨迹摇摆角度呈现随机性增大,结合图 2.15(a) 滚动体绕 x_{aj} 轴的自转角速度分量会更小,使得滚动体的公转速度减慢,导致相邻滚动体之间会存在随机接触碰撞;当轴向载荷增大、滚动体自转摆动角度减小时,其自转姿态相对稳定,但由于绕 y_{aj} 和 z_{aj} 方向自转角速度分量增大,使得相邻滚动体之间自旋运动及产生的陀螺运动发生更明显的摩擦。非承载区内易发生碰撞,承载区内易发生摩擦。

2.4.2　变工况下内圈及轴承稳定性

1. 径向载荷下内圈运动及轴承稳定性分析

滚动体发生碰撞和摩擦分布不均使承载数量变化引起轴承内圈产生"跨步跳动",从内圈稳定性角度分析相邻滚动体之间碰摩状态及轴承稳定性,得到内圈在 x、y、z 3 个方向振动位移响应,如图 2.16 所示。轴承内圈 z 方向变转速及变载荷振动加速度及其频谱图如图 2.17 所示。

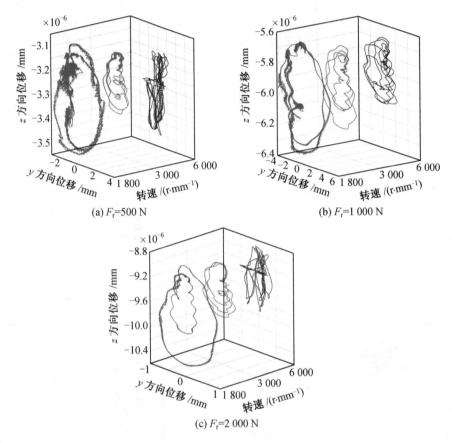

图 2.16　径向载荷下轴承内圈位移

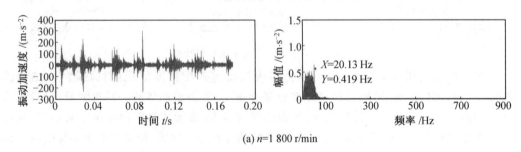

(a) n=1 800 r/min

图 2.17　变转速及变载荷内圈振动时频图

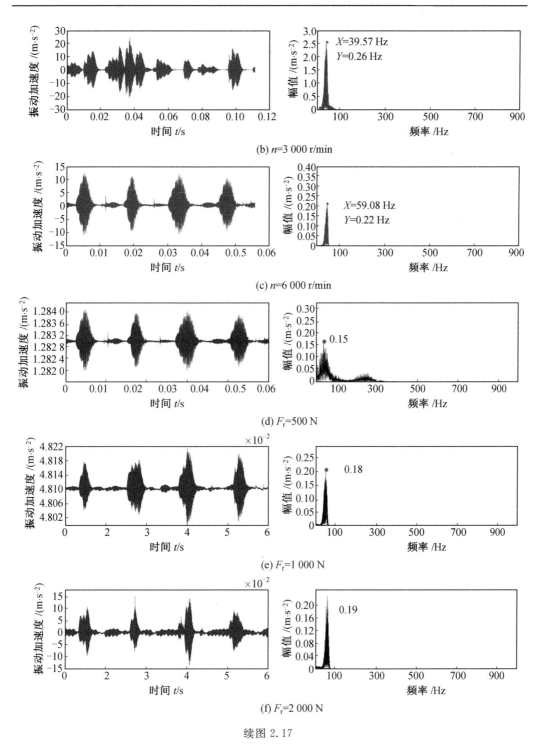

(b) n=3 000 r/min

(c) n=6 000 r/min

(d) F_r=500 N

(e) F_r=1 000 N

(f) F_r=2 000 N

续图 2.17

　　由图 2.16 可知,轴承内圈中心轨迹是不规则的类圆形,这是由于在径向载荷下轴承套圈之间接触刚度不均而导致,说明滚动体在运转过程中存在堆积接触现象。随着轴承径向载荷的增大,轴承内圈在径向载荷作用力方向和水平方向位移变化量均逐渐增大,且径向位移与水平方向位移变化量几乎相等。在相同径向载荷作用下,随着转速的增大,轴承内圈轨迹范围有逐渐减小趋势,轴承内圈位移的变化与滚动体的分布有关,轴承内圈空间运动主要呈现涡动运动。

由图 2.17 可知,随着内圈转速的增大,轴承内圈振动加速度时域值逐渐减小,加速度逐渐呈周期性变化,频谱振动幅值也逐渐减小;随着径向载荷的增大,轴承内圈振动加速度逐渐增大,振动加速度逐渐由周期变化变为非周期变化,频谱振动幅值随着载荷增大而增大。内圈在不同转速下振动特征频率分别为 18.1 Hz、36.3 Hz 和 60.4 Hz,对应数值解算结果分别为 20.13 Hz、39.57 Hz 和 59.08 Hz,与理论转动频率基本保持一致。同时在 1 800 r/min 时,振动频谱组成不明显,除内圈自身转动频率外,还出现较多低频成分,主要是滚动体之间相互接触冲击产生的振动特性。

2. 联合载荷下内圈运动及轴承稳定性分析

（1）变径向载荷工况。

为分析联合载荷作用下轴承内圈的运动特性,选取内圈转速为 3 000 r/min,轴向载荷为 500 N,不同径向载荷工况下轴承内圈位移和振动特性分别如图 2.18 和图 2.19 所示。

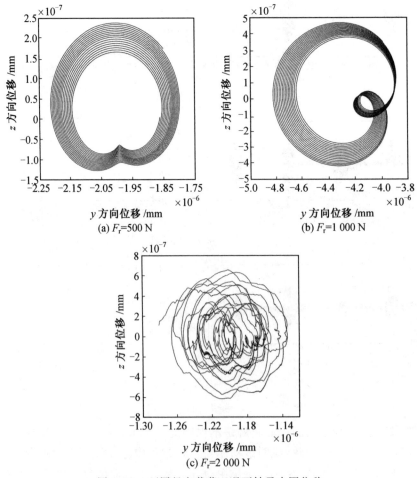

图 2.18　不同径向载荷工况下轴承内圈位移

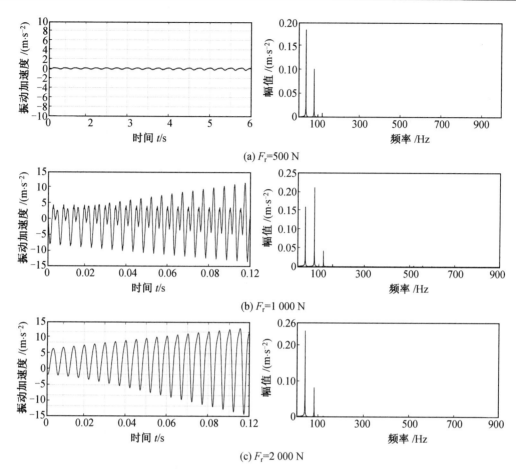

图 2.19　不同径向载荷工况下内圈振动特性

随着径向载荷的增大,内圈中心运动轨迹逐渐由类似圆形变为波动明显线团状轨迹,且变化范围逐渐增大,其振动幅值由相等的周期振动变为幅值增大的周期运动,但内圈频谱组成无明显差异。这是由于径向载荷增大导致滚动体打滑区域变大,且打滑率增加,滚动体的分布不均引起了轴承内圈中心运动的波动造成运动不稳定性增加。

(2) 变转速工况。

选定径向载荷为 1 000 N,轴向载荷为 500 N,不同转速工况下轴承内圈位移和振动特性分别如图 2.20 和图 2.21 所示。随着转速增大,内圈中心运动轨迹范围逐渐减小,打滑率也下降,碰撞减少,运动轨迹重合度越来越高。转速较低时轴承内圈振动不稳定,且频谱组成中存在低频信号,转速增大,振动幅值呈现先减小再增大的趋势,说明过大的转速会引起内圈失稳的可能性。

(3) 变轴向载荷工况。

选定径向载荷为 1 000 N,转速为 1 800 r/min,不同轴向载荷工况下内圈位移和振动特性分别如图 2.22 和图 2.23 所示。

随着轴向载荷的增加,内圈轨迹运动范围逐渐减小,从杂乱趋近于圆形,振动加速度峰值在时域内逐渐减小,由非周期性转变为稳定的周期规律。并且在低轴向载荷时,同时

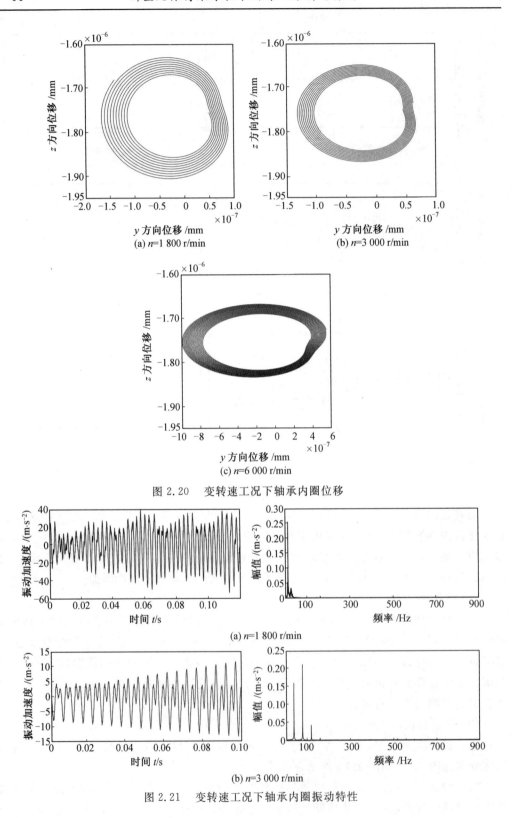

图 2.20　变转速工况下轴承内圈位移

图 2.21　变转速工况下轴承内圈振动特性

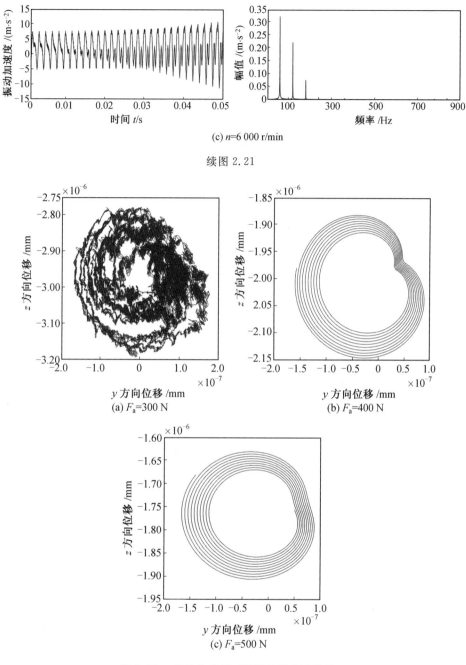

(c) n=6 000 r/min

续图 2.21

(a) F_a=300 N

(b) F_a=400 N

(c) F_a=500 N

图 2.22　变轴向载荷工况下轴承内圈位移

存在轴承转动频率组成外的 500 ~ 600 Hz 区间信号,这是由于滚动体之间扭转摩擦引起的持续接触。

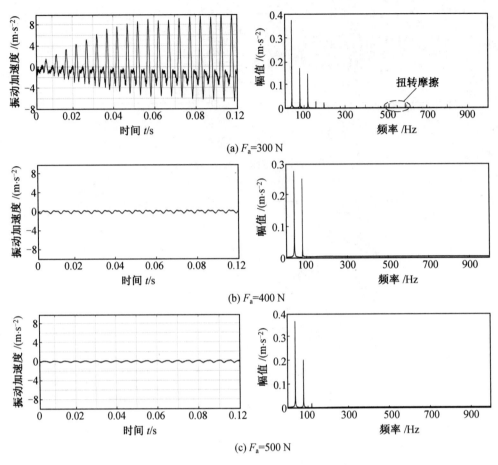

(a) F_a=300 N

(b) F_a=400 N

(c) F_a=500 N

图 2.23　变轴向载荷工况内圈振动特性

第3章 无保持架球轴承滚动体离散机理

无保持架球轴承存在相邻滚动体之间的碰摩现象,不仅会影响滚动体的动态特性,且其冲击碎裂或摩擦生热对轴承及转子系统的危害都很严重。因此,通过控制滚动体运动状态解决相邻滚动体之间的接触,是无保持架球轴承亟待解决的问题。轴承滚动体的动态特性不仅受服役工况影响,还受轴承滚道结构的影响。本章从运动学角度通过分析滚动体与滚道接触点轨迹,根据滚动体随机碰摩规律探讨滚动体自动离散原理,建立实现滚动体自动离散的变速曲面空间几何模型,并根据变速曲面结构建立滚动体瞬时速度及离散分布模型,以便实现无保持架球轴承滚动体的自动离散。

3.1 滚动体自动离散原理

3.1.1 滚动体微变速原理

无保持架球轴承相邻滚动体在运动过程中能实现离散互不接触的根本原理是:相邻滚动体之间公转运动速度不一致,存在后一个滚动体"落后"于前一个滚动体的运动趋势,且相邻两个滚动体在离散过程中的速度及相对距离都需要加以约束,以保证与其他滚动体也不发生碰撞。由于运动过程中,滚动体的空间位置和运动姿态都会发生变化,为了准确描述无保持架球轴承内部各个零件的运动特性及相互作用,需要建立以下 6 种坐标系来描述每个滚动体及内圈的运动:惯性坐标系 O_0XYZ,轴承内圈坐标系 $O_iX_iY_iZ_i$,滚动体方位坐标系 $O_aX_aY_aZ_a$,滚动体定体坐标系 $O_bX_bY_bZ_b$,滚动体与滚道接触点坐标系 $O_cX_cY_cZ_c$,相邻滚动体接触坐标系 $O_gX_gY_gZ_g$,如图 3.1 所示。

滚动体之间的运动由平动和旋转组成,针对轴承各个坐标系之间的运动关系,利用 3 个独立的卡登角(η,ξ,λ)表征矢量转换,针对滚动体公转和自转小角度的情况,卡登角在计算过程中具有不存在奇异点的特性,使得计算精度更高。卡登角 η、ξ 和 λ 分别为坐标系绕 X 轴、Y' 轴、Z'' 轴的旋转角,因此滚动体之间任意旋转可经过 3 次旋转后的旋转矩阵 $\boldsymbol{T}(\eta,\xi,\lambda)$ 来表示,其表达式为

$$\boldsymbol{T}(\eta,\xi,\lambda) = \begin{bmatrix} \cos\xi\cos\lambda & \cos\eta\sin\lambda + \sin\eta\sin\xi\cos\lambda & \sin\eta\sin\lambda - \cos\eta\sin\xi\cos\lambda \\ -\cos\xi\sin\lambda & \cos\eta\cos\lambda - \sin\eta\sin\xi\sin\lambda & \sin\eta\cos\lambda + \cos\eta\sin\xi\sin\lambda \\ \sin\xi & -\sin\eta\cos\xi & \cos\eta\cos\xi \end{bmatrix}$$

$$(3.1)$$

假设滚动体在滚道运动时为纯滚动,结合图 3.1 可知,滚动体在常规滚道内与轴承外圈接触点为 1 点接触,滚动体公转速度与滚动体自转回转半径 r 及球心回转圆半径 R_m 有关,为了改变相邻滚动体速度使其不一致,结合轴承套圈滚道的对称性,通过改变滚动体与外圈接触点个数即变为 2 个接触点,实现滚动体自转回转半径及球心回转圆半径的改

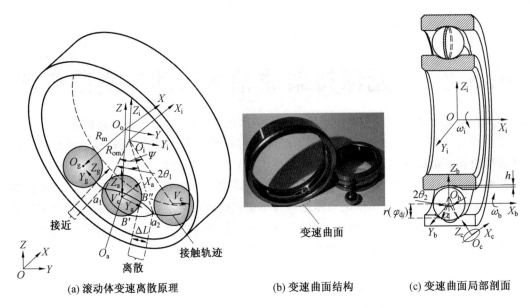

(a) 滚动体变速离散原理　　　　(b) 变速曲面结构　　　　(c) 变速曲面局部剖面

图 3.1　无保持架球轴承微变速及坐标示意图

变。由图 3.1(b) 可知,结合以往研究,通过在轴承外圈径向载荷最大处设计一局部变速曲面结构,使滚动体经过变速曲面时接触点数量改变。变速曲面与轴承沟道形成的空间几何交线即为滚动体与滚道之间接触轨迹,因此在保证滚动体运动过程中,在公转、自转速度变化的前提下,确定自转回转半径及球心回转圆半径变化范围,并以此为依据对变速曲面结构模型进行设计。当滚动体经过变速曲面时接触点由滚道上一点 a_1 变为接触点两点 B' 和 B'' 后,离开变速曲面后接触点再次变回一点 a_2 接触,使滚动体自转回转有效半径从最大值球径 R_w 变为与变速曲面结构参数相关的 $r(\varphi_{dj})$,且在变速曲面处滚动体与内圈产生间隙 h,使滚动体球心回转圆半径也由节圆半径 R_m 变为 $R_{om}(\varphi_{dj})$。当滚动体 j 从正常滚道进入离散间隙变化区域范围 Ψ 内时,其公转瞬时速度 V_c' 因有效回转半径及球心回转圆半径 R_{om} 变化而减小,此时滚动体 $j+1$ 运动至常规滚道内,有效接触半径再次变为 R_w 和 R_m,公转速度变为 V_c。此时 $V_{j+1} > V_j$,滚动体 j 滞后,滚动体 $j+1$ 与滚动体 j 分离产生离散间距 ΔL,且离散间隙逐渐增大。滚动体 j 运动离开变速曲面后,与滚动体 $j+1$ 以离散间距 ΔL 的距离维持运动特性。变量 S_i、ΔL 分别为相邻滚动体球心距和离散间隙。位于常规滚道的后一滚动体,滚动体 $j-1$ 的速度 V_{j-1} 大于滚动体 j 的速度 V_j,使得滚动体 j 与滚动体 $j-1$ 之间逐渐靠近,间距逐渐减小。

微变速原理就是为了保证滚动体在变速曲面内既能与前球产生速度差离散,又能保证与后球之间不发生接触。因此,需要对滚动体与滚道接触点轨迹进行规划,保证滚动体能实现变速的同时还能满足相邻滚动体之间不接触的要求。

3.1.2　实现微变速接触点轨迹

结合图 3.1 以轴承中心为原点,以接触点变为两个时为起始点(a_1 点),接触点再次变为单点时结束(a_2 点),这一过程沿环向及轴向的跨度角分别为 $2\theta_1$ 及 $2\theta_2$,确定接触点空间坐标为 $P(x, y, z)$,其轨迹方程以函数 $f(x, y, z)$ 来表示。为确定滚动体的速度变化,

首先根据接触点坐标确定滚动体在运动过程中有效接触半径,其表达式为

$$r(\varphi_{dj}) = \begin{cases} \sqrt{y^2 + z^2} - \Delta h - R_w - R_i, & \varphi_1 \leqslant \mathrm{mod}(\varphi_{dj}, 2\pi) \leqslant \varphi_4 \\ R_w, & \text{其他} \end{cases} \qquad (3.2)$$

式中,φ_1 和 φ_4 分别为接触点变化时滚动体的空间位置角;R_w 为滚动体半径;Δh 为滚动体与内圈的间隙。

球心回转圆半径的表达式为

$$R_{om} = \begin{cases} (R_0 + R_2/\cos\gamma)\sin(\theta_1 - \phi_1), & \varphi_1 < \mathrm{mod}(\varphi_{dj}, 2\pi) < \varphi_4 \\ R_m, & \text{其他} \end{cases} \qquad (3.3)$$

式中,R_2 为接触点个数变化过渡区域的圆弧半径;γ 为变速曲面过渡区的圆弧跨度角。

根据几何关系,过渡区圆弧跨度角表达式为

$$\gamma = \varphi_{dj} R_1 (\omega_b + \omega_i) / \omega_c R_2$$

滚动体与滚道有效接触半径会随着接触点从 R_w 直接减小到 r_d,然后再从 r_d 直接增加到 R_w。这会导致滚动体的公转速度及自转角速度在接触轨迹改变时发生突然变化,造成滚动体与滚道发生严重的滑动摩擦,同时还会由于结构突然改变,使得滚动体在进入和离开变速曲面时与滚道产生冲击,进而导致冲击力演变造成应力集中引起滚动体或滚道失效。因此设计半径为 R_2 的轨迹过渡区,为了更清楚地描述接触点轨迹变化,对接触轨迹局部放大,如图 3.2 所示。

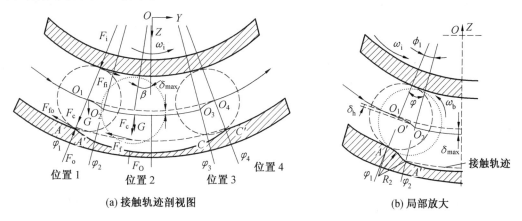

(a) 接触轨迹剖视图　　　　　　　　　(b) 局部放大

图 3.2　接触轨迹局部放大图

为保证滚动体公转及自转速度的变化不存在突变,变速曲面结构需具有连续性,变速曲面与常规滚道交界处的接触轨迹 $f(x, y, z)$ 应为光滑曲线,滚动体有效接触半径 r 及球心回转圆半径 R_{om} 应为连续变化,不存在突变。根据微分几何原理,r 和 R_{om} 在变化区域 A' 和 C' 处的左右导数相等且等于 0,对接触点坐标转化为直角坐标系后,有效自转接触半径 r 需满足

$$\begin{cases} \lim\limits_{y_{A'} \to [-(R_0 + R_2/\cos\gamma)\sin(\theta_1 - \varphi_1)]^-} r'(y_{A'}) = \lim\limits_{y_{A'} \to [-(R_0 + R_2/\cos\gamma)\sin(\theta_1 - \varphi_1)]^+} r'(y_{A'}) = 0 \\ \lim\limits_{y_C \to [(R_0 + R_2/\cos\gamma)\sin(\varphi_4 - \theta_1)]^-} r'(y_C) = \lim\limits_{y_C \to [(R_0 + R_2/\cos\gamma)\sin(\varphi_4 - \theta_1)]^+} r'(y_C) = 0 \end{cases} \qquad (3.4)$$

球心回转圆半径 R_{om} 需满足

$$
\begin{cases}
\lim\limits_{y_{A'} \to (-R_0 \sin\theta_1)^-} R'_{om}(y_A) = \lim\limits_{y_{A'} \to (-R_0 \sin\theta_1)^+} R'_{om}(y_A) = 0 \\
\lim\limits_{y_{A'} \to [-(R_0 + R_2/\cos\gamma)\sin(\theta_1 - \varphi_1)]^-} R'_{om}(y_{A'}) = \lim\limits_{y_{A'} \to [-(R_0 + R_2/\cos\gamma)\sin(\theta_1 - \varphi_1)]^+} R'_{om}(y_{A'}) = 0 \\
\lim\limits_{y_{C'} \to [(R_0 + R_2/\cos\gamma)\sin(\varphi_4 - \theta_1)]^-} R'_{om}(y_C) = \lim\limits_{y_C \to [-(R_0 + R_2/\cos\gamma)\sin(\varphi_4 - \theta_1)]^+} R'_{om}(y_C) = 0 \\
\lim\limits_{y_{C'} \to (R_0 \sin\theta_1)^-} R'_{om}(y_{C'}) = \lim\limits_{y_{C'} \to (R_0 \sin\theta_1)^+} R'_{om}(y_{C'}) = 0
\end{cases}
\tag{3.5}
$$

当同时满足上式时,从几何结构角度设计了滚动体与滚道接触轨迹为平滑连续变化的几何结构,同时还需保证滚动体与滚道接触点处速度为连续变化,从运动学角度确定接触轨迹结构改变处接触点的速度为

$$
V_A = \cos\left(\arctan\frac{-r_o^2 \sin^2\theta_2\, y}{R_m^2 \sin^2\theta_1\, x}\right) R_{om}\omega_c + \omega_b R_w \cos\alpha
\tag{3.6}
$$

有效接触半径 r 及球心回转圆半径 R_{om} 满足式(3.4)～(3.6),同时根据微分几何原理,接触点轨迹曲线 $f(x,y,z)$ 在过渡区起始点 A 及终止点 C' 处的斜率应满足

$$
\begin{cases}
f'(x,y,z)_A = -\tan\theta_1 \\
f'(x,y,z)_C = \tan\theta_1
\end{cases}
\tag{3.7}
$$

综合以上分析,滚动体与滚道接触点轨迹需同时满足式(3.4)～(3.7),滚动体的变速过程可实现速度不突变,根据自动离散原理可知,在滚动体接触点变化这一过程中,其公转速度时刻发生改变,这将导致相邻滚动体之间球心距时刻发生变化,后面的球可能接近并追赶上前面的球,发生碰撞引起在变速过程中滚动体分布不均匀状态。为了保证在变速离散的前提下实现滚动体均匀分布的理想状态,则需要考虑相邻滚动体之间速度差引起的离散间隙。首先为确定均匀离散时相邻滚动体之间间隙大小,则需针对滚动体个数进行设计,当所有滚动体在轴承内处于相互接触状态时,相邻两滚动体之间离散最大间隙为

$$
S = \frac{(360° - Z\beta)\pi d_n}{360°}
\tag{3.8}
$$

式中,d_n 为滚动体相切点所在圆直径;Z 为滚动体数量;β 为滚动体圆周跨度角。

为了保证变速曲面无保持架球轴承能够实现最大承载能力,对滚动体数量的限制条件为:当滚动体全部接触时,轴承内部产生的圆周总间隙无法再增加滚动体,且要保证每个滚动体全部离散的最小间隙,因此根据式(3.8)得滚动体数量 Z 需满足以下条件:

$$
\frac{S - \dfrac{d_n\beta\pi}{360°}}{\Delta \bar{L}} < Z < \frac{S}{\Delta \bar{L}}
\tag{3.9}
$$

当确定滚动体数量后,由于滚动体经过变速曲面时脱离轴承内圈接触,将不再承受径向载荷作用,当滚动体分布均匀时,为了避免由于承载滚动体个数奇偶变化造成轴承的跨步跳动,假设不承受载荷滚动体个数为 M 个,承载滚动体个数为 N,则有

$$
\begin{cases}
2(M + N) \geqslant Z \\
2[Z - (M + N)] \leqslant Z
\end{cases}
\tag{3.10}
$$

结合式(3.9)确定滚动体个数 Z 及式(3.10)判定条件可确定同时不承载的滚动体个数 M。

结合式(3.8)则有接触轨迹环向跨度角 $2\theta_1$ 的范围应满足以下条件：

$$M\left(\beta + \frac{S}{Z}360°\right) \leqslant 2\theta_1 < (M+1)\left(\beta + \frac{S}{Z}360°\right) \tag{3.11}$$

确定滚动体数量后，根据滚动体分布时不发生接触的设计要求，再针对变速滚动体与相邻的未变速滚动体之间离散间隙进行分析，当滚动体 j 进入变速曲面后，滚动体公转速度由 $V(\varphi)$ 减速为 $V'(\varphi)$，滚动体 $j-1$ 由常规滚道进入变速曲面内进行追赶，此时滚动体 j 在变速曲面内运动的角度 φ 范围为 $(-\theta_1, \theta_1)$，所需时间 Δt_j 为

$$\Delta t_j = \int_{-\theta_1}^{\theta_1} \frac{\pi}{180V'(\varphi)}\mathrm{d}\varphi \tag{3.12}$$

当滚动体 $j-1$ 与滚动体 j 均未进入变速曲面时，相邻滚动体之间间隙为 $\overline{\Delta L}$，当出现相邻两个滚动体刚好发生接触的临界情况时，滚动体 $j-1$ 公转运动所需时间 Δt_{j-1} 为

$$\Delta t_{j-1} = \int_{\mathrm{mod}(\varphi_{\mathrm{di}}, 2\pi)}^{-\theta_1} \frac{(\beta + d_\mathrm{n}360°\overline{\Delta L}/\pi)\pi}{180V(\varphi)}\mathrm{d}\varphi + \int_{-\theta_1}^{\theta_1-\beta} \frac{\pi}{180V'(\varphi)}\mathrm{d}\varphi \tag{3.13}$$

结合滚动体公转速度、离散间隙及式(3.12)和式(3.13)，可知 $\Delta t_j = \Delta t_{j-1}$，进而可确定变速曲面环向跨度角范围应满足

$$\theta = \frac{180R_\mathrm{w}r(\varphi)}{(\beta + d_\mathrm{n}360°\overline{\Delta L}/\pi)\pi[2R_\mathrm{w}-r(\varphi)]}\int_\beta^0 \frac{\pi}{180r(\varphi)}\mathrm{d}\varphi \tag{3.14}$$

根据上述对滚动体运动速度与接触轨迹之间关系的分析可知，接触点轨迹的变化与滚动体尺寸、接触轨迹变化范围的环向跨度角及轴向跨度角、轴承外圈几何尺寸有关，对于所设计的接触轨迹曲线，需保证接触点轨迹同时满足上述要求，才可以保证相邻滚动体在变速过程中不会发生接触碰撞。本书所设计的变速曲面结构是在原有轴承外圈沟道的基础上进行的，考虑轴承沟道结构的对称性以及加工的可行性，设计了 3 种能够符合以上 3 个条件的变速曲面结构，其接触轨迹形状分别为双曲面、椭圆形和矩形。

考虑滚动体在经过变速曲面时，滚动体与变速曲面边缘接触存在 2 个接触点，则要求变速曲面深度 h 满足下列关系：

$$h = R_\mathrm{w} - r_\mathrm{o}\cos\alpha - r_\mathrm{o} > \sqrt{r_\mathrm{o}^2 - [(r_\mathrm{o}-R_\mathrm{w})\sin\alpha]^2} - [(r_\mathrm{o}-R_\mathrm{w})\cos\alpha + R_\mathrm{w}] - r_\mathrm{o}$$

$$\tag{3.15}$$

式中，r_o 为外圈沟道曲率半径；α 为滚动体与变速曲面接触角。

由图 3.2(b)可知，接触角 α 与变速曲面之间的关系为

$$\alpha = 2\arcsin\left[\sin\theta_2\sqrt{1 - \frac{2(0.5\sin\theta_1 - \sin\varphi_{\mathrm{dj}})^2}{\sin^2\theta_1}}\right] \tag{3.16}$$

3.2　控制滚动体离散的外圈变速曲面设计

3.2.1　双曲面结构变速曲面几何表征

在外滚道上设计双曲面结构的局部变速曲面,滚动体经过变速曲面离散的同时不与内圈脱离,所有滚动体的质心始终在轴承节圆上。图 3.3 所示为含局部变速曲面的无保持架球轴承滚动体离散原理图。

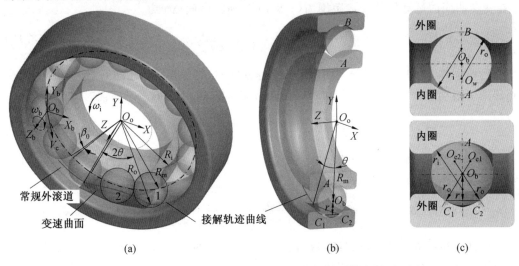

图 3.3　含局部变速曲面的无保持架球轴承滚动体离散原理图

由图 3.3(a) 可知,O_o 表示轴承中心,变速曲面所占轴承外圈的环向跨度角为 2θ,R_i 为内圈沟底半径,R_m 为轴承节圆半径,R_o 为常规外滚道沟底半径,β_0 为滚动体均匀分布时的角间距,内圈以角速度 ω_i 转动,驱动滚动体以公转角速度 V_c 和自转角速度 ω_b 运动。当滚动体在常规外滚道区域运动时,滚动体与外圈为一点接触,当滚动体在变速曲面区域内运动时,滚动体与外圈为两点接触,并且滚动体与内圈始终为一点接触,因此在轴承任意运动周期内滚动体与内外圈的接触点将会由两点和三点交替变化:$(A,B) \to (A,C_1,C_2) \to (A,B)$[图 3.3(b)]。由于滚动体与轴承套圈接触点的变化,滚动体与外滚道的有效接触半径 r 将会减小,在常规外滚道处有效接触半径等于滚动体半径 R_w,而在变速曲面处有效接触半径等于滚动体球心 O_b 与 C_1 和 C_2 连线的垂直距离,始终小于 R_w。为了保证有效接触半径变化的同时,滚动体的质心还在轴承节圆上,变速曲面的截面形状应由两段圆弧构成[图 3.3(c)]。基于滚动体自动离散理论及以上分析,相邻滚动体在变速曲面内产生速度差主要取决于有效接触半径的变化,因此需要建立经过变速曲面时滚动体运动与有效接触半径的关系方程,在外圈固定内圈转动的条件下,假设滚动体为纯滚动,结合图 3.3 所示变速曲面截面形状,得到滚动体滚过变速曲面的公转速度 V_c 与有效接触半径 r 的关系为

$$V_c = \frac{\omega_i R_i r}{R_m (r + R_w)} \tag{3.17}$$

式中，ω_i 为内圈的转速。

滚动体自转角速度 ω_b 与有效接触半径 r 的关系为

$$\omega_b = \frac{V_c(r + R_m)}{rR_m} \tag{3.18}$$

由式（3.17）和式（3.18）可知，滚动体的公转速度随着有效接触半径的减小而减小，而滚动体的自转角速度随着有效接触半径的减小而增大，滚动体经过变速曲面时的公转速度将小于常规外滚道，当相邻滚动体完全离开变速曲面后，两滚动体之间的离散角间距将不再发生变化。因此，速度差影响滚动体离散角间距，进而影响滚动体离散的均匀分布程度，为此对变速曲面的具体结构进行设计，以保证变速曲面使滚动体产生的离散角间距满足要求。

图 3.4 所示为双曲面结构变速曲面无保持架球轴承示意图，向跨度角为 2θ，变速曲面与滚动体的接触轨迹曲线以及沟曲率中心曲线均为空间变化曲线，该变速曲面的沟曲率中心曲线在任意点处的曲率半径均不相等，因此也称变曲率变速曲面。

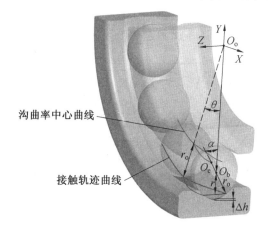

图 3.4　双曲面结构变速曲面无保持架球轴承示意图

滚动体和常规外滚道的接触轨迹曲线与滚动体及变曲率变速曲面的接触轨迹曲线连接，且外滚道的两段沟曲率中心曲线同样相连接。变曲率变速曲面关于 Y 轴对称，滚动体在不同位置与变曲率变速曲面接触时的接触角不同，滚动体与变曲率变速曲面沟底仅在 $\alpha = 0°$ 时接触，将接触轨迹曲线投影在滚动体上，如图 3.5 所示。

由图 3.5 可知，A 为滚动体与变曲率变速曲面接触的首端点，B 为变曲率变速曲面的环向中心点，C 为滚动体与变曲率变速曲面接触的末端点。滚动体与变曲率变速曲面的接触点从 A 点沿着接触轨迹曲线变化到 C 点的过程中，滚动体与变速曲面的接触角先增大后减小，且接触角仅在 A 点和 C 点时为 $0°$，在环向中心点时为最大，因此滚动体在变曲率变速曲面内始终不与沟底接触，而有效接触半径 r 先减小再增大，且在环向中心点处为最小值，因此滚动体在变曲率变速曲面内会时刻发生改变。

3.2.2　双曲面结构变速曲面模型

双曲面结构变速曲面的结构形状可由接触轨迹曲线和沟曲率中心曲线体现。变速曲

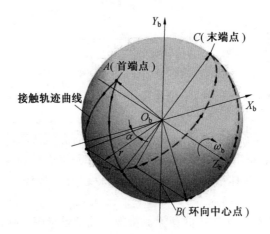

图 3.5　接触轨迹在滚动体上的投影

面与滚动体的接触轨迹曲线是滚动体在滚过变速曲面时两个接触点在坐标系中形成的轨迹,它体现了变速曲面与滚动体两个接触点在任意时刻的空间位置。图 3.6 所示为含变速曲面的无保持架球轴承的径向平面示意图。

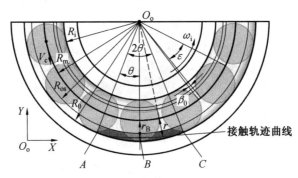

图 3.6　含变速曲面的无保持架球轴承的径向平面示意图

图 3.6 中,R_{os} 为外圈的外肩半径,r_B 为变速曲面环向中心处与滚动体的有效接触半径,r_B 为有效接触半径最小值。内圈以转速 ω_i 逆时针转动,驱动滚动体以 V_c 做逆时针公转运动,因此滚动体与变速曲面的开始接触点为 A 点(首端点),并且在 C 点(末端点)结束接触,由于接触轨迹曲线是关于 XY 平面对称的曲线,在整个过程中,滚动体与变速曲面的接触轨迹曲线在 XY 平面上是两条重合的曲线,因此可以先确定接触轨迹曲线在 XY 平面的函数表达式。根据上述对有效接触半径 r 的变化特性分析可知,对于所设计的接触轨迹曲线,只需让其在 XY 平面满足要求即可。本书给出了双二次函数接触轨迹线曲线,其表达式为

$$y = ax^4 + bx^2 + c \tag{3.19}$$

式中,a、b 和 c 均为待定系数。

根据式(3.19)可知,不论 a、b、c 取何值,双二次方程均为偶函数。由于双二次曲线需要同时经过 A 点、B 点和 C 点,则式(3.19)需要满足

$$\begin{cases} y\,|_{x=\pm R_{\mathrm{o}}\sin\theta}=-R_{\mathrm{o}}\cos\theta \\ y\,|_{x=0}=-(R_{\mathrm{m}}+r_{\mathrm{B}}) \\ y'_{x=\pm R_{\mathrm{o}}\sin\theta}=\pm\tan\theta \end{cases} \tag{3.20}$$

根据式(3.20)中的边界条件,可以确定 a、b、c 3 个待定系数的值,其计算表达式为

$$\begin{cases} a=(R_{\mathrm{o}}\sin\theta\tan\theta+2R_{\mathrm{o}}\cos\theta+2c)/2R_{\mathrm{o}}^{4}\sin^{4}\theta \\ b=(-4c-R_{\mathrm{o}}\sin\theta\tan\theta-4R_{\mathrm{o}}\cos\theta)/2R_{\mathrm{o}}^{4}\sin^{2}\theta \\ c=-(R_{\mathrm{m}}+r_{\mathrm{B}}) \end{cases} \tag{3.21}$$

待定系数 a、b、c 与轴承几何参数有关,还与本书曲面的环向跨度角 2θ 以及 B 点处的有效接触半径 r_{B} 有关。根据上述确定双二次方程系数的方法,现以无保持架深沟球轴承为例,对接触轨迹曲线在 XY 平面的表达式进行验证,取无保持架深沟球轴承的几何参数以及变速曲面的 θ 和 r_{B} 的值见表 3.1。

表 3.1　含变速曲面无保持架深沟球轴承几何参数

无保持架球轴承几何参数	参数值
内圈沟底半径 $R_{\mathrm{i}}/\mathrm{mm}$	18.24
外圈沟底半径 $R_{\mathrm{o}}/\mathrm{mm}$	27.765
滚动体半径 $R_{\mathrm{w}}/\mathrm{mm}$	4.762 5
节圆半径 $R_{\mathrm{m}}/\mathrm{mm}$	23.002 5
变速曲面环向跨度角 $\theta/(°)$	22
有效接触半径 $r_{\mathrm{B}}/\mathrm{mm}$	4

将表 3.1 中给定的参数代入式(3.21)即可算出待定系数 a、b、c 的值,从而确定接触轨迹曲线的表达式,对于表 3.1 中的参数 a、b、c 的计算结果分别为 $a=7.193\,9\times10^{-5}$,$b=0.003\,9$,$c=-27.002\,5$,则该接触轨迹曲线的函数图像如图 3.7 所示。

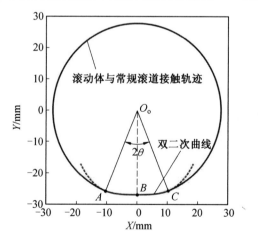

图 3.7　双二次曲线示意图

由图 3.7 可知,通过上述方法确定的双二次曲线在 A 点和 C 点内切于滚动体与常规

滚道的接触轨迹曲线,因此对于表3.1给定的参数,以双二次曲线作为滚动体与变曲率变速曲面的接触轨迹曲线能够很好地与常规外滚道的接触轨迹曲线切合。图3.8所示为滚动体与含变速曲面外圈的有效接触半径在滚动体公转一个周期内的变化示意图。

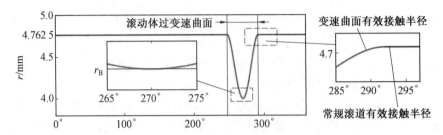

图 3.8　滚动体与含变速曲面外圈的有效接触半径在滚动体公转一个周期内的变化示意图

图3.8中给出了滚动体与变速曲面的变化的有效接触半径,以及滚动体与常规滚道直线部分的有效接触半径。由图3.8可知,在滚动体进出变速曲面处,有效接触半径曲线衔接平滑,并且在有效接触半径最小处的变化率为0,这意味着以双二次函数作为接触轨迹曲线在 XY 平面的表达式是合理的,在滚动体纯滚动条件下,在滚动体公转的一个周期内,滚动体的速度均为平滑变化,并且滚动体在通过变速曲面时的速度会先减小再增大,其速度变化规律符合前面原理描述中滚动体的速度变化规律。

滚动体与变速曲面的接触轨迹曲线是空间变化的曲线,确定了接触轨迹曲线在 XY 平面的表达式后,还需进一步确定接触轨迹曲线在 Z 方向的变化,才能得到完整的接触轨迹曲线表达式。图3.9所示为滚动体在变速曲面内公转位置角 φ 处的径向截面示意图。

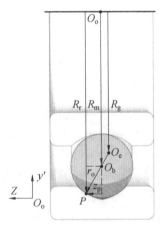

图 3.9　滚动体在变速曲面内公转位置角 φ 处的径向截面示意图

图3.9中,O_o 为轴承中心,其中 Z 轴与图2.1所示 Z 轴一致,y' 轴与滚动体球心 O_b 和轴承中心 O_o 连线方向一致。P 点为滚动体在该位置角处与变曲率变速曲面的其中一个接触点,取 P 点坐标为 (x_P, y_P, z_P),由于 P 点在接触轨迹曲线上,因此 x_P 和 y_P 满足接触轨迹曲线条件,R_r 为 P 点处接触轨迹曲线在 XY 平面的瞬时曲率半径,其表达式为

$$R_r = \sqrt{x_P^2 + y_P^2} \tag{3.22}$$

根据图3.9所示的几何关系,可以得到表达式

$$z_P = \sqrt{R_w^2 - (R_r - R_m)^2} \tag{3.23}$$

整理式(3.19)、式(3.22)和式(3.23),得到接触轨迹曲线方程的表达式为

$$\begin{cases} y = ax^4 + bx^2 + c \\ z = \pm\sqrt{R_w^2 - \left[\sqrt{x^2 + (ax^4 + bx^2 + c)^2} - R_m\right]^2} \end{cases} \tag{3.24}$$

3.2.3　双曲面结构变速曲面沟曲率中心模型

由于变速曲面的形状是由两段具有一定偏心距的圆弧组成,当圆弧的圆心确定时,就能确定滚道的形状,因此变速曲面的沟曲率中心曲线可以表征变速曲面的结构。图3.10所示为滚动体在变速曲面内公转位置角 φ 处的轴向截面图。

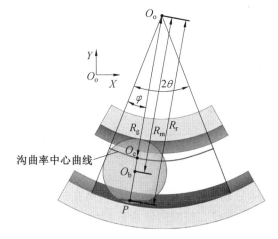

图 3.10　滚动体在变速曲面内公转位置角 φ 处的轴向截面图

滚动体在变速曲面内公转运动滚过的角度记为 φ ,取 O_e 的坐标为 (x_e, y_e, z_e) ,根据图3.10所示的几何关系,可以得到 O_e 与 P 点在 XOY 平面的坐标满足下式:

$$\begin{cases} x_e = \dfrac{x_P R_g}{R_r} \\ y_e = \dfrac{y_P R_g}{R_r} \end{cases} \tag{3.25}$$

结合图3.10所示 O_e 与 P 的几何关系,可以得到 z_e 与 z_P 满足以下关系:

$$z_e = \frac{z_P(R_w - r_o)}{R_w} \tag{3.26}$$

并且可以得到 R_g 与 R_r 之间的关系为

$$R_g = \frac{R_r(R_w - r_o) + R_m r_o}{R_w} \tag{3.27}$$

通过整理得到变速曲面的沟曲率中心曲线与接触轨迹曲线的关系,其表达式为

$$
\begin{cases}
x_e = \dfrac{x_P\left[(R_w - r_o)\sqrt{x^2 + y^2} + R_m r_o\right]}{R_w \sqrt{x^2 + y^2}} \\[3mm]
y_e = \dfrac{y_P\left[(R_w - r_o)\sqrt{x^2 + y^2} + R_m r_o\right]}{R_w \sqrt{x^2 + y^2}} \\[3mm]
z_e = \dfrac{z_P(R_w - r_o)}{R_w}
\end{cases}
\tag{3.28}
$$

由公式(3.28)可知,当滚动体与变速曲面的接触轨迹曲线方程确定时,可以通过变速曲面的结构特性,推导得到其沟曲率中心所在的曲线方程。当变速曲面的沟曲率中心曲线确定时,变曲率变速曲面是以半径为 r_o 的圆的扫描轮廓,并沿着沟曲率中心曲线扫描得到滚道结构。

3.2.4 轴对称结构变速曲面模型

1. 矩形变速曲面模型

根据有效接触半径 r 及球心回转圆半径 R_{om} 变化的连续性,矩形变速曲面存在圆角的过渡区域,因此滚动体与矩形变速曲面接触轨迹 $f_{rec}(x,y,z)$ 在空间内分为两部分,即

$$
f_{rec}(x,y,z) =
\begin{cases}
f_1(x,y,z), & \varphi_1 < \mathrm{mod}(\varphi_{dj}, 2\pi) < \varphi_2 \bigcup \varphi_3 < \mathrm{mod}(\varphi_{dj}, 2\pi) < \varphi_4 \\
f_2(x,y,z), & \varphi_2 \leqslant \mathrm{mod}(\varphi_{dj}, 2\pi) \leqslant \varphi_3
\end{cases}
\tag{3.29}
$$

式中,φ_1 至 φ_2 和 φ_3 至 φ_4 分别为变速曲面过渡圆角所在位置角。

滚动体与变速曲面接触路径在空间内轨迹方程分为两部分,即过渡区域接触轨迹函数表达式 $f_1(x,y,z)$ 为

$$
f_1(x,y,z) =
\begin{cases}
\left(\sqrt{z^2 + y^2} - R_h\right)^2 + x^2 = r_o^2 \\
\left[\sqrt{(z + R_h \cos\theta_1)^2 + x^2} - (r_o + R_2)\right]^2 + (y + R_h \sin\theta_1)^2 = R_2^2
\end{cases}
\tag{3.30}
$$

滚动体完全运动至变速曲面时接触轨迹函数表达式为

$$
f_2(x,y,z) =
\begin{cases}
\left(\sqrt{z^2 + y^2} - R_h\right)^2 + x^2 = r_h^2 \\
\left(\sqrt{[z + (R_h - 0.5r_o)\cos\theta_1]^2 + y^2}\right)^2 + (x + R_s \sin\theta_1)^2 = r_s^2
\end{cases}
\tag{3.31}
$$

式中,r_o、R_h 为轴承几何参数;R_2、θ_1 和 θ_2 均为矩形变速曲面几何参数;R_s、R_2 和 r_s 分别为与变速曲面结构参数相关的解析方程参数。

根据变速曲面设计要求,可以确定矩形变速曲面的几何参数分别为

$$
R_s = \frac{(2a + b^2 + c^2)(b^2 - c^2) - r_o^2 \sin^2\theta_2}{2 r_o \sin\theta_1 \sin\theta_2}
\tag{3.32}
$$

$$
R_2 = \frac{(R_h - R_0)\cos\theta_1 - \sqrt{(R_w^2 \sin^2\alpha + d^2)^{\frac{1}{2}} + [R_h^2 + (R_h + R_0)^2]\sin^2\theta_1}}{2}
\tag{3.33}
$$

$$
r_s = \sqrt{\frac{1}{2[\tan^2(\theta_1 - \varphi_1) - (R_h - 0.5r_h)\sin\theta_1 - e\cos(\theta_1 - \varphi_1)]} + R_s^2 \sin^2\theta_1}
\tag{3.34}
$$

式中，a、b、c、d、e 分别为矩形变速曲面参数方程系数。结合接触轨迹确定参数表达式为

$$a = (R_h - 0.5r_h)\cos\theta_1 + (R_0 + R_2/\cos\gamma)\cos(\varphi_4 - \theta_1)$$

$$b = (R_0 + R_2/\cos\gamma)\sin(\varphi_4 - \theta_1)$$

$$c = R_0\sin\theta_1$$

$$d = R_h\cos\theta_1 - R_i - R_w + r(\varphi_{dj}) - \Delta h$$

$$e = R_0 + R_2/\cos\gamma$$

由上述分析可知，矩形变速曲面结构参数与轴承结构参数 r_h、R_h 有关，还与变速曲面环向跨度角 $2\theta_1$ 和轴向跨度角 $2\theta_2$ 相关。在设计变速曲面时，对以上 4 个参数进行计算，可确定滚动体与矩形变速曲面接触轨迹模型。

2. 椭圆形变速曲面模型

滚动体与滚道接触点轨迹同时满足限定条件，则滚动体与变速曲面接触路径在空间内轨迹方程为

$$f_e(x,y,z) = \begin{cases} \left(\sqrt{z^2 + y^2} - R_h\right)^2 + x^2 = r_o^2 \\ \left(\dfrac{x}{A}\right)^2 + \left(\dfrac{y}{B}\right)^2 + \left(\dfrac{z+D}{C}\right)^2 = 1 \end{cases} \tag{3.35}$$

式中，A、B、C、D 均为与椭圆形变速曲面结构参数相关的解析方程参数。

结合接触轨迹方程可以确定 A、B、C 和 D 4 个待定系数，其表达式分别为

$$A = \left\{ \frac{C^2(R_w^2\sin^2\alpha)}{C^2 - \left[-(R_h - r_h + r_e) + D\right]^2} \right\}^{\frac{1}{2}} \tag{3.36}$$

$$B = \left\{ \frac{2R_o^2\sin^2\theta\tan^2\theta - 2\sqrt{R_o^4\sin^4\theta_1\tan^4\theta_1 - \tan^2\theta_1\left[-R_o^4\sin^4\theta_1\tan^4\theta_1 + (-R_o\cos\theta_1 + D)^2\right]}}{2\tan^2\theta_1} \right\}^{\frac{1}{2}} \tag{3.37}$$

$$C = B\tan\theta_1\sqrt{B^2 - R_o^2\sin^2\theta_1} \tag{3.38}$$

$$D = (R_h - r_o)\cos\theta_1 \tag{3.39}$$

式中，R_h 为轴承外圈常规滚道沟曲率中心半径；r_h 为常规滚道外圈沟曲率半径。

确定矩形及椭圆形变速曲面接触轨迹模型，但由于变速曲面为空间三维结构，除了确定接触轨迹随滚动体位置变化外，还需确定接触轨迹的曲率中心随滚动体位置角的改变，变速曲面的三维中心空间坐标为 $O_d(x_d, y_d, z_d)$，结合接触轨迹模型，在 YOZ 平面内根据 Y 和 Z 方向投影关系有

$$\begin{cases} x_d = \dfrac{x_P l_d}{R_P} \\ y_d = \dfrac{y_P l_d}{R_P} \\ z_d = \dfrac{z_P(R_w - r_o)}{R_w} \end{cases} \tag{3.40}$$

式中，x_P、y_P、z_P 分别为变速曲面上任意接触点 P 的空间坐标；l_d 为变速曲面曲率中心到轴承中心距离；R_P 为接触点 P 到轴承的中心距离。

结合几何结构确定 l_d 与 R_P 相互关系，有

$$l_d = \frac{(R_w - r_o)(R_{om} - R_P) - R_{om}R_w}{R_w} \tag{3.41}$$

根据接触点 P 在运动空间位置确定变速曲面曲率中心参数模型为

$$\begin{cases} x_d = \dfrac{(R_w - r_o)(R_{om} - F) + R_{om}R_w}{R_w F} \\[2mm] y_d = \dfrac{-\cos(\varphi_{dj} - \theta_1)(r_e + R_{om})\left[(R_w - r_o)(R_{om} - F) + R_{om}R_w\right]}{R_w F} \\[2mm] z_d = \dfrac{-(r_e + R_{om})\sin(\varphi_{dj} - \theta_1)(R_w - r_o)}{R_w} \end{cases} \tag{3.42}$$

曲率中心参数模型中 F 的表达式为

$$F = \sqrt{(R_w \sin \alpha)^2 + \left[-\cos(\varphi_{dj} - \theta_1)(r_e + R_{om})\right]^2} \tag{3.43}$$

结合滚动体尺寸参数及接触点轨迹模型，以结合变速曲面轴承结构参数（表 3.1）为例，确定两种变速曲面函数图像，如图 3.11 所示。

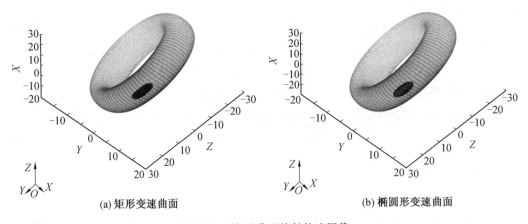

(a) 矩形变速曲面　　　　　　　　　　(b) 椭圆形变速曲面

图 3.11　变速曲面接触轨迹图像

3.3　滚动体自动离散运动模型

3.3.1　滚动体瞬时速度模型

滚动体由常规滚道进入变速曲面这一过程中，结合变速曲面的局部变速原理可知，滚动体的运动状态除了与变速曲面接触相关，还与滚动体运动空间位置有关。为了便于描述滚动体的变速离散运动，结合前述所建立的 6 个坐标系，利用轴承内圈相对惯性坐标系的移动向量 $\boldsymbol{r}_i(x_i, y_i, z_i)$，滚动体在惯性坐标系下的空间位置向量 $\boldsymbol{r}_b(x_b, r_b, \theta_b)$ 和滚动体自转角速度 $\boldsymbol{\omega}_b^b(\omega_{bx}, \omega_{by}, \omega_{bz})$ 来表示滚动体经过变速曲面的瞬时运动状态，θ_b 为滚动体所在角位置，ω_c 为公转角速度，r_b 为滚动体径向位移，如图 3.12 所示。

1. 滚动体在变速曲面内瞬时速度模型

当滚动体进入变速曲面时，滚动体脱离轴承内圈，同时与变速曲面接触点变为两点接触，此时滚动体、滚道之间接触点速度与变速曲面结构及位置角有关，滚动体与变速曲面

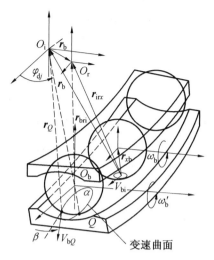

图 3.12　变速曲面轴承各零件空间相对位置

接触点记为 Q 点,根据相对空间几何位置可知接触点到惯性坐标系中心位置矢量 r_Q^{i} 为

$$r_Q^{\mathrm{i}} = T_{Q\mathrm{i}}(T_{Q\mathrm{a}} r_{xbj}^{\mathrm{c}} + r_{\mathrm{b}}^{\mathrm{i}} + \Delta r) \tag{3.44}$$

式中,$T_{Q\mathrm{a}}(0,\alpha,0)$ 为接触点到球心方位坐标系转换矩阵;$T_{Q\mathrm{i}}(\varphi_{\mathrm{d}j},\alpha,\beta)$ 为变速曲面接触点到惯性坐标系转换矩阵。

根据滚动体所在位置角及接触角确定 $T_{Q\mathrm{i}}$ 为

$$T_{Q\mathrm{i}} = \begin{bmatrix} \cos\alpha\cos\beta & \cos\varphi_{\mathrm{d}j}\sin\beta + \sin\varphi_{\mathrm{d}j}\sin\alpha\cos\beta & \sin\varphi_{\mathrm{d}j}\sin\beta - \cos\varphi_{\mathrm{d}j}\sin\alpha\cos\beta \\ -\cos\alpha\sin\beta & \cos\varphi_{\mathrm{d}j}\cos\beta - \sin\varphi_{\mathrm{d}j}\sin\alpha\sin\beta & \cos\beta\sin\varphi_{\mathrm{d}j} + \cos\varphi_{\mathrm{d}j}\sin\alpha\sin\beta \\ \sin\alpha & -\sin\varphi_{\mathrm{d}j}\cos\alpha & \cos\alpha\cos\varphi_{\mathrm{d}j} \end{bmatrix} \tag{3.45}$$

滚动体经过变速曲面时与内圈分离,内圈对滚动体不再起驱动作用,但由于惯性作用滚动体会继续运动,由于接触点对称分布,因此滚动体自转角速度在轴向的速度分量方向相反,大小相等,此时滚动体上接触点的速度为

$$v_{bQ}^{\mathrm{c}} = T_{\mathrm{ac}}\left[T_{\mathrm{ia}}(T'_{\mathrm{ib}}\boldsymbol{\omega}'^{\mathrm{b}}_{\mathrm{b}} \times T_{Q\mathrm{i}} T'_{Q\mathrm{a}} \Delta r) + \boldsymbol{\omega}'^{\mathrm{i}}_{\mathrm{c}} \times r_Q^{\mathrm{i}} \right] \tag{3.46}$$

变速曲面上接触点处的速度为

$$v_{rQ}^{\mathrm{c}} = T_{\mathrm{ac}} T_{\mathrm{ia}}\left[(T'_{\mathrm{ir}}\boldsymbol{\omega}^{\mathrm{o}}_{\mathrm{o}} - \boldsymbol{\omega}'^{\mathrm{i}}_{\mathrm{c}}) \times r_Q^{\mathrm{i}} + v_Q^{\mathrm{i}} \right] \tag{3.47}$$

结合式(3.46)和式(3.47)可确定滚动体公转角速度值为

$$\boldsymbol{\omega}'^{\mathrm{i}}_{\mathrm{c}} = \frac{|T'_{\mathrm{ir}}\boldsymbol{\omega}^{\mathrm{r}}_{\mathrm{r}}| \, |\Delta r| \, |r_{\mathrm{irx}j}^{\mathrm{i}}|}{|r_Q^{\mathrm{i}}| \, |\Delta r + T'_{\mathrm{ia}} T'_{\mathrm{ac}} r_{xbj}^{\mathrm{c}}| - |\Delta r|^2 - |T'_{\mathrm{ia}} T'_{\mathrm{ac}} r_{xbj}^{\mathrm{c}}| \, |\Delta r|} \tag{3.48}$$

滚动体自转角速度数值为

$$\boldsymbol{\omega}'^{\mathrm{b}}_{\mathrm{b}} = \frac{|\boldsymbol{\omega}^{\mathrm{i}}_{\mathrm{c}}| \, |r_Q^{\mathrm{i}}| \cos\left(\arcsin\dfrac{T_{Q\mathrm{i}} T_{Q\mathrm{a}} r_{xbj}^{\mathrm{c}}\sin\alpha}{r_Q^{\mathrm{i}}}\right)}{|\Delta r|} \tag{3.49}$$

2. 滚动体在常规滚道内瞬时速度模型

在内圈坐标系下常规滚道处,滚动体 j 相对于内圈中心位置矢量为

$$r_{brj}^{\mathrm{r}} = r_{bj}^{\mathrm{r}} - r_{\mathrm{r}}^{\mathrm{r}} \tag{3.50}$$

由于在常规滚道滚动体与内圈和外圈之间存在接触变形,需确定接触区域内任意一点的运动速度,简化接触区域内任意点速度仅与接触区域短轴有关,在接触坐标系内则有接触点相对于滚动体中心位置矢量为

$$r_{xbj}^{c} = (x, y, \sqrt{R_{\delta}^{2} - x^2} - \sqrt{R_{\delta}^{2} - a^2} + \sqrt{0.25 D_{w}^{2} - a^2})^{\mathrm{T}} \tag{3.51}$$

式中,R_{δ} 为受压变形表面的曲率半径,D_{w} 为滚动体直径。

接触区域内任意一点 P 相对于内圈中心和外圈中心矢量位置为

$$\begin{cases} r_{irxj}^{i} = T_{ir} r_{brj}^{c} - T_{ia}' T_{ac} r_{xbj}^{c} \\ r_{orxj}^{i} = r_{b}^{i} + T_{ia}' T_{ac} r_{xbj}^{c} \end{cases} \tag{3.52}$$

则在内圈及滚动体上接触点处速度相等,在滚动体上任意点 P 的线速度为

$$v_{bi}^{c} = T_{ac} [T_{ia} (T_{ib}' \boldsymbol{\omega}_{b}^{b} \times T_{ib}' T_{ac}' r_{xbj}^{c}) + \boldsymbol{\omega}_{c}^{i} \times r_{irxj}^{i}] \tag{3.53}$$

接触区域内在套圈上任意一点 P 的线速度为

$$v_{ri}^{c} = T_{ac} T_{ia} [(T_{ir}' \boldsymbol{\omega}_{r}^{r} - \boldsymbol{\omega}_{c}^{i}) \times r_{irxj}^{i} + v_{r}^{i}] \tag{3.54}$$

若滚动体与外圈接触点速度相等,则有滚动体上任意一点的速度为

$$v_{bo}^{c} = T_{ac} [T_{ia} (T_{ib}' \boldsymbol{\omega}_{b}^{b} \times T_{ia}' T_{ac}' r_{xbj}^{c}) + \boldsymbol{\omega}_{c}^{i} \times r_{orxj}^{i}] \tag{3.55}$$

接触区域内在外圈上任意一点 P 的线速度为

$$v_{ro}^{c} = T_{ac} T_{ia} [(T_{ir}' \boldsymbol{\omega}_{o}^{o} - \boldsymbol{\omega}_{c}^{i}) \times r_{orxj}^{i} + v_{o}^{i}] \tag{3.56}$$

由式(3.53)~(3.56)可确定接触区域内第 k 窄条任意点 P 点处相对滑动速度为

$$v_{rb}^{c} = v_{ri(o)}^{c} - v_{bi(o)}^{c} \tag{3.57}$$

式中,$\boldsymbol{\omega}_{o}^{o}$ 和 v_{o}^{i} 分别为轴承外圈自转角速度及惯性坐标系内移动速度,由于这里外圈固定,则取 0;$T_{ia}(\theta_{b}, 0, 0)$ 为惯性坐标系到滚动体方位坐标系转换矩阵,与滚动体所在位置角有关;T_{ac} 为接触坐标系与滚动体方位坐标系转换矩阵。

方位坐标系绕 Y_{a} 轴旋转 α_1 再绕 X_{a} 轴旋转 α_2,其表达式为

$$T_{ac} = \begin{bmatrix} \cos \alpha_1 & 0 & -\sin \alpha_1 \\ \sin \alpha_1 \sin \alpha_2 & \cos \alpha_2 & \cos \alpha_1 \sin \alpha_2 \\ \sin \alpha_1 \cos \alpha_2 & -\sin \alpha_2 & \cos \alpha_1 \cos \alpha_2 \end{bmatrix} \tag{3.58}$$

式中,α_1 和 α_2 均为接触点处滚动体与滚道之间动态接触角。

结合式(3.50)~(3.52)和式(3.57)可确定滚动体公转角速度数值大小为

$$\omega_{cn}^{i} = \frac{|T_{ia} T_{ir}' \boldsymbol{\omega}_{r}^{r}| |r_{irxj}^{i}| \sin[\arccos \frac{(r_{b}^{i})^2 + (r_{br}^{c})^2 - (r_{r}^{i})^2}{2 r_{b}^{i} r_{br}^{c}}] + |T_{ia} v_{rb}^{i}|}{|T_{ia} r_{orxj}^{i} + r_{irxj}^{i} + T_{ia} r_{irxj}^{i}|} \tag{3.59}$$

滚动体自转角速度数值大小为

$$\boldsymbol{\omega}_{bn}^{b} = \frac{|\boldsymbol{\omega}_{c}^{i}| |r_{orxj}^{i}| \cos\left(\arcsin \frac{r_{r}^{i}}{r_{bri}^{i}}\right)}{|T_{ac}' r_{xbj}^{c}|} \tag{3.60}$$

结合式(3.58)和式(3.59)可知滚动体在轴承内公转运动角速度模型为

$$
\omega_{c}=\begin{cases}
\dfrac{|\boldsymbol{T}_{ir}'\boldsymbol{\omega}_{r}^{r}|\,|\,\Delta\boldsymbol{r}|\,|\boldsymbol{r}_{irxj}^{i}|}{|\boldsymbol{r}_{Q}^{i}|\,|\,\Delta\boldsymbol{r}+\boldsymbol{T}_{ia}'\boldsymbol{T}_{ac}'\boldsymbol{r}_{xbj}^{c}|-|\,\Delta\boldsymbol{r}|^{2}-|\boldsymbol{T}_{ia}'\boldsymbol{T}_{ac}'\boldsymbol{r}_{xbj}^{c}|\,|\,\Delta\boldsymbol{r}|}, & \varphi_{1}\leqslant\mathrm{mod}(\varphi_{dj},2\pi)\leqslant\varphi_{4}\\[4mm]
\dfrac{|\boldsymbol{T}_{ia}\boldsymbol{T}_{ir}'\boldsymbol{\omega}_{r}^{r}|\,|\boldsymbol{r}_{irxj}^{i}|\sin\!\left(\arccos\dfrac{r_{b}^{i2}+r^{i2\,br}-r_{r}^{i2}}{2r_{b}^{i}r_{br}^{i}}\right)+|\boldsymbol{T}_{ia}\boldsymbol{v}_{r}^{i}|}{|\boldsymbol{T}_{ia}\boldsymbol{r}_{orxj}^{i}+\boldsymbol{r}_{irxj}^{i}+\boldsymbol{T}_{ia}\boldsymbol{r}_{irxj}^{i}|}, & \text{其他}
\end{cases}
$$

$$\tag{3.61}$$

则滚动体公转运动线速度 V_{c} 为

$$
V_{c}=\omega_{c}R_{om(eom)} \tag{3.62}
$$

结合式(3.59)和式(3.60)确定滚动体自转角速度模型为

$$
\omega_{b}=\begin{cases}
\left(|\boldsymbol{\omega}_{c}^{i}|\,|\boldsymbol{r}_{Q}^{i}|\cos\!\left(\arcsin\dfrac{T_{Qi}T_{Qa}r_{xbj}^{c}\sin\alpha}{r_{Q}^{i}}\right)\right)/|\,\Delta\boldsymbol{r}|, & \varphi_{1}\leqslant\mathrm{mod}(\varphi_{dj},2\pi)\leqslant\varphi_{4}\\[4mm]
\left(|\boldsymbol{\omega}_{c}^{i}|\,|\boldsymbol{r}_{orxj}^{i}|\cos\!\left(\arcsin\dfrac{r_{r}^{i}}{r_{bri}^{i}}\right)\right)/|\boldsymbol{T}_{ac}'\boldsymbol{r}_{xbj}^{c}|, & \text{其他}
\end{cases}
$$

$$\tag{3.63}$$

由以上可知,滚动体运转的自转角速度及公转角速度均与滚动体所在位置角、滚动体和滚道有效接触半径 r 有关,因此,滚动体速度与滚道形状及变速曲面的几何结构相关。

3.3.2　滚动体离散模型

在变速曲面内滚动体的公转及自转速度均区别于常规滚道,在变速曲面处相邻滚动体之间存在由于有效接触半径及球心相对位置变化而形成的瞬时速度差,继而导致相邻滚动体之间的球心距离改变,结合局部变速离散原理,通过滚动体瞬时速度分析相邻滚动体之间的间隙,同时考虑滚动体瞬时速度变化产生的滑动,建立离散分布模型。

假设相邻滚动体之间具有初始离散间隙 ΔL_{0},确定在滚动体运动时间 Δt 内,当滚动体 j 运动至变速曲面处发生变速运动,滚动体 $j-1$ 在常规滚道运动,结合变速曲面与滚动体接触轨迹模型,此时滚动体的变速时间 Δt 为

$$
\Delta t=\frac{\mathrm{d}f_{ob}(x,y,z)}{\mathrm{d}V_{c}'} \tag{3.64}
$$

式中,$f_{ob}(x,y,z)$ 为滚动体质心所在轨迹方程。

结合滚动体与变速曲面有效接触半径,可确定滚动体质心轨迹表达式为

$$
f_{ob}(x,y,z)=f\left[0,\frac{z(\varphi_{dj})-r(\varphi_{dj})y(\varphi_{dj})}{z(\varphi_{dj})},z(\varphi_{dj})\right] \tag{3.65}
$$

该过程中在常规滚道处的滚动体 $j-1$ 若未进入变速曲面,此时滚动体 $j-1$ 运动位移为

$$
\Delta\bar{L}_{j-1}=\int_{0}^{\Delta t}V_{c}\mathrm{d}t \tag{3.66}
$$

则滚动体 j 与滚动体 $j-1$ 之间的离散间隙为

$$
\Delta L=\Delta L_{0}-\Delta\bar{L}_{j-1}+\int_{-\theta_{1}}^{\theta_{1}}\frac{(\varphi_{dj}-\theta_{1})f_{ob}(x,y,z)}{2\theta_{1}}\mathrm{d}\varphi_{dj} \tag{3.67}
$$

当滚动体 $j-1$ 在常规滚道运动时间 Δt_{1} 后再进入变速曲面内,则此时滚动体 $j-1$ 运

动位移则为

$$\Delta \bar{L}_{j-1} = \int_0^{\Delta t_1} \omega_{\mathrm{cn}} R_{\mathrm{om}} \mathrm{d}t + \int_{\Delta t_1}^{\Delta t} \omega_{\mathrm{c}}' R_{\mathrm{eom}} \mathrm{d}t \qquad (3.68)$$

式中，Δt_1 为滚动体在常规滚道运动所用时间，结合初始间隙可知其表达式为 $\Delta t_1 = \mathrm{d}\Delta L_0 / \mathrm{d}V_{\mathrm{c}}$。

则滚动体 j 与滚动体 $j-1$ 之间的离散间隙为

$$\Delta L = \Delta L_0 - \bar{L}_{j-1} + \int_{-\theta_1}^{\theta} \frac{\left(2\theta_1 - \varphi_{\mathrm{d}j} + \int_0^{\Delta t_1} \omega_{\mathrm{c}}' \mathrm{d}t\right) f_{\mathrm{ob}}(x,y,z)}{2\theta_1} \mathrm{d}\varphi_{\mathrm{d}j} \qquad (3.69)$$

当滚动体 j 与滚动体 $j-1$ 均在常规滚道处运动时，两滚动体之间的离散间隙为

$$\Delta L = \Delta L_0 + (V_{\mathrm{c}j} - V_{\mathrm{c}j-1}) R_{\mathrm{om}} \qquad (3.70)$$

综合考虑相邻滚动体分别在常规滚道与变速曲面不同位置处，滚动体公转运动位移，结合式(3.67)、式(3.69)和式(3.70)确定两相邻滚动体之间的离散间隙模型为

$$\Delta L = \begin{cases} \Delta L_0 + (V_{\mathrm{c}j} - V_{\mathrm{c}j-1}) R_{\mathrm{om}}, & \text{2 球均在常规滚道内} \\[2mm] \Delta L_0 - \bar{L}_{j-1} + \displaystyle\int_{-\theta_1}^{\theta} \frac{\left(2\theta_1 - \varphi_{\mathrm{d}j} + \int_0^{\Delta t_1} \omega_{\mathrm{c}}' \mathrm{d}t\right) f_{\mathrm{ob}}(x,y,z)}{2\theta_1} \mathrm{d}\varphi_{\mathrm{d}j}, & \text{2 球均在变径滚道内} \\[2mm] \Delta L_0 - \bar{L}_{j-1} + \displaystyle\int_{-\theta_1}^{\theta_1} \frac{(\varphi_{\mathrm{d}j} - \theta_1) f_{\mathrm{ob}}(x,y,z)}{2\theta_1} \mathrm{d}\varphi_{\mathrm{d}j}, & j \text{ 球位于变径滚道内} \end{cases}$$

$$(3.71)$$

3.4　滚动体实现自动离散约束条件

3.4.1　轴承外圈尺寸影响

根据前述得到的双曲面变曲率结构沟曲率中心曲线方程可知，变曲率变速曲面结构形状仅与轴承几何参数、环向跨度角及有效接触半径有关，而对于给定的轴承型号，其几何参数是确定的，因此，取跨度角和有效接触半径为变曲率变速曲面的结构设计参数。

1. 环向跨度角 θ 的约束条件分析

根据变曲率变速曲面对滚动体的离散原理可知，在变速曲面内运动的滚动体，其球心距时刻发生变化，这意味着在变速曲面内的滚动体可能处于分布不均状态。为了确定变速曲面环向跨度角的选取范围，首先假设所有滚动体为均匀分布(图3.7)，则任意相邻滚动体之间所夹的角度 β_0 满足

$$\beta_0 = \frac{360^\circ - \varepsilon N}{N} \qquad (3.72)$$

式中，N 为滚动体数量；ε 为滚动体所占的圆周角度。

滚动体所占圆周角度表达式为

$$\varepsilon = 2\arcsin \frac{R_{\mathrm{w}}}{R_{\mathrm{m}}} \qquad (3.73)$$

根据表 3.1 中的轴承几何参数,计算得到 $\beta_0 = 1.816\ 1°$,$\varepsilon = 23.89°$。通过上述分析,为了能让更多的滚动体处于均匀分布的状态,使轴承运转更加稳定,应限制同时在变速曲面内滚动体的个数,通过综合考虑,选取同时在变速曲面内的滚动体个数不超过 2 个,因此变速曲面跨度角满足

$$\theta < \varepsilon + \beta_0 \tag{3.74}$$

2. 有效接触半径的约束条件分析

滚动体与变曲率变速曲面的最小有效接触半径为 r_B,因此 r_B 首先应满足不大于滚动体的半径 R_w。假如 r_B 选取的值过小,则会出现如图 3.13 所示的情况。

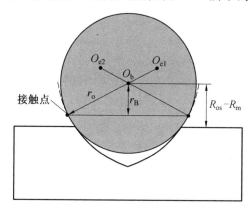

图 3.13　变曲率有效接触半径失效示意图

从图 3.13 可知,当 r_B 的取值过小时,滚动体与变速曲面的接触点出现在滚道上侧,该接触点就为虚接触点,并且仅当滚动体球心向下窜动一定距离时才会与变速曲面发生真正接触,这样就会造成滚动体在滚过变速曲面的过程中与内圈脱离接触,无法保证滚动体的球心在节圆上运动,因此为保证接触点始终在滚道内,有效接触半径还需满足下列条件:

$$r_B < R_{os} - R_m \tag{3.75}$$

3.4.2　双曲面结构滚动体离散角间距影响

相邻两滚动体在先后进出变速曲面的过程中会出现先靠近再远离的现象,在靠近阶段,两滚动体的球心距逐渐减少,最容易发生碰撞,因此要让滚动体在此阶段避免强烈碰撞的发生,甚至不发生碰撞;在远离阶段,两滚动体的球心距越来越大,直至两滚动体都滚出变速曲面,球心距应能保证滚动体在常规外滚道区域处于均匀分布状态。因此相邻滚动体在完全滚出变速曲面后,两球在圆周方向上的夹角应取值为 β_0,即变速曲面对滚动体产生的离散角间距应为 β_0。为了得到变速曲面的结构设计参数与离散角间距关系,对相邻滚动体在双曲面变速曲面内恰好发生碰撞的临界情况进行分析。图 3.14 所示为滚动体在变速曲面内恰好发生碰撞示意图。

由图 3.14 可知,t_0 时刻滚动体 1 与变速曲面在 A 点接触,滚动体 2 与滚动体 1 之间的角间距为 β_0,因此在 t_0 时刻滚动体 1 与滚动体 2 的球心之间的角间距为 $\beta_0 + \varepsilon$;在 t_1 时刻,两个滚动体发生临界碰撞,此时尽管滚动体相互接触,但没有碰撞力的产生,而要满足滚

动体发生临界碰撞的条件为两个滚动体在刚好发生接触时的公转角速度大小一致,即 $V_{11}=V_{21}$。由滚动体离散原理可知,两滚动体的公转角速度大小一致,意味着它们与变速曲面的有效接触半径大小同样一致,并且当且仅当两滚动体关于 Y 轴对称分布时才满足有效接触半径大小一致,因此在 t_1 时刻滚动体 1 与滚动体 2 关于 Y 轴对称,且接触点在 Y 轴上。

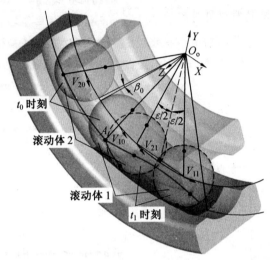

图 3.14　滚动体在变速曲面内发生临界碰撞示意图

根据上述分析,取滚动体在变速曲面内的角位置为 φ(取值范围为 $[-\theta,\theta]$),则 A 点所处的角位置为 $-\theta$,C 点所处的角位置为 θ,并且在 t_1 时刻滚动体 1 的角位置为 $\varepsilon/2$,滚动体 2 的角位置为 $-\varepsilon/2$。滚动体的公转速度同样可以表示为关于参数 φ 的参数方程,即 $V_c=V_c(\varphi)$,则滚动体在变速曲面内转过的角度 φ 与所需时间 t 的关系为

$$t=\int \frac{\pi}{180V_c(\varphi)}\mathrm{d}\varphi \tag{3.76}$$

根据式(3.76)可知,通过滚动体 1 角位置的变化,可以推导出 t_0 时刻到 t_1 时刻的整个时间段内满足条件

$$\Delta t=\int_{-\theta}^{\varepsilon/2} \frac{\pi}{180V_c(\varphi)}\mathrm{d}\varphi \tag{3.77}$$

根据滚动体 2 的角位置变化,有

$$\Delta t=\frac{\pi(\beta_0+\varepsilon)R_m}{90\omega_i R_i}+\int_{-\theta}^{-\varepsilon/2} \frac{\pi}{180V_c(\varphi)}\mathrm{d}\varphi \tag{3.78}$$

则可得到 θ 和 r_B 关于 β_0 的约束条件为

$$\beta_0=\int_{-\varepsilon/2}^{\varepsilon/2} \frac{r(\varphi)+R_w}{r(\varphi)}\mathrm{d}\varphi-\varepsilon \tag{3.79}$$

从式(3.79)可知,双曲面结构的变速曲面对滚动体离散角间距与内圈转速无关,且仅与有效接触半径 r 有关,即与双曲面的结构设计参数有关。当 t_0 时刻滚动体 1 和滚动体 2 之间的夹角小于 β_0 时,两个滚动体就会在变速曲面内发生一定时间的持续碰撞,其碰撞接触点始终会在 Y 轴左侧,直到碰撞接触点到达 Y 轴之后,两滚动体才会逐渐分离,并且

两滚动体在完全离开变速曲面之后的角间距将为 β_0；而当 t_0 时刻两个滚动体之间的夹角大于 β_0 时，滚动体在双曲面结构变速曲面内不会发生碰撞。

3.4.3　双曲面结构设计参数确定

根据所选轴承的几何参数，确定双曲面结构变速曲面模型主要参数跨度角和有效接触半径的关系如图 3.15 所示。

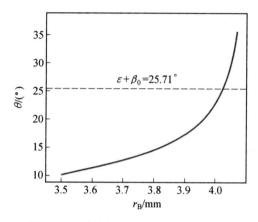

图 3.15　跨度角和有效接触半径的关系

在图 3.15 中，跨度角 θ 的取值范围为 $10.11° \sim 35.6°$，当变速曲面结构设计参数的取值满足图 3.15 中的曲线关系时，变速曲面就能使滚动体的离散间距达到要求值 β_0；当跨度角 θ 的取值范围为 $25.71° \sim 35.6°$ 时，此时跨度角 θ 不满足同时有 2 个滚动体在变速曲面，这意味着 θ 在这一范围内取值时，得到的变速曲面可以使滚动体离散，但同时有 3 个滚动体在变速曲面上。为对双曲面结构设计参数的取值做进一步分析，按照图 3.15 对跨度角 θ 以 $2.5°$ 为梯度选出 10 组，后续将对这 10 组含双曲面结构的无保持架球轴承进行数值模拟。表 3.2 所示为用于后续数值模拟变速曲面结构设计参数。

表 3.2　变速曲面结构设计参数

方案	设计参数 $\theta/(°)$	设计参数 r_B/mm	$\beta_0/(°)$
1	35.0	4.068 6	1.816 1
2	32.5	4.061 5	1.816 2
3	30.0	4.051 9	1.816 1
4	27.5	4.038 9	1.816 0
5	25.0	4.021 0	1.816 1
6	22.5	3.996 1	1.816 2
7	20.0	3.960 3	1.816 1
8	17.5	3.906 5	1.816 1
9	15.0	3.821 8	1.816 1
10	12.5	3.684 1	1.816 2

第4章 无保持架自动离散轴承动力学

无保持架球轴承在运转过程中承载滚动体数量交替变化,滚动体与滚道之间存在相互接触变形,滚动体在承载区与非承载区的交替作用使内圈存在周期性移动,这是影响轴承动态性能的主要因素。由于外圈变速曲面的存在,滚动体与变速曲面的接触形式发生改变,一方面会存在与变速曲面结构相关的接触变形及刚度变化,另一方面会存在滚动体与变速曲面间附加冲击碰撞激励,针对以上问题传统的轴承动力学模型中并未考虑。因此,滚动体经过变速曲面具有的时变特性及附加激励引起的动态性能改变,有必要针对带有变速曲面的无保持架球轴承的动力学行为进行研究,建立滚动体与变速曲面接触力模型,分析滚动体与滚道之间附加激励冲击碰撞特性,基于以上建立自动离散轴承的瞬态动力学模型,用以解释滚动体打滑碰撞特性及变工况下轴承动态特性规律。

4.1 自动离散轴承的时变特性

4.1.1 滚动体时变位移特性

滚动体在运动过程中在径向载荷作用下,由于滚道之间存在接触变形,结合变速曲面几何结构可知,当滚动体经过变速曲面时,随着滚动体位置角的改变,滚动体与内圈脱离产生时变间隙 h,在径向载荷作用下产生的相对接触变形发生改变,会导致滚动体与滚道间接触力计算不准确。针对以上问题,需对滚动体经过变速曲面这一过程产生的时变位移进行分析,如图4.1所示。滚动体由常规滚道经过变速曲面的过程中,滚动体从 φ_1 角进入变速曲面的时变位移逐渐从0增大,当滚动体运动至变速曲面中心时,时变位移达到最大值,滚动体在初始速度惯性作用继续运动,时变位移逐渐减小直至滚动体滚出变速曲面,时变位移减小至0。在滚动体的整个运动过程中,滚动体球心运动轨迹发生由 O_1—O'—O_2—O_3 变化。已有少数学者提出了关于时变位移的数值模型,但由于其简化模型为半正余弦函数过于简单,很难描述实际时变位移与滚道结构之间的路径关系,直接影响滚动体运动特性准确性的分析。

由图4.1可知,滚动体在过渡区域内,绕变速曲面初始过渡边缘 A 点旋转至滚动体接触变速曲面边缘 A',接触间隙随着滚动体位置角的增大而逐渐增大,结合变速曲面结构,该段接触间隙 δ_h 变化为

$$\delta_h = \frac{\left(\dfrac{d_o}{2} + R_2\right)\cos\dfrac{\theta_1}{2} - (R_1 + R_2)\sin\left(\dfrac{\pi}{2} - \dfrac{\theta_1}{2} - \theta\right)}{\cos[\,\mathrm{mod}(\varphi_{di}, 2\pi) - \varphi_1\,]} \tag{4.1}$$

式中,θ 为滚动体滚过变速曲面始边最大角度,$\theta = \varphi R_{1(\omega b + \omega i)} / \omega c R_2$。

当滚动体脱离轴承内圈完全进入变速曲面内,随着滚动体位置角的变化,滚动体与变

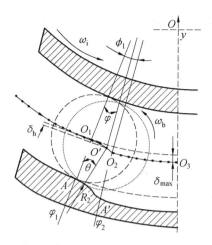

图 4.1 滚动体经过变速曲面时变位移示意图

速曲面之间的接触角度变化,确定滚动体与内圈之间时变位移函数为

$$\delta_{\max} = \left[r_o^2 - \left(r_o \sin \frac{\alpha}{2} \right)^2 \right]^{\frac{1}{2}} - \Delta r + \frac{D_w}{2} - r_o \tag{4.2}$$

该时变位移函数在变速曲面中心点处达到最大值,当滚动体脱离内圈时,滚动体在离心力及重力的作用下,与变速曲面之间会发生变形,该变形量同时影响滚动体质心的空间位置,此时滚动体与变速曲面的接触变形为

$$\delta_e = \frac{F_{o1}}{K_2} \cos \alpha = \left\{ (R_3 - \Delta r) \frac{\pi \rho D_w^3 \omega_c'^2}{12} - \frac{G \cos \left[\frac{\theta_1}{2} - \mathrm{mod}(\varphi_{di}, 2\pi) + \varphi_1 \right]}{2} \right\} \frac{3(h_1 + h_2)}{4(R_*)^{1/2}} \tag{4.3}$$

式中,$R_* = R_1 R_2 R_3 / (2R_2 R_3 + R_1 R_2 + R_1 R_3)$。

因此,在变速曲面内滚动体与内圈接触总时变位移为 $\delta_{\max} + \delta_e$。

当滚动体滚出变速曲面终边时,滚动体的径向接触间隙与进入时相同。因此,滚动体公转一周,径向时变位移 H_d 的表达式为

$$H_d = \begin{cases} \delta_h, & \varphi_1 \leqslant \Delta\varphi \leqslant \varphi_2 \\ \delta_{\max} + \delta_e, & \varphi_2 < \Delta\varphi < \varphi_3 \\ \delta_h, & \varphi_3 \leqslant \Delta\varphi \leqslant \varphi_4 \\ 0, & \text{其他角位置} \end{cases} \tag{4.4}$$

式中,$\Delta\varphi = \mathrm{mod}(\varphi_{di}, 2\pi)$,$\mathrm{mod}(\cdot)$ 表示求余函数。

针对时变位移的分析为后续确定滚动体与滚道之间的相对位置及其接触变形提供了精确的计算值,并为局部变速曲面无保持架球轴承动力学模型的建立提供了基础。

4.1.2 自动离散轴承时变接触刚度

根据轴承接触理论可知,为了达到平衡,考虑滚动体与滚道之间的接触刚度系数是变化的,其变化取决于材料属性和接触曲率半径。在常规滚道处,滚动体与内圈、外圈同时接触,接触类型为球与球的点接触,当滚动体进入变速曲面后,滚动体与变速曲面边缘之

间的接触形式为球与线点接触。当变速曲面存在过渡区域时,滚动体在进出过渡区这一过程中的接触形式为球与柱体点接触。随着轴承的运转,滚动体与外圈滚道之间的接触刚度会因接触形式而改变。变速曲面轴承时变刚度模型如图 4.2 所示。

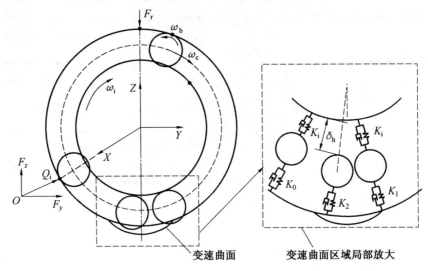

图 4.2　变速曲面轴承时变刚度模型

在常规滚道内,滚动体与轴承滚道之间的接触刚度满足 Hertz 接触理论,其总接触刚度系数 K_{nj} 应满足

$$K_{nj} = \left[\frac{1}{(1/K_{ij})^{2/3} + (1/K_{oj})^{2/3}} \right]^{3/2} \tag{4.5}$$

式中,K_{ij}、K_{oj} 分别为滚动体与内外滚道接触刚度系数。

根据 Brewe — Hamrock 经验公式确定滚动体与内圈和外圈的接触刚度为

$$K_{i(o)j} = 0.942\ 8 \left(\frac{E}{1 - \nu^2} \right) \sum \rho_{i(o)}^{-\frac{1}{2}} (\delta_{i(o)}^*)^{-\frac{3}{2}} \tag{4.6}$$

式中,E 为弹性模量;ν 为泊松比;$\delta_{i(o)}^*$ 是量纲为 1 的接触位移。

当滚动体进入变速曲面过渡区时,等效模型为球与圆柱,结合过渡区几何结构,确定滚动体与变速曲面过渡区域内的接触刚度为

$$K_1 = \frac{4}{3n(1 + A)} (R_{ki}^{1/3} + R_{kp}^{1/3})^{-\frac{3}{2}} (R_{ki} R_{kp})^{\frac{1}{2}} \tag{4.7}$$

当滚动体完全运动至变速曲面内时,滚动体脱离轴承内圈,此时仅与变速曲面两侧边接触,滚动体与变速曲面接触点变为 2 点,接触法向力沿变速曲面曲率中心和滚动体球心连线方向,结合式(3.28)和式(3.36)中接触轨迹模型及曲率中心模型,确定滚动体完全进入变速曲面后接触点处的接触刚度系数为

$$K_2 = \frac{4}{3n} (R_{k1} R_{k2})^{1/2} \tag{4.8}$$

式中,$n = \dfrac{1 - \nu_1^2}{\dfrac{E_1 + (1 - \nu_2^2)}{E_2}}$。

综合以上分析,滚动体在运动过程中与滚道接触刚度 K 随着滚动体运动位置及变速曲面结构变化,该接触刚度为时变刚度,结合式(4.6)～(4.8)可确定时变刚度 $K(t)$ 为

$$K(t) = \begin{cases} K_1, & \varphi_1 < \mathrm{mod}(\varphi_{\mathrm{d}j}, 2\pi) < \varphi_2 \bigcup \varphi_3 < \mathrm{mod}(\varphi_{\mathrm{d}j}, 2\pi) < \varphi_4 \\ K_2, & \varphi_2 \leqslant \mathrm{mod}(\varphi_{\mathrm{d}j}, 2\pi) \leqslant \varphi_3 \\ K_{\mathrm{i(o)}}, & 其他位置角 \end{cases} \tag{4.9}$$

4.2　自动离散轴承的接触分析

4.2.1　滚动体与变速曲面的接触力

滚动体在承载区与非承载区内交替运动时,在常规滚道内滚动体与内外滚道同时发生接触变形。当滚动体进入变速曲面后,由于接触载荷的逐渐减小,同时接触变形减小,滚动体与内外圈接触力相应逐渐减小,完全进入变速曲面时将减小到最小值,仅存在离心力与重力作用,随后滚动体在初始速度作用下继续运动,当运动到常规滚道瞬间存在冲击力。滚动体与滚道间接触力产生的变形与滚动体和套圈相对位置有关,结合前述坐标系及空间位置,在常规滚道时,对应的内圈沟曲率中心 O_{rri} 和外圈沟曲率中心 O_{rro} 的坐标分别为

$$\begin{cases} \boldsymbol{r}_{\mathrm{rri}j}^{\mathrm{r}} = (0.5D_{\mathrm{i}} - f_{\mathrm{i}}D_{\mathrm{w}}, \varphi_{\mathrm{d}i}^{\mathrm{r}}, 0) \\ \boldsymbol{r}_{\mathrm{rro}j}^{\mathrm{r}} = (0.5D_{\mathrm{i}} - f_{\mathrm{o}}D_{\mathrm{w}}, \varphi_{\mathrm{d}i}^{\mathrm{i}}, 0) \end{cases} \tag{4.10}$$

在滚动体方位坐标系内滚动体中心相对于内外圈沟道曲率中心位置的向量为

$$\begin{cases} \boldsymbol{r}_{\mathrm{bri}j}^{\mathrm{a}} = \boldsymbol{T}_{\mathrm{ia}} \boldsymbol{T}_{\mathrm{ir}}' (\boldsymbol{r}_{\mathrm{b}rj}^{\mathrm{r}} - \boldsymbol{r}_{\mathrm{rri}j}^{\mathrm{r}}) \\ \boldsymbol{r}_{\mathrm{bro}j}^{\mathrm{a}} = \boldsymbol{T}_{\mathrm{ia}} (\boldsymbol{r}_{\mathrm{b}rj}^{\mathrm{r}} - \boldsymbol{r}_{\mathrm{rro}j}^{\mathrm{r}}) \end{cases} \tag{4.11}$$

式中,$\boldsymbol{T}_{\mathrm{ia}}(\theta_{\mathrm{b}}, 0, 0)$ 为惯性坐标系到滚动体方位坐标系的转换矩阵。

由此确定滚动体与滚道在接触点处的接触位移量为

$$\delta_{\mathrm{k}j} = \left| \boldsymbol{T}_{\mathrm{ac}} \boldsymbol{r}_{\mathrm{bri(o)}j}^{\mathrm{c}} \right| - (f_{\mathrm{i(o)}} - 0.5)D_{\mathrm{w}} \tag{4.12}$$

式中,$\boldsymbol{r}_{\mathrm{bri(o)}j}^{\mathrm{c}}$ 为在接触坐标系下,滚动体中心与滚道沟曲率中心的矢径,通过滚动体方位坐标系与接触坐标系之间的旋转确定。

当滚动体与滚道不接触时,$\delta_{\mathrm{k}j} < 0$;当滚动体与滚道存在接触变形时,$\delta_{\mathrm{k}j} > 0$。滚动体经过变速曲面时润滑油会随滚动体带出,为常规滚道提供润滑,因此润滑油膜对滚动体及滚道之间的作用力影响不可忽略,需首先确定滚动体与滚道之间的接触状态,并在分析滚动轨迹和赫兹接触变形的基础上,综合润滑油膜卷吸及挤压特性引起的接触副变化,确定考虑润滑各滚动元件的作用力。根据接触区域内润滑状态确定其摩擦状态,利用 Hamrock 润滑理论假设接触区域内油膜厚度均匀,则接触区内中心油膜厚度为

$$h_{\mathrm{c}} = \frac{2.69\overline{U}^{0.67}\overline{G}^{0.53}(1 - 0.61\mathrm{e}^{-0.73k})}{\overline{Q}_z^{0.067}} \tag{4.13}$$

式中,$\overline{U}$ 为无量纲速度参数;$\overline{G}$ 为无量纲滚道与滚动体材料参数;$\overline{Q}_z$ 为接触区域无量纲载荷;k 为接触区域椭圆率。

根据油膜厚度计算接触区域内的膜厚比 λ，判断不同润滑状态引起的摩擦状态：

$$\lambda = h_c / \sqrt{\sigma_r^2 + \sigma_b^2} \tag{4.14}$$

当膜厚比 $\lambda < 1$ 时，滚动体与滚道之间的接触为边界润滑状态，滚动体与滚道之间通过表面凸起粗糙度直接接触仅为刚性接触变形，其接触力为

$$F_{bnk} = \pm K(t)\delta_k^{1.5} \tag{4.15}$$

式中，K 为滚动体与常规滚道接触刚度，计算见式（4.5）。

当膜厚比 $1 \leqslant \lambda < 3$ 时，滚动体与滚道之间为部分弹流润滑状态，此时滚动体与滚道间同时存在油膜压力和刚体接触赫兹力；当膜厚比 $\lambda > 3$ 时，滚动体与滚道之间为全膜弹流润滑状态。当接触为弹流润滑状态，接触区域分为润滑入口区、赫兹接触区和出口区，如图 4.3 所示。

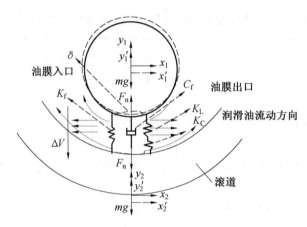

图 4.3　滚动体与变速曲面接触油膜示意图

根据弹流润滑稳态模型，确定在赫兹接触区域内油膜和赫兹接触共同提供的接触载荷，因此赫兹接触刚度 $K(t)$ 与油膜刚度 K_{oil} 为串联，接触入口区域内存在卷吸运动，具有切向拖拽力作用，使入口区油膜刚度 K_f 与赫兹接触区内油膜刚度并联。由于接触材料相比润滑油具有低阻尼特性，因此滚动体与滚道之间的接触阻尼主要以润滑油膜黏性阻尼为主。本书将接触区域内等效阻尼系数与入口区域内黏性阻尼做数值相同简化，则等效刚度 K_v 和等效润滑阻尼 C_v 为

$$\begin{cases} K_v = \left[\dfrac{1}{K_{oil}} + \dfrac{1}{K(t)} \right]^{-1} + K_f \\ C_{ho} = C_f \end{cases} \tag{4.16}$$

在赫兹接触区内，根据式（2.20）～（2.23）可确定油膜作用下的接触载荷与油膜厚度之间的表达式为

$$Q_i = \left(\frac{h_c E'^{0.067} R_e^{0.067}}{2.69 \overline{U}^{0.67} G^{0.53} (1 - 0.61 e^{-0.73k})} \right)^{14.925} \tag{4.17}$$

根据接触载荷及油膜厚度可确定油膜刚度 K_{oil} 为

$$K_{oil} = \lim_{\delta \to 0} \frac{\Delta Q_i}{\Delta \delta_k} = -\partial \frac{\partial Q_i}{\Delta h_c} \tag{4.18}$$

式中，δ_{oil} 为接触椭圆内油膜变形量。

结合式(4.17)和式(4.18)可确定油膜刚度与相对速度、滚道结构、材料属性之间的相互关系为

$$K_{oil} = \frac{h_c^{13.925} E'^{10} R_e^{10}}{2.69 \bar{U}^{10} G^{7.91} (1 - 0.61 e^{-0.73k})^{14.925}} \tag{4.19}$$

由于接触区域润滑油入口区接触点存在与运动方向垂直的挤压运动趋势，以及沿运动方向的卷吸运动，在入口处润滑油形成的接触刚度 K_f 则需通过接触区域压力分布来确定，基于经典雷诺方程为

$$\frac{\partial}{\partial x}\left(\frac{\rho h^3}{\eta}\frac{\partial p}{\partial x}\right) + \frac{\partial}{\partial z}\left(\frac{\rho h^3}{\eta}\frac{\partial p}{\partial z}\right) = 6(u_1 + u_2)\rho\frac{\partial h}{\partial x} \tag{4.20}$$

式中，η 为润滑油黏度；ρ 为润滑油密度；h 为油膜厚度；p 为油膜压力；u_1 为滚动体表面速度；u_2 为轴承外圈表面速度($u_2 = 0$ 时轴承外圈固定)。

由于接触区域内椭圆长轴远大于椭圆短轴，结合滚动体接触点处相对运动速度，简化雷诺方程为

$$\frac{\partial}{\partial x}\left(\frac{\rho h^3}{\eta}\frac{\partial p}{\partial x}\right) = 6(v_{rbij1}^c + v_{rboj1}^c)\rho\frac{\partial h}{\partial x} + v_{rbj3}^c \tag{4.21}$$

入口接触区内接触油膜压力与接触载荷之间满足

$$2a\int_{-a}^{0} p\,\mathrm{d}x = F_{bnk} = \pm K_f \delta^{1.5} + C_f v_{rbj3}^c \tag{4.22}$$

结合式(2.16)和式(3.19)可确定油膜黏性阻尼 C_f 为

$$C_f = \frac{2a^2 \rho \eta}{h_c^3} \tag{4.23}$$

由于滚动体与滚道相对变形由接触变形及油膜变形共同组成，则有

$$\mathrm{d}\delta = \mathrm{d}h_c + \mathrm{d}\delta_k \tag{4.24}$$

式中，$\mathrm{d}\delta_k$、$\mathrm{d}h_c$ 分别为赫兹刚体弹性接触变形变化量和油膜变形变化量。

结合油润滑刚度 K_{oil} 和赫兹接触刚度 K，对式(4.24)积分确定接触区入口处润滑接触刚度 K_f 为

$$K_f = \frac{12a^2 \eta \rho^2 (K + K_{oil})}{h_c K} \tag{4.25}$$

在径向载荷作用下，滚动体与滚道之间的接触作用力由刚体赫兹接触及润滑油膜作用力共同作用，采用窄带微分模型，将接触椭圆划分为 m 个窄条，接触区域内任意一点滚动体与滚道接触区内法向作用力为

$$F_{bk} = \pm K_v \delta^{1.5} + C_{ho} v_{rbj3}^c \tag{4.26}$$

式中，v_{bj3}^{cr} 为滚动体与滚道在接触区域内相对滑动速度沿法向的变形分量，由式(3.57)中的相对速度确定。

当滚动体运动至变速曲面处时，考虑油膜间厚度，滚动体与滚道之间的时变位移将根据油膜厚度而改变，结合接触区中心油膜厚度 $h_{ci(o)}$ 及滚动体与滚道相对位置 δ_{kj}，可确定在润滑条件下滚动体与轴承套圈之间的接触变形为

$$\Delta\delta = \delta_{kj} - h_{ci} - h_{co} \tag{4.27}$$

结合滚动体经变速曲面时产生的时变位移,则在变速曲面作用下实际滚动体与套圈接触变形将减小,其表达式为

$$\delta = \delta_{kj} - h_{ci} - h_{co} - H \tag{4.28}$$

结合式(3.57)、式(4.26)和式(4.28)可确定滚动体与滚道之间的法向接触力为

$$F_n = \sum_{k=1}^{m} F_{bk} \tag{4.29}$$

确定法向接触力后,接触区域内摩擦拖动力也与滚动体和滚道之间的相对滑动速度及润滑油膜参数有关,进而可确定滚动体与滚道之间的等效摩擦系数为

$$\mu_k = \begin{cases} \mu_b, & \lambda < 1 \\ \mu_b q_b + \mu_h(1 - q_b), & 1 \leqslant \lambda < 3 \\ \mu_h, & 3 \leqslant \lambda \end{cases} \tag{4.30}$$

式中,μ_b 为边界润滑等效摩擦系数;μ_h 为弹流润滑等效摩擦系数;q_b 为接触表面负荷比。

综合式(3.57)、式(4.15)和式(4.30)确定在滚动体定体坐标系中滚动体与滚道之间的作用力为

$$\begin{cases} T_{brx} = \sum_{k=1}^{m} \mu_k F_{bk} \sin\left(\arctan\dfrac{v_{rb1}^c}{v_{rb2}^c}\right) \\ T_{bry} = \sum_{k=1}^{m} \mu_k F_{bk} \cos\left(\arctan\dfrac{v_{rb1}^c}{v_{rb2}^c}\right) \\ F_n = \sum_{k=1}^{m} F_{bk} \end{cases} \tag{4.31}$$

轴承内外圈在惯性坐标系内受到滚动体作用力在水平和竖直分量分别为

$$\begin{cases} \sum_{j=1}^{N} \left[F_n \cos\varphi_{dj} + (T_{brx} + T_{bry})\sin\varphi_{dj} \right] = F_y \\ \sum_{j=1}^{N} \left[F_n \sin\varphi_{dj} + (T_{brx} + T_{bry})\cos\varphi_{dj} \right] = F_z \end{cases} \tag{4.32}$$

4.2.2　滚动体与变速曲面的接触应力

滚动体经过变速曲面时,二者之间的接触特性随接触点轨迹的变化而改变,由于滚动体承受交变载荷作用,变速曲面易产生交变应力作用而导致磨损,使得变速曲面空间几何形状改变,无法达到滚动体变速离散的效果。因此,变速曲面设计除了保证滚动体的运动稳定性,同时还需要考虑接触应力的变化特性。基于滚动接触理论,建立三维滚动接触应力分布模型,滚动体与变速曲面接触区域如图4.4所示。

根据赫兹接触理论,将滚动体与变速曲面接触视为椭圆,图4.4中对接触面积进行了放大,而实际工程中接触面积的尺寸较小。滚动体与变速曲面接触变形椭圆的内应力分布函数为

$$p(x', y') = p_0 \sqrt{1 - \frac{x'^2}{a^2} - \frac{y'^2}{b^2}} \tag{4.33}$$

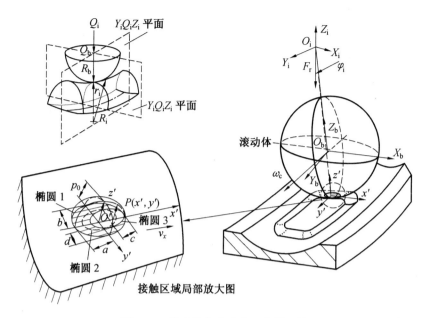

图 4.4　滚动体与变速曲面接触区域

式中,p_0 为椭圆接触区中心点 O' 处的最大表面压力。

最大表面压力又称椭圆接触区内的最大接触应力,其表达式为

$$p_0 = \frac{3Q_i}{2\pi ab} = \left(\frac{6QE^{*2}}{\pi^3 R^{*2}}\right)^{\frac{1}{3}} \tag{4.34}$$

式中,R^* 为接触点处的等效曲率半径。

滚动体在不同位置处最大载荷 Q_i 为

$$Q_i = \begin{cases} (d_i + d_o) m\omega_{cj}^2 \cot\dfrac{\gamma}{2} - mR_1\dot{\omega}_{cj}, & \text{进出变径滚道} \\[3mm] \dfrac{\left(R_1 + \dfrac{d_i}{2}\right) m\omega_{cj}'^2 + G\sin(\text{mod}(\varphi_j, 2\pi))}{2\cos\alpha}, & \text{变径滚道内} \end{cases} \tag{4.35}$$

结合变速曲面结构接触点等效曲率半径可表示为

$$R^* = (R_{\text{I}} R_{\text{II}})^{\frac{1}{2}} = \left[\frac{R_{1\text{I}} R_i R_{1\text{II}} r_i}{(R_{1\text{I}} + R_i)(R_{1\text{II}} + r_i)}\right]^{\frac{1}{2}} \tag{4.36}$$

式中,R_{I} 和 R_{II} 分别为滚动体与变速曲面在接触点处的相对曲率半径;$R_{1\text{I}}$ 和 $R_{1\text{II}}$ 分别为滚动体与变速曲面接触处的曲率半径;R_i 和 r_i 分别为变速曲面的主曲率半径,当接触区域位于变速曲面进(出)过渡区时,$R_i = r_o$,$r_i = R_2$,当滚动体完全进入变速曲面内时,$R_i = R_2$,$r_i = d_o'/2$,其中 d_o' 为接触点所在圆直径,其表达式为

$$d_o' = \{d_o - 2[R_w - (R_w^2 - r_o^2\sin^2\theta_2)^{0.5}]\}\cos\alpha \tag{4.37}$$

结合式(4.35)可知接触载荷为交变载荷,随着曲率半径 R^* 的变化,滚动体与变速曲面产生摩擦及滑动,同时存在剪切应力场,在接触区域内发生黏滑现象,沿滚动方向的接触区被压缩,另一侧受拉伸。接触区域形态如图 4.4 所示,初始接触时黏着区域(椭圆 2)半轴 c、d 与 x'、y' 重合,在切向力作用下,黏着区会沿着滚动体方向偏移,偏移过程接触区

形态及边界不变,偏移至椭圆 3 处。此时,接触区域的前端部分是黏着区域,后端部分为滑动区域,且沿着滚动方向滑移距离为 s。根据 Carter 滚动接触理论,基于赫兹接触理论通过叠加原理确定接触区域三维滚动接触区切向力分布如下:

$$p = \begin{cases} p'(x, y), & \text{滑动区} \\ p'(x, y) \pm q'(x, y), & \text{黏着区} \end{cases} \tag{4.38}$$

式中,$p'(x, y)$ 和 $p'(x, y) \pm q'(x, y)$ 分别为滑动区和黏着区的切向力,负号表示切向力方向与运动方向相反。

切向力的表达式为

$$\begin{cases} p'(x, y) = -\dfrac{3\mu Q}{2\pi ab}\left(1 - \dfrac{x^2}{a^2} - \dfrac{y^2}{b^2}\right)^{1/2}, & 2c - a < x_1 < a \\ q'(x, y) = -\dfrac{3c\mu Q}{2\pi a^2 b}\left[1 - \left(\dfrac{x+s}{c}\right)^2 - \left(\dfrac{y}{d}\right)^2\right]^{1/2}, & -a \leqslant x_1 \leqslant 2c - a \end{cases} \tag{4.39}$$

椭圆接触区域内短轴相对于长轴数值较小,本书采用窄带思想,则在法向力 P_1 的作用下,接触区域内三维接触应力分别为

$$\begin{cases} (\sigma_x)_p = -\dfrac{P_1}{a}\left[m\left(1 + \dfrac{z^2 + n^2}{m^2 + n^2}\right) - 2z\right] \\ (\sigma_z)_p = -\dfrac{P_1}{a}\left[m\left(1 - \dfrac{z^2 + n^2}{m^2 + n^2}\right)\right] \\ (\tau_{xz})_p = \dfrac{P_1}{a}\left[n\left(\dfrac{m^2 - z^2}{m^2 + n^2}\right)\right] \end{cases} \tag{4.40}$$

式中

$$m = \frac{1}{2}\left\{\left[a^2\left(1 - \frac{y^2}{b^2}\right) - x^2 + z^2\right]^2 + 4x^2 z^2\right\}^{1/2} + \frac{1}{2}\left[a^2\left(1 - \frac{y^2}{b^2}\right) - x^2 + z^2\right]$$

$$n = \frac{1}{2}\left\{\left(a^2\left[1 - \frac{y^2}{b^2}\right] - x^2 + z^2\right)^2 + 4x^2 z^2\right\}^{1/2} - \frac{1}{2}\left[a^2\left(1 - \frac{y^2}{b^2}\right) - x^2 + z^2\right]$$

根据滑动接触状态切向力与法向力的关系,可知滚动接触和滑动状态下滑动区切向力分布相同、方向相反,滑动区在摩擦力 $p'(x, y)$ 的作用下接触应力分量为

$$\begin{cases} (\sigma_x)_p' = -(\sigma_x)_p = -\dfrac{\mu p'}{a}\left[n\left(2 - \dfrac{z^2 - m^2}{m^2 + n^2}\right) - 2x\right] \\ (\sigma_z)_p' = -(\sigma_z)_p = -\dfrac{\mu p'}{a}\left[n\left(\dfrac{m^2 - z^2}{m^2 + n^2}\right)\right] \\ (\tau_{xz})_p' = -(\tau_{xz})_p = -\dfrac{\mu p'}{a}\left[m\left(1 + \dfrac{z^2 + n^2}{m^2 + n^2}\right) - 2z\right] \end{cases} \tag{4.41}$$

在黏着区域内,切向力 $q'(x, y)$ 作用下的应力分量为

$$\begin{cases} (\sigma_x)_q' = -\dfrac{\mu q'}{c}\left[n'\left(2 - \dfrac{z^2 - m'^2}{m'^2 + n'^2}\right) - 2(x + s)\right] \\ (\sigma_z)_q' = -\dfrac{\mu q'}{c}\left[n'\left(\dfrac{m'^2 - z^2}{m'^2 + n'^2}\right)\right] \\ (\tau_{xz})_q' = -\dfrac{\mu q'}{c}\left[m'\left(1 + \dfrac{z^2 + n'^2}{m'^2 + n'^2}\right) - 2z\right] \end{cases} \tag{4.42}$$

式中,m'、n' 分别为

$$m' = \frac{1}{2}\left\{\left[c^2\left(1-\frac{y^2}{d^2}\right)-(x+s)^2+z^2\right]^2+4(x+s)^2z^2\right\}^{1/2}+\frac{1}{2}\left[c^2\left(1-\frac{y^2}{d^2}\right)-(x+s)^2+z^2\right]$$

$$n' = \frac{1}{2}\left\{\left[c^2\left(1-\frac{y^2}{d^2}\right)-(x+s)^2+z^2\right]^2+4(x+s)^2z^2\right\}^{1/2}-\frac{1}{2}\left[c^2\left(1-\frac{y^2}{d^2}\right)-(x+s)^2+z^2\right]$$

为有效计算接触应力分布关于接触参数的影响并简化计算,确定无量纲三维应力分别为

$$
\begin{cases}
\dfrac{\sigma_x}{p_0}=\dfrac{1}{\sqrt{1-H^2}}\left[Q\dfrac{B^2+T^2}{Q^2+T^2}-\mu T\dfrac{B^2-Q^2}{Q^2+T^2}+Q+2\mu T-2(B+\mu W)\right]-\\
\qquad\qquad \dfrac{\mu}{\sqrt{k^2-H^2}}\left[T\left(2-\dfrac{B^2-Q'^2}{Q'^2+T'^2}\right)-\dfrac{k(1+W-k)}{\sqrt{k^2-H^2}}\right]\\
\dfrac{\sigma_z}{p_0}=\dfrac{1}{\sqrt{1-H^2}}\left(Q-Q\dfrac{B^2+T^2}{Q^2+T^2}-\mu T\dfrac{B^2-Q^2}{Q^2+T^2}\right)-\dfrac{\mu}{\sqrt{k^2-H^2}}\left(T\dfrac{Q'^2-B^2}{Q'^2+T'^2}\right)\\
\dfrac{\tau_{xz}}{p_0}=\dfrac{1}{\sqrt{1-H^2}}\left(T\dfrac{Q^2-B^2}{Q^2+T^2}-\mu Q\dfrac{Q^2+B^2+2T^2}{Q^2+T^2}\right)+\dfrac{\mu}{\sqrt{k^2-H^2}}\left(Q'\dfrac{B^2+Q'^2+2T'^2}{Q'^2+T'^2}-2B\right)
\end{cases}
$$

$$(4.43)$$

式中,W、H、B 分别为无量纲系数。Q^2、Q'^2、T^2、T'^2 分别为

$$Q^2=\frac{m^2}{a^2}=\frac{1}{2}\left[(1-H^2-W^2+B^2)^2+4x^2z^2\right]^{1/2}+(1-H^2-W^2+B^2)^2,\quad T^2=\frac{n^2}{a^2}$$

$$Q'^2=\frac{1}{2}\left[\left(1-\frac{H^2}{k^2}-W^2+B^2\right)^2+4(x+s)^2z^2\right]^{1/2}+\left(1-\frac{H^2}{k^2}-W^2+B^2\right)^2,\quad T'^2=\frac{n^2}{a^2}$$

根据 JOHNSON 理论,接触区总应力可通过不同接触状态下的应力分量叠加得到。结合式(4.40)～(4.42)确定接触区内滚动体与变速曲面之间的总应力为

$$\sigma_p=\sigma_{p1}+\sigma_p'+\sigma_q'\tag{4.44}$$

结合变速曲面结构,接触应力影响因素为等效曲率半径及过渡区域半径,在相同工况下对比滚动体与矩形及椭圆形变速曲面接触应力分布,如图 4.5 所示。

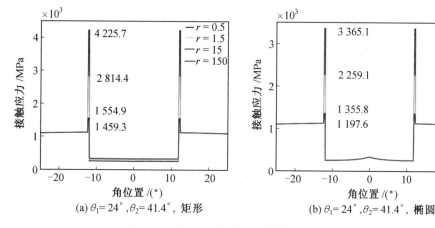

图 4.5　滚动体与变速曲面接触应力分布图

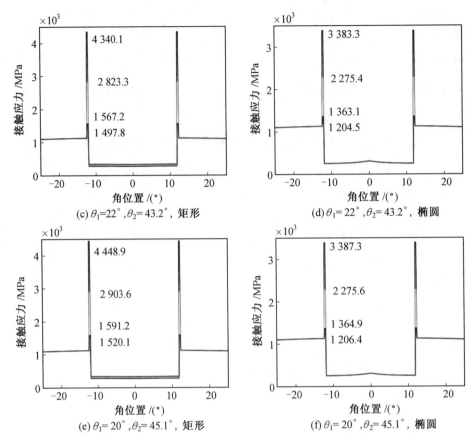

续图 4.5

由图 4.5 可知,当滚动体分别处于常规滚道、过渡区、变速曲面内时,滚动体在运动时应力突变主要发生在滚动体进出变速曲面的过渡区域;在常规滚道处随着径向载荷的增大,接触应力小幅度增加,当进入变速曲面时,接触点个数及接触形式改变,根据滚动接触理论可知,此时容易产生应力集中。当滚动体运动至完全在变速曲面内时,脱离轴承内圈不承受径向载荷作用,此时滚动体与变速曲面之间的接触应力值瞬间减小并低于常规滚道;当滚动体滚出变速曲面时,应力再次突变激增,运动至常规滚道时应力逐渐减小。在相同环向跨度角及轴向跨度角时,矩形滚道最大接触应力大于椭圆形滚道,导致矩形变速曲面更容易产生磨损,从而影响轴承的性能与寿命。随着过渡区半径的增大,应力突变值逐渐减小,对应力突变的影响趋于平稳。随着环向跨度角的减小,最大接触应力值逐渐增大,但考虑变速曲面结构参数导致的等效曲率半径 R_i 变化范围很微小,同时增大过渡半径及环向跨度角有利于控制应力突变。

针对接触应力突变最大值结构($\theta_1=20°$, $\theta_2=45.1°$)、过渡半径 $r=0.5$ 的两种结构接触应力微观分布进行对比,得到接触区域切向接触应力 σ_x/p_0、σ_z/p_0 及法向接触应力 τ_{xz}/p_0 分布图,如图 4.6～4.8 所示。

在法向力的作用下,滚动体与变速曲面边缘存在挤压作用,在接触点处运动方向存在相对滑差,导致接触区域内的滑动区与黏着区存在相对移动,接触区域内滚动方向上为压

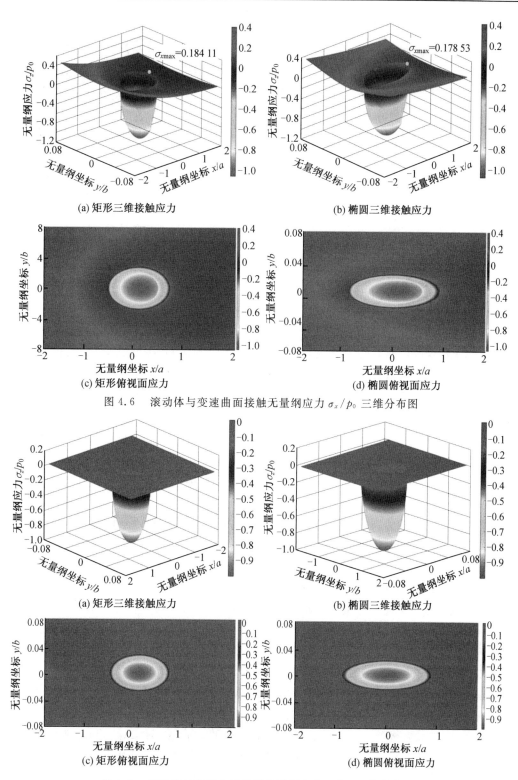

图 4.6　滚动体与变速曲面接触无量纲应力 σ_x / p_0 三维分布图

图 4.7　滚动体与变速曲面接触无量纲应力 σ_z / p_0 三维分布图

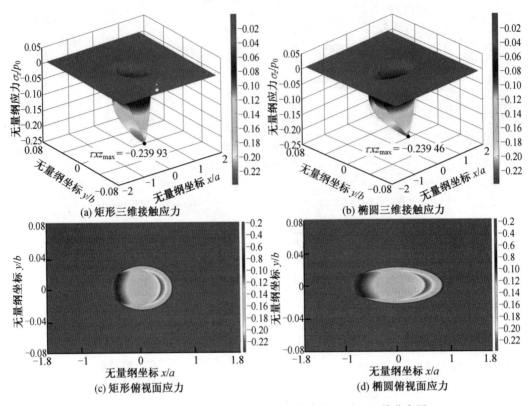

图 4.8　滚动体与变速曲面接触无量纲应力 τ_{xz}/p_0 三维分布图

应力,在相反方向上为拉应力,且压应力幅值大于拉应力幅值,黏着区沿着滚动体运动方向发生了移动,最大应力发生在黏着区与滑动区交界处,矩形无量纲最大值为 0.184 11,椭圆无量纲最大值为 0.178 53,表明接触区内矩形变速曲面拉应力更大且更容易产生磨损。

　　接触区域内三维应力分量 σ_z/p_0 在接触区域内呈半球形分布,且数值均小于 0,表示在接触法向方向仅存在压应力,同时不存在应力突变,且应力分量最大值与接触区域法向应力最大值相等,法向应力分布与变速曲面几何结构形状无关,但考虑应力最大值,则是椭圆变速曲面结构更为合理。

　　接触区域内三维应力分量 τ_{xz}/p_0 在接触区域内,滑动区的剪切应力值大于黏着区的剪切应力值,最大剪切力发生在滑动区与黏着区交界处,矩形结构剪切应力无量纲的最大值为 $-0.239\ 93$,椭圆结构剪切应力无量纲的最大值为 $-0.239\ 46$,表明在接触区内矩形变速曲面剪切应力更大,在运动接触过程中更容易产生破坏。

　　综合以上分析可以确定无论是哪种结构的变速曲面,在滚动体经过时均会产生因结构改变导致的接触应力变化现象。但矩形结构变速曲面的接触冲击应力大于椭圆形结构变速曲面,同时最大接触应力发生在进出变速曲面的过渡区,与文献[39]中的试验结果具有一致性。同时,在设计过程中选择较大环向跨度角及较大的过渡半径,有利于减少滚动体与变速曲面的接触应力的改变。

4.2.3　滚动体与变速曲面的冲击碰撞特性

由于外圈局部设计变速曲面使滚动体脱离轴承内圈,当滚动体在过渡区域内运动时,在时变位移作用下会分别沿着径向及公转切向存在位移量分别为 δ_r 和 δ_c 的运动,使滚动体同时存在径向和切向的速度分量 $V_{\delta r0}$、V_c。在此过程中,滚动体速度急剧变化且伴随加速度的产生,因此在变速曲面过渡区域边缘,存在速度为 V_{im} 与边缘的冲击作用。根据滚动斜碰原理,滚动体在发生碰撞后速度变为 V_1,并以 V_1 的速度与内圈重新接触,这将使得滚动体与内圈之间存在突变接触力,相当于滚动体及轴承内圈存在非线性时变附加激励,引起轴承内圈在径向方向上及切向方向存在冲击移动,引起轴承内圈的振动,该碰撞特性会影响轴承系统的运动稳定性。因此在分析轴承的动力学特性时应先对附加激励引起的冲击碰撞过程进行分析,等效为 3 自由度振动模型,如图 4.9 所示。

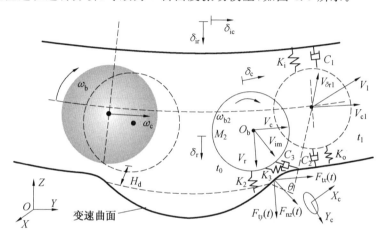

图 4.9　滚动体与变速曲面附加激励冲击碰撞示意图

结合滚动体与滚道接触坐标系,滚动体在经过变速曲面时将沿接触法向方向振动,同时在内圈带动下,沿过渡区绕 Y_c 轴沿切向方向旋转 θ 角,$F_{tx}(t)$、$F_{ty}(t)$ 和 $F_{nz}(t)$ 定义为在接触点处滚动体与变速曲面过渡区处的切向力沿纵向、横向分量及法向力。将轴承内圈、滚动体分别简化为质量为 M_1 和 M_2 的振子,将滚动体与内圈和轴承外圈之间简化为非线性接触模型,滚动体滚出变速曲面时产生冲击速度 V_{im},k_2 和 k_3 分别为滚动体与变速曲面冲击法向及切向接触刚度,$K_{i(o)}$ 为滚动体与常规滚到接触刚度。C_1 和 C_2 分别为内圈与滚动体、滚动体与变速曲之间的间阻尼。滚动体沿径向跳动位移用 δ_r 表示,切向碰撞位移用 δ_c 表示,内圈径向移动位移用 δ_{ir} 表示,内圈切向位移用 δ_{ic} 表示。根据滚动体在碰撞过程速度变化,依据动量定理和动量矩定理建立滚动体与变速曲面边缘碰撞系统动力学模型为

$$\begin{cases} \dfrac{\mathrm{d}}{\mathrm{d}t}(M_2\dot{\delta}_c - M_2 R_w \omega_b) = F_{nz}(t)\cos\varphi_{im} + F_{ty}(t)\sin\varphi_{im} \\[2mm] \dfrac{\mathrm{d}}{\mathrm{d}t}(M_2\dot{\delta}_r - M_2 R_w \omega_b) = F_{nz}(t)\sin\varphi_{im} + F_{ty}(t)\cos\varphi_{im} + F_{\tau x}(t)\sin\theta_2 \quad (4.45) \\[2mm] \dfrac{\mathrm{d}}{\mathrm{d}t}(I_{bx}\dot{\theta})\dfrac{R_2}{R_w} = F_{nz}(t)\cos\theta_2\cos\varphi_{im}R_w + F_{ty}(t)\cos\gamma\sin\varphi_{im}R_w \end{cases}$$

式中，γ 为接触点处横向分量与 YOZ 平面夹角；I_{bx} 为滚动体自转转动惯量；φ_{im} 为滚动体与变速曲面过渡区碰撞时的位置角。

根据变速曲面结构参数，滚动体在过渡区碰撞时位置角表达式为

$$\varphi_{im} = \arcsin\left[\frac{R_2}{R_w}\sin\left(\beta - \frac{\varphi_{dj} - \varphi_3}{\theta_1 - \varphi_3}\right)\right] \tag{4.46}$$

为了确定滚动体与变速曲面边缘碰撞这一过程轴承内圈及滚动体的运动姿态，对式(4.33)变换得

$$\begin{cases} \ddot{\delta}_c = \dfrac{\sin\varphi_{im}}{M_2}F_{\tau y}(t) + \dfrac{\cos\varphi_{im}}{M_2}F_{nz}(t) \\[2mm] \ddot{\delta}_r = \dfrac{\cos\varphi_{im}}{M_2}F_{\tau y}(t) + \dfrac{\sin\varphi_{im}}{M_2}F_{nz}(t) + \dfrac{\sin\theta_2}{M_2}F_{\tau x}(t) \\[2mm] \ddot{\theta} = \dfrac{R_w^2\cos\gamma\sin\varphi_{im}}{R_2 I_{bx}}F_{\tau y}(t) + \dfrac{R_w^2\cos\theta_2\cos\varphi_{im}}{R_2 I_{bx}}F_{nz}(t) \end{cases} \tag{4.47}$$

则有在碰撞过程中，滚动体与变速曲面在接触坐标系内碰撞速度及碰撞引起的加速度变化分别为

$$\begin{cases} v_{\tau x} = \dfrac{R_i R_w \sin^2\theta_1}{\sin^2\theta_2\left(R_i\sin\theta_1 - \dot{\theta}R_2\cos\dfrac{R_2\theta}{R_i}\sin\dfrac{R_2\theta}{R_i}\right)} \\[4mm] v_{\tau y} = \dfrac{R_2\dot{\theta}}{R_w} + (\dot{\delta}_c + \dot{\delta}_r)\sin\varphi_{im} \\[3mm] v_{nz} = (\dot{\delta}_c + \dot{\delta}_r)\cos\varphi_{im} \end{cases} \tag{4.48}$$

在碰撞过程中，引起滚动体沿法向及切向运动加速度变化为

$$\begin{Bmatrix} \dot{v}_{\tau x} \\ \dot{v}_{\tau y} \\ \dot{v}_{nx} \end{Bmatrix} = \begin{bmatrix} 0 & a_{12} & a_{13} \\ a_{21} & a_{22} & a_{23} \\ a_{31} & a_{32} & a_{33} \end{bmatrix} \begin{Bmatrix} F_{\tau x}(t) \\ F_{ty}(t) \\ F_{nz}(t) \end{Bmatrix} \tag{4.49}$$

式中

$$a_{12} = \frac{\sin^2\theta_2 R_w^2\cos\gamma\sin\varphi_{im}}{R_i R_w\sin^2\theta_1 I_{bx}}$$

$$a_{13} = \frac{\sin^2\theta_2 R_w^2\cos\theta_2\sin\varphi_{im}}{R_i R_w\sin^2\theta_1 I_{bx}}$$

$$a_{21} = \frac{\sin\varphi_{im}\sin\theta_2}{M_2}$$

$$a_{22} = \frac{R_w M_1\cos\gamma + I_{bx}(\sin\varphi_{im} + \cos\varphi_{im})}{I_{bx}M_2}\sin\varphi_{im}$$

$$a_{23} = \frac{R_w M_1\cos\varphi_{im}\cos\theta_2 + I_{bx}\sin\varphi_{im}(\sin\varphi_{im} + \cos\varphi_{im})}{I_{bx}M_2}$$

$$a_{31} = \frac{\cos\varphi_{im}\sin\theta_2}{M_2}, a_{32} = a_{33} = \frac{\cos\varphi_{im}(\sin\varphi_{im} + \cos\varphi_{im})}{M_2}$$

结合图 4.4 中的几何关系，滚动体纵向及横向速度分量、法向速度与滚动体碰撞过程

所滚过角度 θ 之间的关系为

$$\begin{cases} v_r(\theta) = v_{r0} \exp\left[\int_{\theta_0}^{\theta_1} f(a_{ij}, \theta) \mathrm{d}\theta\right] \\ v_{nz}(\theta) = \int_{\theta_0}^{\theta_1} \frac{[f(a_{ij}, \theta) - \cos\theta](-\mu a_{31}\cos\theta - \mu a_{32}\sin\theta + a_{33})}{\sin\theta(-\mu a_{21}\cos\theta - \mu a_{22}\sin\theta + a_{23})} \exp\left[\int_{\theta_0}^{\theta} f(a_{ij}, \theta)\mathrm{d}\theta\right]\mathrm{d}\theta \end{cases}$$

(4.50)

式中，v_{r0}、θ_0 分别为碰撞前滚动体的速度和起始位置角；θ_1 为碰撞结束时滚动体旋转角度；$f(a_{ij}, \theta)$ 为加速度系数。

加速度系数表达式为

$$f(a_{ij}, \theta) = \frac{\mu\sin\theta(-a_{12}\cos\theta + a_{21}\cos\theta + a_{22}\sin\theta) + a_{13}\cos\theta + a_{23}\sin\theta}{-(\sin^3\theta\cos\theta + \cos^3\theta\sin\theta)} \quad (4.51)$$

由式（4.38）可知，滚动体碰撞前后法向及切向速度与滚动体碰撞这一过程中的旋转角度相关，碰撞冲击过程持续时间较短，认为轴承系统能量守恒。根据库伦摩擦定律，由动量守恒定理可确定滚动体碰撞前后速度及加速度变化，引起滚动体在接触坐标系下切向及径向冲击碰撞激励力为

$$\begin{cases} F_{nz}(t) T_{im} = M_2[v_{nz}(\theta_0) - v_{nz}(\theta_1)] \\ F_{\tau x}(t) T_{im} = M_2[v_r(\theta_0)\cos\theta_0 - v_r(\theta_1)\cos\theta_1] \\ F_{\tau y}(t) T_{im} = M_2[v_r(\theta_0)\sin\theta_0 - v_r(\theta_1)\sin\theta_1] \end{cases}$$

(4.52)

式中，T_{im} 为滚动体与变速曲面的冲击时间。

根据变速曲面过渡区结构参数及旋转角可确定冲击时间为

$$T_{im} = \frac{R_2\theta}{R_i} \quad (4.53)$$

4.3 自动离散轴承的动力学模型

4.3.1 双曲面变速曲面轴承动力学模型

1.滚动体运动微分方程

滚动体在运转过程中会受到内外圈的接触力和摩擦力，以及滚动体之间碰撞时产生的接触力和摩擦力，此外滚动体的运动还会受到重力及离心力的影响，轴承在径向载荷作用下，滚动体经过变速曲面时两接触点处的接触力和摩擦力在轴向方向相互抵消，因此忽略轴承系统中的轴向运动，基于以上建立滚动体 3 自由度的运动微分方程，滚动体 j 的受力情况如图 4.10 所示。

图 4.10 中，F_{wj} 为滚动体 j 公转运动产生的离心力，其方向始终与向量 $\boldsymbol{d}_b$ 重合，m_b 为滚动体的质量，g 为重力加速度，且滚动体的重力方向始终指向 Y 轴负方向，将滚动体 j 受到的所有力分解在 X 方向和 Y 方向，根据牛顿定律得到滚动体 j 的在以上两个方向的运动微分方程分别为

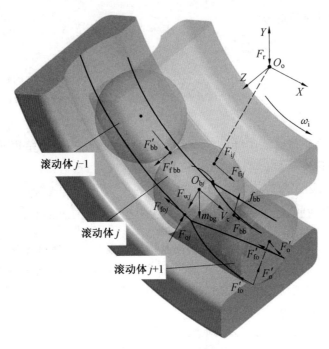

图 4.10　双曲面变速曲面轴承滚动体 j 的受力情况

$$F_{ijx} + F_{fijx} + F_{ojx} + F_{fojx} + F_{bbx} + F_{fbbx} + F'_{bbx} + F'_{fbbx} + F_{wjx} = m_b \ddot{x}_j \quad (4.54)$$

$$F_{ijy} + F_{fijy} + F_{ojy} + F_{fojy} + F_{bby} + F_{fbby} + F'_{bby} + F'_{fbby} + F_{wjy} - m_b g = m_b \ddot{y}_j \quad (4.55)$$

式中，$\ddot{x}_j$、$\ddot{y}_j$ 分别为滚动体 j 在 X 方向和 Y 方向的加速度。

离心力的计算公式为

$$F_{wj} = m_b \frac{V_c^2}{R_m} \quad (4.56)$$

根据图 4.5 中滚动体 j 的受力分析可知，在滚动体的自转方向上，滚动体受到内外圈对滚动体的摩擦力以及滚动体之间碰撞时产生的摩擦力，其中滚动体发生碰撞时对滚动体自转运动产生的摩擦力矩的力臂恒为滚动体半径，且始终阻碍滚动体自转，内圈对滚动体自转运动产生的摩擦力矩的力臂也恒为滚动体半径，滚动体在常规外滚道区域运动时，外圈对滚动体自转运动的摩擦力矩的力臂，而当滚动体在变速曲面内运动时，滚动体 j 自转方向的运动微分方程为

$$(F_{fij} - F_{fbb} - F'_{fbb})R_w + F_{foj} r \cos \gamma = J_r \dot{\omega}_b \quad (4.57)$$

式中，J_r 为滚动体自转的转动惯量。当滚动体在常规外滚道区域时，式 (4.57) 中的 r 应为滚动体半径，γ 应为 0。

2. 内圈运动微分方程

对于无保持架球轴承系统中各零件的运动，当外圈固定、内圈为原动件驱动滚动体运转时，内圈除了具有自转运动，其质心还具有在径向平面的窜动。滚动体与常规滚道接触示意图如图 4.11 所示。

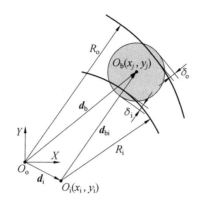

图 4.11　滚动体与常规滚道接触示意图

内圈质心的位置会直接影响每个滚动体的受力状态,因此要对滚动体的运动微分方程进行求解,同时必须考虑内圈的运动。内圈转速取决于工况的选取,因此仅需考虑内圈质心在 X 方向和 Y 方向运动,根据图 4.5 所示可知,内圈在运转过程中与所有滚动体都会存在相互接触,因此内圈的运动状态会受到所有滚动体的影响。假设轴承承受的载荷作用在内圈质心上,且方向指向 Y 轴负方向,则内圈在 X 方向和 Y 方向的运动微分方程分别为

$$\sum_{j=1}^{N}(F_{i(j)x} + F_{fi(j)x}) = m_i \ddot{x}_i + C \dot{x}_i \tag{4.58}$$

$$\sum_{j=1}^{N}(F_{i(j)y} + F_{fi(j)y}) - F_r - m_i g = m_i \ddot{y}_i + C \dot{y}_i \tag{4.59}$$

式中,m_i 为内圈的质量;C 为阻尼系数。

式(4.42)、式(4.43)、式(4.44)、式(4.45)、式(4.47)组成了双曲面变速曲面无保持架球轴承的动力学方程,后续将对动力学方程组进行求解,以分析其动态特性。

4.3.2　椭圆变速曲面轴承瞬态动力学模型

结合滚动体的运动及时变位移分析,滚动体与变速曲面过渡区碰撞后会迅速与轴承内圈再次接触,该附加激励引起的碰撞速度存在与公转方向不平行的速度分量,会使滚动体与内圈之间存在冲击作用,引起内圈在径向平面内的振动。为了准确分析附加激励对变速曲面轴承瞬态动力学的影响,需对滚动体滚出变速曲面与内圈接触这一过程的冲击力模型进行研究。

由前述研究可知,在滚动体经过变速曲面全过程中,滚动体与变速曲面接触产生的作用力分为考虑变速曲面几何参数的时变赫兹接触力[由式(4.31)确定],以及滚动体与变速曲面边缘附加激励引起的碰撞动态冲击力[由式(4.40)确定]两部分。因此,考虑以上作用力的单个滚动体 6 自由度动力学模型为

$$
\begin{cases}
\ddot{x}_{bj}m_b = T_{brox}^a + T_{brix}^a + F_{bqx}^a + F_{\tau x}\cos\theta_{2x} + F_{nz}\sin\theta_{2x} \\[2mm]
\ddot{r}_{bj}m_b = F_{noz}^a + F_{niz}^a + F_{bqi+1z}^a + F_{bqi-1z}^a + m_b r_{bj}\dot{\theta}_{bj} + F_{\tau x}\sin\theta_{2x} + F_{nz}\cos\theta_{2x} \\[2mm]
m_b r_{bj}\ddot{\theta}_c = -T_{broy}^a - T_{briy}^a - F_{bqi+1y}^a - F_d + F_{bqi-1y}^a + F_{\tau y} - 2m_b\dot{r}_{bj}\dot{\theta}_{bj} \\[2mm]
I_b\dot{\omega}_{xbj} = M_{brxi}^a + M_{brxo}^a + M_{bqx}^a - M_{ex}^a \\[2mm]
I_b\dot{\omega}_{ybj} = M_{bryi}^a + M_{bryo}^a + M_{bqy}^a - M_{ey}^a + I_b\omega_{zbj}\dot{\theta}_{bj} \\[2mm]
I_b\dot{\omega}_{zbj} = M_{brzi}^a + M_{brzo}^a - M_{ez}^a - I_b\omega_{ybj}\dot{\theta}_{bj} + M_{bqy}^a
\end{cases}
$$

$$(4.60)$$

式中,$\theta_{2x} = \arcsin\left\{\sin\theta_2\sqrt{1 - \dfrac{2[0.5\sin\theta_1 - \sin(R_2\theta/R_i)]^2}{\sin^2\theta_1}}\right\}$。

由式(4.60)可确定在考虑附加激励滚动体的动态特性,滚动体与轴承内圈在未发生碰撞之前(t_1 时刻)存在原始间隙 δ_{rb},在滚动体接触点 o_{cb} 和内圈接触点 o_{ci} 处分别建立滚动体碰撞点直角坐标系(x_{cb}, y_{cb})和内圈碰撞点直角坐标系(x_{ci}, y_{ci}),由于滚动体与轴承内圈接触碰撞为瞬时发生,因此忽略了碰撞发生前后碰撞点随内圈及滚动体自转引起的位置偏移,经过时间 Δt 后,滚动体与内圈之间的间隙变为 0,发生碰撞,则有轴承内圈及滚动体碰撞前后运动状态关系为

$$
\begin{cases}
M_1\dot{\delta}_{ir1} + M_2\dot{\delta}_{r1} = M_1\dot{\delta}_{ir2} + M_2\dot{\delta}_{r2} \\[2mm]
M_1\dot{\delta}_{ic1+} + M_2\dot{\delta}_{c1} = M_1\dot{\delta}_{ic2} + M_2\dot{\delta}_{c2} \\[2mm]
\dot{\delta}_{ir2} - \dot{\delta}_{r2} = -e_r(\dot{\delta}_{ir1} - \dot{\delta}_{r1}) \\[2mm]
\dot{\delta}_{ic2} - \dot{\delta}_{c2} = -e_c(\dot{\delta}_{ic1} - \dot{\delta}_{c1}) \\[2mm]
\delta_{ir} - \delta_r - H(\theta_1, \theta_2) = 0
\end{cases}
$$

$$(4.61)$$

式中,e_r 和 e_c 分别为径向及切向恢复系数,结合滚动体及轴承套圈材料属性。

由于滚动体存在公转及自转运动,与内圈接触瞬间滚动体与内圈切向力作用方向与相对运动速度相关,在径向方向及切向方向利用动量定理,并结合角动量定理有

$$
\begin{cases}
\displaystyle\int_0^t F_r(t)\,\mathrm{d}t = M_2v_1\cos\theta - M_2\dot{\delta}_{r2} = M_1\dot{\delta}_{ir1} - M_1\dot{\delta}_{ir2} \\[3mm]
\displaystyle\int_0^t F_\tau(t)\,\mathrm{d}t = M_1\dot{\delta}_{ic1} - M_1\dot{\delta}_{ic2} = M_2v_1\sin\theta - M_2\dot{\delta}_{c2} \\[3mm]
\displaystyle\int_0^t R_w F_\tau(t)\,\mathrm{d}t = I_b\omega_b' \\[3mm]
\displaystyle\int_0^t R_i F_\tau(t)\,\mathrm{d}t = I_i\omega'
\end{cases}
$$

$$(4.62)$$

式中,v_1 为在 t_1 时刻滚动体的速度。

通过动力学模型式(4.38)可以确定,当滚动体滚出变速曲面发生碰撞后,沿圆周方向及径向方向的线速度分别为

$$\begin{cases} v_{cl} = \omega_{cl} R_m = \dot{\theta}_{cl} R_m \\ v_1 = v_{cl}^2 + v_{rl}^2 + 2 v_{cl} v_{rl} \cos \theta_1 \end{cases} \tag{4.63}$$

根据 Sadok 等的研究成果,结合式(4.43)和式(4.44)确定滚动体与内圈冲击力模型为

$$\begin{cases} F_r(t) = M_1 M_2 \left(\dfrac{1 + e_r}{M_2 + M_1} \right) v_1 \cos \psi \\ F_\tau(t) = \mu F_r(t) = \mu M_1 M_2 \left(\dfrac{1 + e_r}{M_2 + M_1} \right) v_1 \cos \psi \end{cases} \tag{4.64}$$

式中,μ 为滚动体与内圈在冲击过程中的摩擦系数,与恢复系数、滚动体及滚道接触变形有关,其正负通过碰撞过程接触点的速度确定。

针对轴承系统动态特性的分析时,需将滚动体与变速曲面碰撞冲击引入轴承动力学模型中,因此综合考虑滚动体滚出变速曲面时与内圈突然接触存在冲击力,结合滚动体与滚道之间时变接触刚度及时变位移引起的非线性接触力,且滚动体与内圈相对滑动的情况下,建立附加激励的具有冲击碰撞的变速曲面轴承系统动力学模型为

$$\begin{cases} M_1 \ddot{\delta}_{ir} + C_1 \dot{\delta}_{ir} - C_1 \dot{\delta}_r + K_i \delta_{ir} - K_i \delta_r + F_r(t) \cos \varphi_{dj} + F_\tau(t) \sin \varphi_{dj} + F_z = F_r \\ M_1 \ddot{\delta}_{ic} + C_1 \dot{\delta}_{ic} + K_i \delta_{ic} + F_y + F_\tau(t) \cos \varphi_{dj} + F_r(t) \sin \varphi_{dj} = Q_y \\ M_2 \ddot{\delta}_r - C_1 \dot{\delta}_{ir} + (C_1 + C_2) \dot{\delta}_r - K_i \delta_{ir} + (K_i + K_r) \delta_r = F_{nz}(t) \\ M_2 \ddot{\delta}_c + C_3 \dot{\delta}_c + K_3 \delta_c = F_{\tau y}(t) \end{cases} \tag{4.65}$$

该动力学模型真实地反映了由变速曲面引起的轴承运转稳定性瞬时变化情况,对该模型进行求解以分析不同结构及工况条件对局部椭圆变速曲面无保持架球轴承动态特性的影响。

4.4　　自动离散轴承的动态模拟

4.4.1　　瞬态接触步长算法

滚动体与变速曲面碰撞会导致轴承运动呈不连续特性,常规数值模拟方法不再适用。结合变速曲面几何结构特点,引起滚动体经过变速曲面过程中时变接触刚度和时变位移耦合作用,考虑了滚动体与变速曲面接触冲击特性,采用带有间隙及冲击碰撞特性的非光滑动力学模型的积分算法,结合龙格库塔及 Adams 变步长积分法对滚动体与滚道之间的接触、分离进行判断,实现对轴承系统碰撞前、碰撞过程及碰撞后各阶段动力学状态数值求解。所采用的方法针对碰撞过程细化求解步长,考虑不存在冲击接触时,采用较大步长计算,提高解算效率的同时可保证瞬时碰撞响应特性解算精度。自动离散轴承动力

学模型求解流程图如图 4.12 所示。

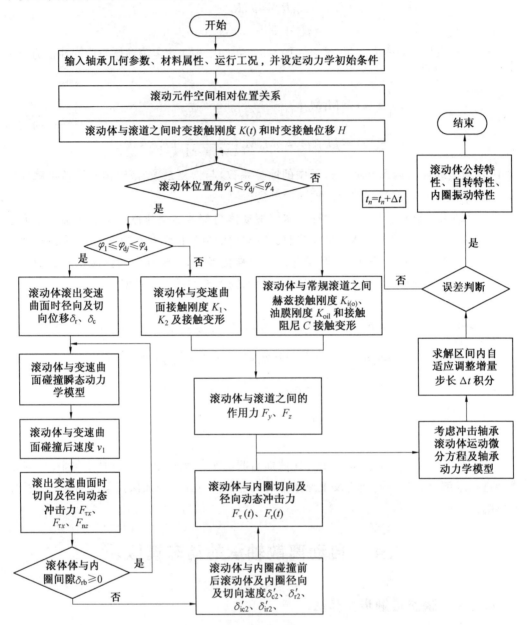

图 4.12　自动离散轴承动力学模型求解流程图

　　轴承系统的变刚度及内部冲击会使轴承出现非线性特征,进而产生非周期性的混沌运动特性。因此,针对该特征主要采用轴心轨迹图、相平面图、庞加莱映射等方法来判断轴承系统稳态响应的周期或混沌运动状态,并以振动频谱为指标参量进行分析,得到不同几何尺寸及不同工况下轴承动态特性的影响。本书在解算及后续振动特性分析过程中忽略了润滑产生的热量影响及轴承各零部件之间的磨损,并假设润滑剂性能未改变。自动离散轴承参数及动力学初值见表 4.1。

表 4.1　自动离散轴承参数及动力学初值

轴承参数	数值
球数目 Z	14
球直径 D_w/mm	9.525
内沟道曲率半径 r_i/mm	4.905
外沟道曲率半径 r_o/mm	4.953
内圈沟底直径 d_i/mm	36.48
外圈沟底直径 d_o/mm	55.53
变速曲面环向跨度角度 θ_1/(°)	$20 \sim 24$
变速曲面轴向跨度角度 θ_2/(°)	$41.4 \sim 45.1$
滚动体泊松比 ν_1	0.26
滚道泊松比 ν_2	0.3
滚动体弹性模量 E/MPa	284 000
滚道弹性模量 E/MPa	208 000
陶瓷密度 ρ/(kg·mm^{-3})	3.18×10^{-6}
轴承钢密度 ρ/(kg·mm^{-3})	7.78×10^{-6}
径向载荷 F_r/N	500/1 000/2 000
内圈转速 n/(r·min^{-1})	1 800/3 000/6 000
Y 方向初始速度 x'/(m·s^{-1})	0
Z 方向初始速度 z'/(m·s^{-1})	0
Y 方向初始位移 x/(m·s^{-1})	0
Z 方向初始位移 z/(m·s^{-1})	-6×10^{-6}

4.4.2　双曲面自动离散轴承动态性能

针对变速曲面结构设计参数表 3.2 中方案 1 为例,对双曲面自动离散轴承滚动体的运动状态进行分析,根据给定的初始值,在 Matlab 中求解得到滚动体 j 的公转速度及自转角速度,如图 4.13 所示。

由图 4.13 可知,在滚动体公转运动的一个周期内,滚动体的公转速度和自转角速度分为 4 个阶段。$a-b$ 段为滚动体在变速曲面区域内运动。当滚动体在这个阶段运动时,滚动体的公转速度变化规律为先减小再增加,自转角速度的变化规律为先增加再减小,这是由于滚动体与变速曲面的有效接触半径会先减小再增加,并且滚动体与内圈不脱离接触,因此滚动体在内外圈载荷的作用下,其运动就会随着有效接触半径变化。$b-c$ 段和 $d-e$ 段为滚动体在承载区运动。滚动体在该阶段运动时,会在内外圈载荷作用下,几乎不发生打滑运动,其公转速度和自转速度近似为定值。$c-d$ 段为滚动体在非承载区运

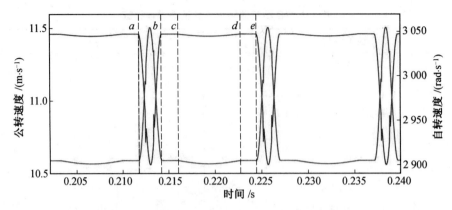

图 4.13　　方案 1:单个滚动体公转速度及自转角速度

动。此阶段滚动体在重力的作用下,其公转速度和自转角速度也是先减小再增加,但其变化的幅值很小。以上结果与理论分析一致。公转速度的变化决定了滚动体之间角间距的变化,根据数值模拟求解结果,对相邻滚动体的角之间距变化进行分析。图 4.14 所示为方案 1 中滚动体 j 与滚动体 $j+1$ 角间距的变化。

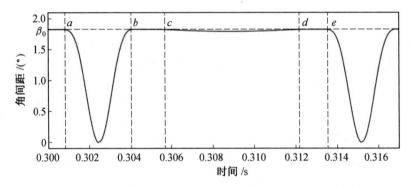

图 4.14　　方案 1 中滚动体 j 与滚动体 $j+1$ 角间距的变化

由图 4.14 可知,4 个阶段与图 4.13 相对应,由滚动体之间的角间距变化可知,滚动体 j 与滚动体 $j+1$ 的角间距在 $a-b$ 阶段由于变速曲面的作用,变化规律为先减小至 $0°$ 再逐渐增加;在 $b-c$ 和 $d-e$ 阶段,由于滚动体 j 与滚动体 $j+1$ 在承载区内运动,其公转速度均不会发生明显变化,因此滚动体 j 和滚动体 $j+1$ 的角间距为定值;在 $c-d$ 阶段,由于滚动体的公转速度会在重力的作用下发生变化,因此滚动体 j 与滚动体 $j+1$ 的角间距略微减小,且可以忽略不计。由于在变速曲面内的滚动体由于角间距变化幅值大,滚动体处于非均匀分布的状态,而在变速曲面以外的区域,滚动体之间角间距变化的幅值很小,且近似等于 β_0,可以看作均匀分布,因此对滚动体在变速曲面内的运动做进一步分析。如图 4.15 为方案 1 中相邻 3 个滚动体经过变速曲面时的公转速度及角间距。

由图 4.15(a) 可知,t_1 时刻滚动体 $j+1$ 进入变速曲面,接着公转速度便开始下降,对照图 4.15(b) 可知,t_1 时刻滚动体 j 与滚动体 $j+1$ 的角间距为 β_0,在 t_1 之后滚动体 j 与滚动体 $j+1$ 的角间距逐渐减小,两滚动体逐渐靠近;在 t_2 时刻,滚动体 j 进入到变速曲面内,其公转速度便开始下降,直到 t_3 时刻,滚动体 j 追赶上了滚动体 $j+1$,两个滚动体的角间

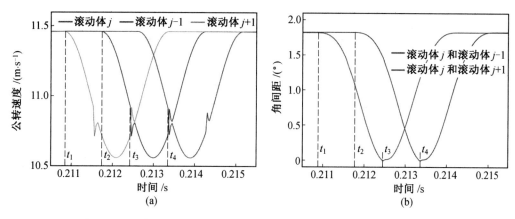

图 4.15　方案 1 中相邻 3 个滚动体经过变速曲面时的公转速度及角间距

距减小到 0°，碰撞力导致滚动体 j 的公转速度快速下降一定的幅值，使滚动体 $j+1$ 的公转速度快速增加一定幅值，但这两滚动体在内外圈的摩擦力作用下，公转速度会接着快速变化到理论值，而此时滚动体 j 处于减速阶段，滚动体 $j+1$ 处于加速阶段，因此在 t_3 时刻发生碰撞之后，两滚动体会快速分离，当两滚动均离开变速曲面时，它们的角间距又恢复到 β_0；由于在同一变速曲面结构设计参数下，任意滚动体的运动规律基本一致，因此可以推导出在 t_4 时刻，滚动体 j 与滚动体 $j-1$ 发生碰撞时滚动体运动状态的变化和滚动体 $j+1$ 与滚动体 j 发生碰撞时的运动状态变化一致，这意味着滚动体 j 在变速曲面内分别与它前面的滚动体和后面的滚动体发生了碰撞。结合对图 4.13～4.15 的分析可知，方案 1 中的变速曲面尽管能够实现滚动体的自动离散，但由于具有较大的环向跨度角，使 3 个滚动体在一段时间内在变速曲面内产生变速并发生碰撞。图 4.16 给出了方案 2 至方案 4 中相邻 3 个滚动体经过变速曲面时的公转速度变化。

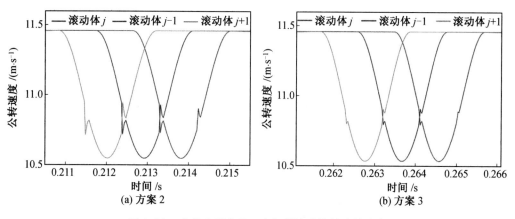

图 4.16　方案 2 至方案 4 中相邻滚动体的公转速度

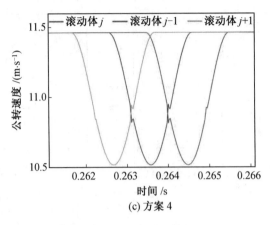

(c) 方案 4

续图 4.16

由图 4.16 可知,这 3 组方案中滚动体公转速度结果与方案 1 类似,均在变速曲面内发生了突变,根据对方案 1 的结果分析可知,这 3 组滚动体均会在变速曲面内发生碰撞,这对轴承的稳定运转是不利的,因此可以得出结论,当变速曲面的结构参数环向跨度角不满约束条件时,一段时间内可以有 3 个滚动体在变速曲面内,使得滚动体在变速曲面内发生碰撞。图 4.17 为方案 5 中滚动体经过变速曲面时的公转速度和角间距。

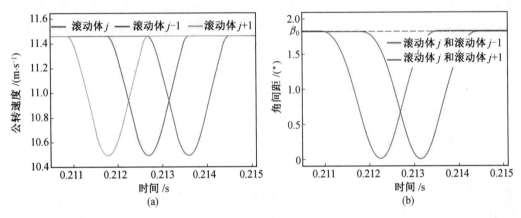

图 4.17　方案 5 中滚动体经过变速曲面时的公转速度和角间距

由图 4.17 可知,滚动体滚过变速曲面时的公转速度变化平滑,说明滚动体没有发生碰撞;相邻滚动体之间的角间距同样变化平滑,并且在变速曲面外稳定值为 β_0。结合滚动体的公转速度变化和角间距变化的分析可知,方案 5 中的变速曲面结构既可以保证滚动体的离散角间距大小要求,也能避免滚动体在发生碰撞,因此方案 5 中所选取的变速曲面结构参数较为合理。而表 3.2 中随着 θ 的继续减小,滚动体与变速曲面的有效接触半径就越小,因此滚动体经过变速曲面所需要的时间就越短,且滚动体在变速曲面内的公转速度最小值就会越小,这意味着滚动体需要在更短的时间里更快地降低速度。另外几种方案中滚动体过变速曲面的公转速度如图 4.18 所示。

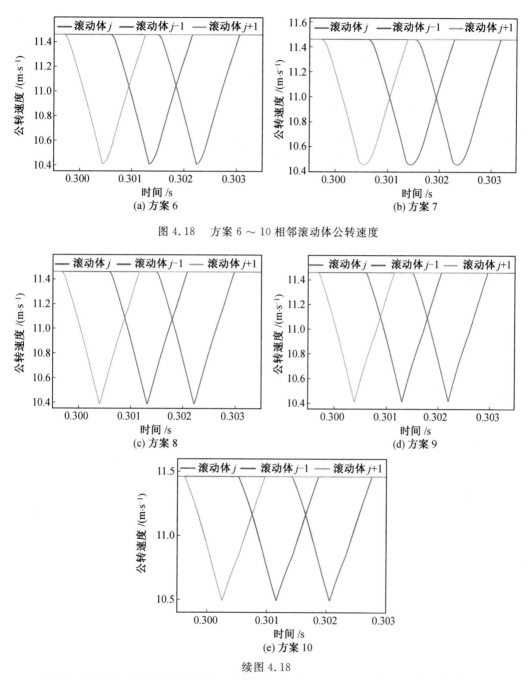

图 4.18   方案 6 ~ 10 相邻滚动体公转速度

续图 4.18

由图 4.18 可知,当变速曲面结构参数环向跨度角小于 22.5° 时,尽管滚动体在变速曲面内没有因为碰撞导致速度突变,但滚动体过变速曲面时的公转速度出现了锯齿形的急剧变化,并且滚动体在进入和离开变速曲面时公转速度同样不是平滑过渡,对轴承稳定性有影响。

针对 10 组方案滚动体经过变速曲面时公转速度变化对比分析可知,依据约束条件选取的变速曲面结构均能使滚动体产生变速,且能使相邻滚动体在变速曲面区域外的角间距等于均匀分布的角间距,与理论分析基本一致,因此验证了所设计的变速曲面结构的合理性。但从滚动体运动结果来看,并不是所有符合约束条件的变速曲面结构都能保证滚动体运动的稳定性,因此还需进一步确定变速曲面合理的结构设计参数。根据数值求解结果,给出了10组方案中变速曲面的离散角间距数值模拟值 β、滚动体通过变速曲面所需的时间 t_d、滚动体过变速曲面时的公转速度最小值 V_{min} 以及公转速度数值模拟的最小值 V_{ns},见表4.2。

表 4.2　10 种方案的数值求解结果

方案	$\beta/(°)$	t_d/s	$V_{min}/(m \cdot s^{-1})$	$V_{ns}(m \cdot s^{-1})$
1	1.820 9	0.002 540	10.560	10.559
2	1.822 6	0.002 360	10.550	10.55
3	1.827 6	0.002 174	10.537	10.536
4	1.826 5	0.002 010	10.518	10.518
5	1.820 2	0.001 840	10.493	10.492
6	1.799 9	0.001 650	10.458	10.457
7	1.698 5	0.001 560	10.407	10.406
8	1.621 1	0.001 500	10.329	10.386
9	1.567 2	0.001 450	10.205	10.413
10	1.421 5	0.001 360	9.998	10.492

为了更加明确地对表4.2中的数据进行分析,图4.19所示给出了可视化数据曲线。

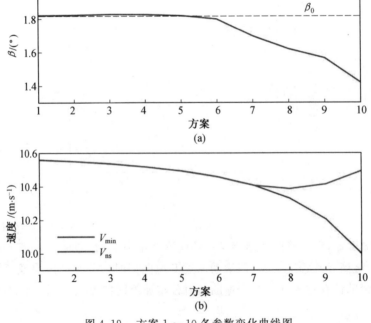

图 4.19　方案 1 ~ 10 各参数变化曲线图

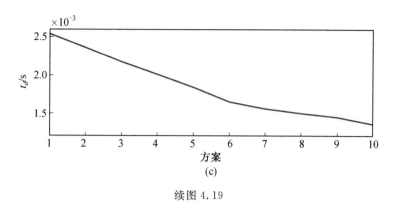

续图 4.19

由图 4.19 可知,方案 1 至方案 6 对滚动体的离散角间距 β 与 β_0 几乎没有偏差,但方案 7 至方案 10 会随着 θ 的减小而偏差越来越大;方案 1 至方案 7 的 V_{min} 和 V_{ns} 基本重合,但方案 8 至方案 10 的 V_{min} 和 V_{ns} 偏差越来越大,且 V_{ns} 出现了增加的趋势;t_d 随着 θ 的减小而减小,但在方案 7 之后 t_d 减小的幅度变小。因此根据图 4.19 所示的数据曲线趋势可知,方案 7 至方案 10 中的变速曲面结构无法保证滚动体正常变速,以至于滚动体的离散角间距无法满足要求,主要是因为变滚动体是在纯滚动条件下得到的。当变速曲面的 θ 取值越小时,r_B 就越小,因此滚动体在变速曲面内需要用更短的时间变化更多的速度,使得变速曲面需要对滚动体产生的作用力能够让滚动体具有一定的加速度,使滚动体在变速曲面内完成减速和加速运动。由于方案 7 至方案 10 中的变速曲面无法保证滚动体的运动为纯滚动,而滚动体在变速曲面内发生打滑运动,将会导致滚动体产生的离散角间距无法满足要求,且会发生滚动体在变速曲面内的公转速度来不及降到最小值,直接运动到变速曲面的加速阶段,滚动体的公转速度因此产生突变,使 V_{ns} 与 V_{min} 存在较大的差值,因此根据上述分析方案 7 至方案 10 参数不合理,并且考虑到 θ 应满足约束条件,方案 5 和方案 6 的变速曲面结构设计参数最为合理,因此 θ 的合理取值范围应为 $[22.5°, 25°]$。

4.4.3　双曲面自动离散轴承滚动体运动相图

前述已经确定了变速曲面结构设计参数的合理取值范围,但不同结构的变速曲面对滚动体整体运动的影响不同,因此通过滚动体质心运动相图表达滚动体在常规外滚道的运动进行分析。图 4.20 所示为方案 1 至方案 10 滚动体 j 在 X 方向的位移－速度相图。滚动体 j 的相空间轨迹在 X 速度为正的区域有不同程度的变化,而在其他区域都是稳定和光滑的。这是因为变速曲面设置在轴承的承载区[即图 2.1(a) 所示的轴承下部],滚动体 j 的公转方向为逆时针,因此滚动体 j 通过变速曲面时,在 X 轴方向的公转线速度分量为正方向,而滚动体在变速曲面的作用下,公转速度发生变化。

图 4.20(a) 至图 4.20(d) 所示的相轨线存在两个尖峰,这正是由于滚动体在变速曲面内被碰撞的两次造成的;图 4.20(e) 和图 4.20(f) 所示的相轨线在上部较为平滑,说明滚动体在经过变速曲面时的速度变化平滑;图 4.20(g) 至图 4.20(j) 中所示的相轨线显示滚动体经过变速曲面时的速度存在明显的突变。但从整体上看,图 4.20 所显示的方案 1 至方案 10 中滚动体的相轨迹在其他区域处均为光滑的,这说明对于变速曲面的无保持架球

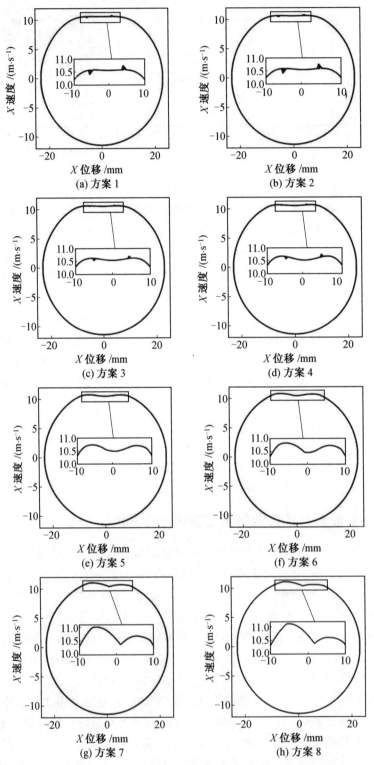

图 4.20　方案 1 至方案 10 相图滚动体 j 在 X 方向的位移－速度

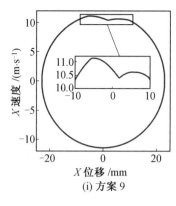
(i) 方案 9

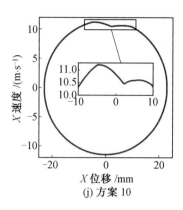
(j) 方案 10

续图 4.20

轴承,滚动体在常规外滚道没有发生碰撞。通过对无保持架球轴承滚动体碰撞进行研究,得出滚动体在承载区与非承载区之间的过渡区碰撞较为严重,而自动离散轴承不存在碰撞,局部变速曲面在解决无保持架球轴承滚动体碰撞问题上具有明显的优势。

4.4.4　椭圆自动离散轴承滚动体打滑

根据前述理论研究,结合接触应力选取轴承转速 6 000 r/min,径向载荷为 1 000 N 工况条件,对滚动体打滑、滚动体离散间隙、滚动体之间接触力、滚动体与滚道接触力及内圈振动进行求解分析,变速曲面轴承 3 种型号的结构参数见表 4.3。

表 4.3　变速曲面轴承 3 种型号的结构参数

型号	结构参数
A	$[24°,41.4°]$
B	$[22°,43.2°]$
C	$[20°,45.1°]$

1. 滚动体打滑运动规律分析

数值解算 3 种变速曲面轴承运动变速规律,并选取运转稳定状态下其中相邻 3 个滚动体的运动及受力状态并对其进行分析,得到相邻滚动体公转速度和滚动体接触力,如图 4.21 所示。

由图 4.21 可知,3 种型号的变速曲面均可实现滚动体变速,从滚动体变速角度来看,A 轴承相邻滚动体之间的速度差最大,符合变速理论中速度差越大离散效果越好。以滚动体 8 为例分析,滚动体进入承载区公转速度维持稳定,当进入变速曲面时,滚动体有效回转半径先减小再增大,导致公转先减速再加速,在椭圆中心处速度最小。进入非承载区内,滚动体由于与轴承内圈摩擦力减小而出现打滑现象,导致滚动体的速度低于稳定值。根据前述所设计的结构中仅有 1 个滚动体位于变速曲面内,因此滚动体 7 进入变速曲面发生变速时,滚动体 6 和滚动体 8 均处于常规滚道内,且速度均大于滚动体 7。

由图 4.21 还可以看到,变速曲面之外在非承载区内滚动体 5、6 发生碰撞,使滚动体 6 速度突然增大,滚动体出现明显打滑现象,瞬间接触点处滚动体速度大于内圈速度,使内

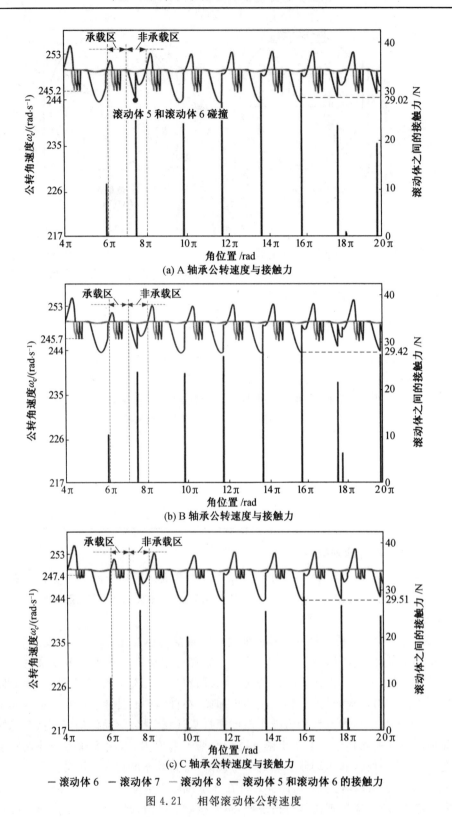

(a) A 轴承公转速度与接触力

(b) B 轴承公转速度与接触力

(c) C 轴承公转速度与接触力

— 滚动体 6　— 滚动体 7　— 滚动体 8　— 滚动体 5 和滚动体 6 的接触力

图 4.21　相邻滚动体公转速度

圈摩擦力由驱动力转变为阻力,滚动体再次出现小幅度减速后再加速进入承载区,滚动体之间的碰撞均发生在非承载区或承载区与非承载区的过渡区内,3 种轴承中滚动体之间碰撞力数值大小相对一致,且碰撞次数也相等,表明变速曲面尺寸对于滚动体之间的碰撞力影响较小。因此,变速曲面轴承滚动体之间的相互碰撞力比传统轴承碰撞力小且发生频率低,说明变速曲面的设计从滚动体运动角度未带来不良影响。

2. 滚动体离散间隙分析

根据变速离散原理可知,相邻滚动体之间产生速度差会实现间隙,分别确定 A、B、C 3 种轴承滚动体 6、7、8 之间的离散间隙,如图 4.22 所示。

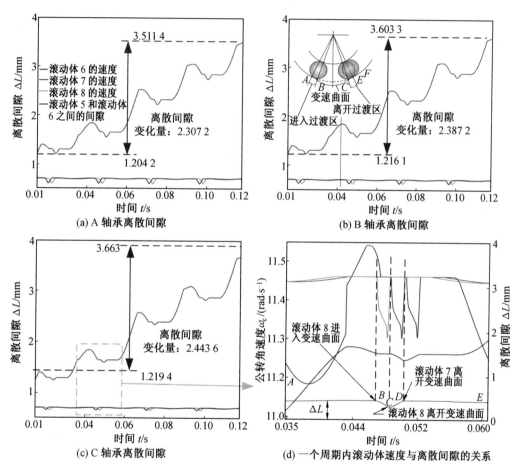

图 4.22　相邻滚动体之间的离散间隙与公转速度

由图 4.22 可知,在相同周期内滚动体之间均匀离散时,A、B、C 3 个轴承离散间隙数值近似相等,结合表 4.1 及滚动体之间的离散间隙模型,当滚动体均匀离散时,离散间隙 $\Delta L = 0.71$ mm,当相邻滚动体之间不发生接触碰撞时,在常规滚道内间隙维持稳定,与理论值近似相等。在一个公转周期内,如图 4.22(d) 所示,相邻两滚动体相继进出变速曲面,已经进入的滚动体 8 先减速,与相邻滚动体之间隙逐渐减小(BC 段);当该滚动体出变速曲面时,在内圈带动下速度增加,其值大于后进入变速曲面滚动体速度,因此已出变速曲面与还在内的相邻滚动体离散间隙开始增加（CD 段），直至两滚动体运动到与内外圈同时接触达到稳定离散状态（DE 段）。滚动体滚出变速曲面与后一个产生分离，达到了滚动体之间离散的效果。

在相同周期内，当滚动体之间存在碰撞，A 轴承中碰撞滚动体之间隙变化范围较小，滚动体在运动过程中状态改变较慢，相同时间内发生二次碰撞的频率较低，表明 A 轴承更利于滚动体的分散。综合滚动体运动特性的分析可以得出较大的环向跨度角及较小的轴向跨度角（轴承 A），能够较好地实现滚动体变速和均匀离散。

3. 滚动体与滚道间接触力分析

求解 A、B、C 3 个轴承滚动体与套圈的接触力，轴承转速 6 000 r/min 及径向载荷 $F_r = 1\,000$ N 工况条件，接触力变化曲线如图 4.23 所示。

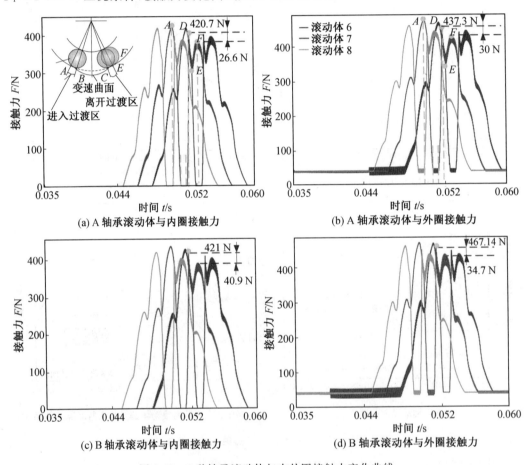

图 4.23 3 种轴承滚动体与内外圈接触力变化曲线

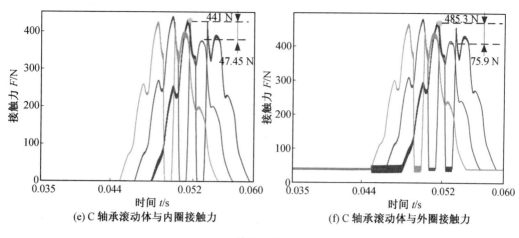

(e) C 轴承滚动体与内圈接触力　　　　　　(f) C 轴承滚动体与外圈接触力

续图 4.23

由图 4.23(a)和图 4.23(b)可知,在相同时刻滚动体与轴承内外圈接触力改变发生,滚动体开始进入变速曲面过渡区 AB 段,逐渐与内圈脱离不承受径向载荷,接触力逐渐减小,当完全进入变速曲面内 BC 段,与内圈接触力为 0,与外圈仅存在重力及离心力作用;当滚动体运动至滚出过渡区 CF 段,在 C 点处滚动体带有初始速度与内圈接触,引起瞬时冲击力,使得接触载荷瞬间增大至 D 点,CD 段为冲击瞬间。结合图 4.21 可知,由于滚动体速度存在突变性,滚动体发生碰撞后速度迅速减小,冲击变形逐渐恢复使得接触力略有下降直至冲击过程结束(E 点);随着内圈载荷及摩擦力带动下滚动体加速运动,接触力逐渐增加,滚动体完全离开变速曲面(F 点)后;随着空间位置角的改变,接触力逐渐减小,运动至非承载区时在离心力的作用下可脱离内圈,此时不存在接触力。滚动体与内圈接触冲击随着环向跨度角的减小而增大,但均小于滚动体与常规滚道接触(A 点)的载荷。这表明虽然变速曲面引起冲击现象,但对于轴承各零件影响不大。

4. 轴承内圈振动分析

轴承内圈中心运动轨迹如图 4.24 所示。

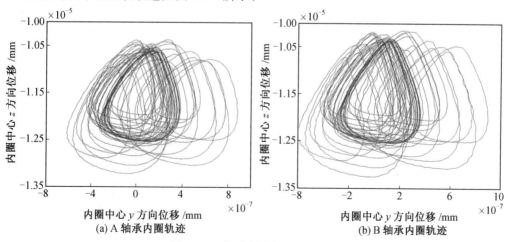

(a) A 轴承内圈轨迹　　　　　　　　　　(b) B 轴承内圈轨迹

图 4.24　轴承内圈中心运动轨迹

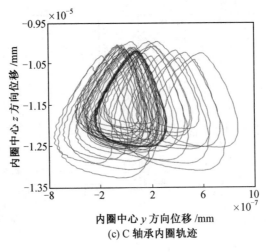

(c) C 轴承内圈轨迹

续图 4.24

　　轴承内圈运动轨迹类似三角形,并且在一定区域内轨迹重复,表明轴承内圈运动存在类周期振荡,随着环向跨度角的增大,内圈轨迹变化范围逐渐减小,但内圈轨迹线由光滑变为连续弯折的曲线,这表明内圈在运动过程中存在速度改变,环向跨度角越小,内圈运动变速越明显,因此结合内圈运动振动加速度时域及频域分析,如图 4.25 所示。随着环向跨度角的减小,轴承内圈振动加速度时域幅值变化逐渐增大,且呈非周期趋势变化,频谱图中可观察轴承转频、滚动体公转频率及其倍频。滚动体公转频率与自转频率附近存在振动峰值。

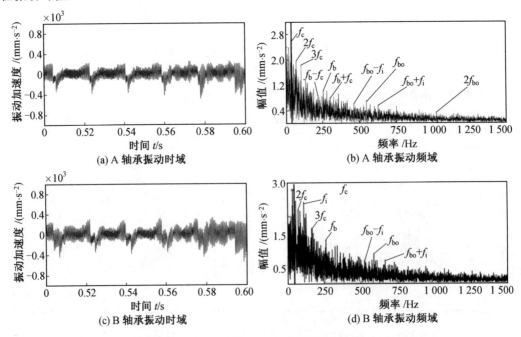

图 4.25　三种轴承振动时域及频域分析

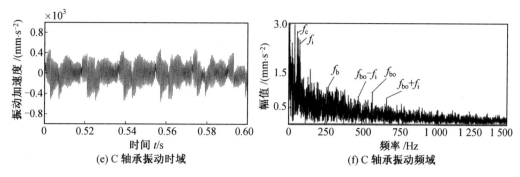

(e) C 轴承振动时域　　　　　　　　　　　(f) C 轴承振动频域

续图 4.25

随着轴承环向跨度角的减小，滚动体经过变速曲面的主频及边频幅值略有增大，表明冲击逐渐增大。但是滚动体与变速曲面产生瞬时冲击作用，不是引起轴承内圈振动的主要影响因素。根据频谱可知，滚动体公转及其倍频会引起轴承振动幅值改变，在理想状态下滚动体在变速曲面作用下能均匀离散分布，结合滚动体个数及轴承结构可知，无论滚动体是否进入变速曲面，承载滚动体数量始终为 6 个，有效避免因承载滚动体奇偶变化而产生的跨步跳动，但当其存在分布不均时，由于在变速曲面内滚动体脱离内圈，会因承载滚动体个数改变导致轴承刚度变化，进而产生轴承振动，出现公转自转频率附近的峰值。

综合以上针对滚动体相对速度差、相邻滚动体之间的接触力、离散间隙变化量、与滚道接触力及轴承稳定性 5 个方面，分别对 3 种型号变速曲面轴承特性进行对比，见表 4.4。

表 4.4　3 种型号变速曲面轴承特性对比

型号	滚动体相对速度差 /%	离散间隙变化量 /mm	滚动体之间的接触力 /N	滚动体与内圈接触力 /N	滚动体与外圈接触力 /N	内圈振动幅值 /(mm·s⁻²)
A	1.403	2.307 2	29.02	420.7	437.3	2.76
B	1.167	2.387 2	29.42	421	467.1	2.89
C	0.483	2.443 6	29.51	441	485.3	2.99

综合相邻滚动体速度差大，滚动体离散间隙变化量小，接触力及内圈振动幅值小，选择轴承 A 作为后续变工况研究对象，进一步分析轴承的动态性能。

4.4.5　椭圆自动离散轴承动态特性

1. 离散性能分析

针对轴承 A 作为研究对象，在服役过程中不同工况对轴承动态特性具有重要影响。以转速为 3 000 r/min，径向载荷分别为 500 N、1 000 N、2 000 N 工况，以及径向载荷为 1 000 N，转速分别为 1 800 r/min、3 000 r/min、6 000 r/min 工况，滚动体离散运动及相邻滚动体之间接触力分析如图 4.26 所示。

由图 4.26 可知，随着径向载荷增大，滚动体变速效果明显，相邻滚动体之间的碰撞力数值逐渐减小；随着转速的增大，滚动体变速效果明显，相邻滚动体之间碰撞力数值逐渐

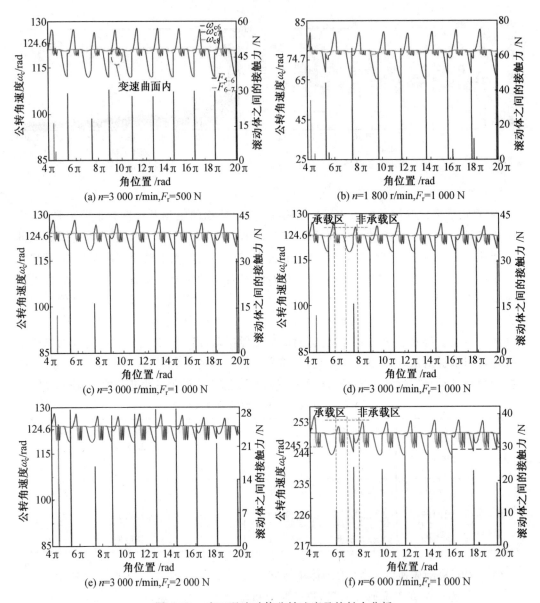

图 4.26　变工况滚动体公转速度及接触力分析

减小,且碰撞次数也逐渐减少。由于增大载荷和提高转速均会使滚动体与外滚道之间增大接触力,滚动体相对于外滚道之间摩擦力增大,在变速曲面处不易发生打滑,相邻滚动体之间接触力和接触次数减少,更好地实现了变速离散功能。

2. 滚动体与滚道间附加激励引起接触力

针对 $F_r=1\,000\,\text{N}$ 的变转速工况条件,滚动体与套圈接触力分析如图 4.27 所示。随着转速增加,滚动体在离开变速曲面时与外圈冲击力略有增加,但数值均小于滚动体与常规滚道接触力,转速对内圈接触力影响不明显。主要是因为随着转速增加滚动体离心力增大,滚动体与外圈接触力增大。

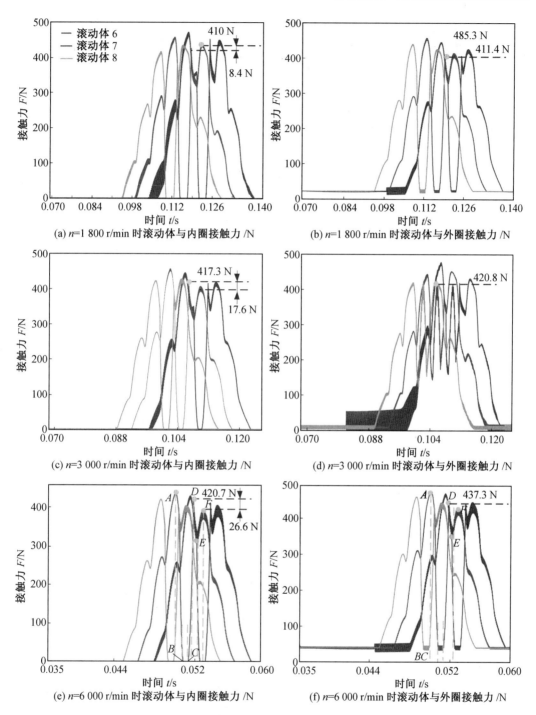

图 4.27　变转速工况滚动体与滚道接触力分析

针对转速为 3 000 r/min 的变径向载荷工况,滚动体与内圈和外圈接触力分析如图 4.28 所示。

由图 4.28 可知,径向载荷作用较小时,滚动体离开变速曲面时产生冲击力相比常规

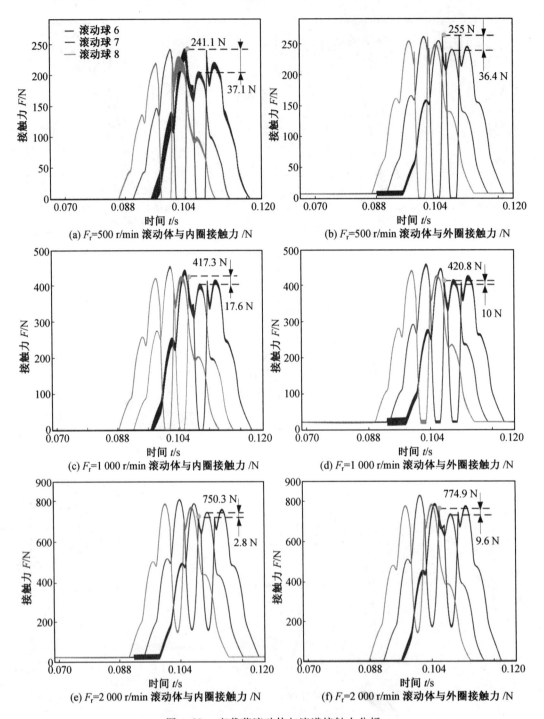

图 4.28　变载荷滚动体与滚道接触力分析

滚道更大;随着载荷增大,冲击力逐渐小于常规接触载荷,表明冲击力产生的轴承不稳定性减小,结合图 4.26(d)和图 4.26(e),此时滚动体运动变速效果明显,根据碰撞系统能量守恒可知,滚动体变速的动能增大,碰撞力引起的势能则减少,进而使得滚动体与滚道接触力减小。

3. 自动离散轴承内圈稳定性分析

（1）变径向载荷工况。

在转速为 3 000 r/min 工况下，对不同载荷轴承内圈稳定性分析如图 4.29 所示。在低载荷作用下，内圈中心轨迹为不封闭多个类三角形轨迹交叠重合形成的紊乱曲线，且曲线不光滑，表明轴承振动不稳定，随着径向载荷的增大，轴承内圈运动轨迹逐渐由具有折点的轨迹变为光滑轨迹线，且形状逐渐趋于圆形，变化范围逐渐增大，表明系统运动过程逐渐光滑稳定。结合内圈 z 方向运动相图为多个类三角形曲线组成的封闭曲线，载荷较低时曲线重合度低，逐渐增大载荷相图形成具有一定宽度的曲线带，表明轴承系统由混沌状态转变为非混沌状态。同时内圈振动加速度逐渐呈周期性变化，这说明此时轴承系统振动随机性减小。较小载荷庞加莱截面图由杂乱无章的无数个散点组成，各点均杂乱分布未形成封闭曲线，表明轴承内圈处于失稳混沌状态，随着载荷增加，散点逐渐形成有数个带状曲线，表明轴承系统具有稳定的趋势。

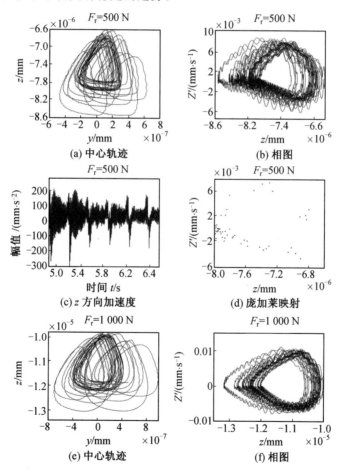

图 4.29　变载荷工况下轴承振动稳定性分析

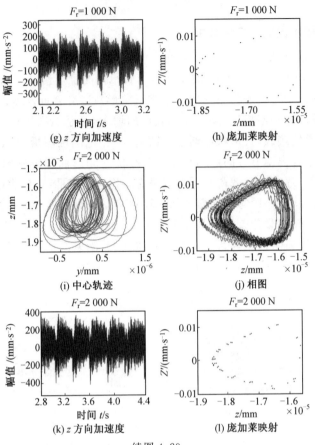

续图 4.29

（2）变转速工况。

在径向载荷为 1 000 N 工况下，对轴承内圈稳定性分析，如图 4.30 所示。随着转速的增大，内圈中心轨迹由不光滑折线形成的三角形轨迹逐渐变为类圆形，内圈移动范围减小，其速度相图均处于具有一定宽度的封闭曲线带，具有较好的周期性。对应不同转速庞加莱截面中逐渐由分布散乱的点变为有数个点形成一条带状曲线，最后成为空间有限个点，表明轴承随着内圈转速的增加，其稳定性增强。对比不同载荷轴承运动特性可知，转速对于稳定性影响更为明显，因此在实际中适当提高转速并增大径向载荷有利于控制轴承的稳定性。

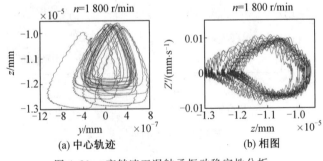

图 4.30　变转速工况轴承振动稳定性分析

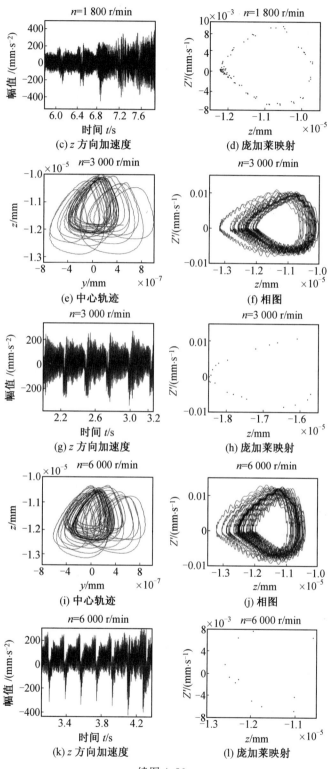

续图 4.30

第5章　无保持架自动离散轴承磨损离散元法表征

无保持架自动离散球轴承能够使滚动体实现自动离散,变速曲面一旦磨损会导致滚动体自动离散失效,滚动体之间产生碰撞摩擦而影响轴承的性能。本章将从离散元法黏结断裂的角度研究变速曲面的磨损,将变速曲面离散成由键连接的颗粒,建立变速曲面颗粒的黏结模型及外力与颗粒内力传递方程,并通过比较黏结力和内力来表征变速曲面的磨损程度。

5.1　自动离散轴承磨损离散元模型

变速曲面设计在无保持架球轴承的外圈上,采用离散元法将变速曲面轴承的外滚道离散成相同大小的球形颗粒,颗粒之间通过黏结键连接形成一个完整的轴承外圈,如图5.1(a)所示。在滚动体与滚道的接触作用下,滚道所受接触力作为外滚道颗粒体系的外力,经过传递形成颗粒体系的内力,当颗粒所受内力达到黏结键的断裂条件时,黏结键断

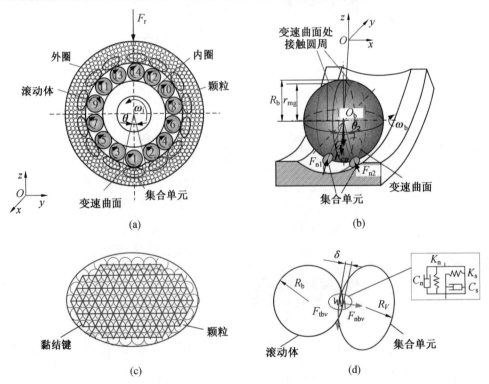

图 5.1　无保持架自动离散球轴承磨损离散元模型示意图

裂且颗粒脱落,外滚道发生磨损。所选用的球形颗粒尺寸以变速曲面深度为依据,同时考虑颗粒尺寸对磨损精度的影响,将变速曲面部分颗粒离散 50 层,确定了颗粒的半径为 0.03 mm,为保证研究的准确性,取整个外滚道颗粒尺寸相同。本书中,外滚道采用离散且呈球形颗粒,符合轴承外滚道的几何特性,且有利于颗粒之间的接触力与外力的对比分析,能够通过研究颗粒之间的接触受力来实现外滚道磨损的分析。

　　由于外滚道颗粒与滚动体尺寸相差较大,为便于研究,将滚动体接触的所有颗粒组成一个集合单元,再进行颗粒之间的内力传递分析,因此,在变速曲面处滚动体与两个集合单元接触,如图 5.1(b)、图 5.1(c) 和图 5.1(d) 所示。在离散元方法中,粒子用软球进行建模,在接触过程中只考虑两个粒子的法向重叠和切向位移。

　　外滚道离散后形成的颗粒数量多且无序排列,同时影响颗粒之间的接触状态和颗粒体系内部力的传递特性,无法保证变速曲面轴承的力学性质。对于轴承外滚道排列方式的选取主要从空间利用率及形状两方面考虑,正确的排列方式是外滚道颗粒数量越多,空间利用率越高,轴承外滚道磨损研究结果精确度越高;从轴承外滚道及变速曲面曲率形状来看,密六方的排列方式中存在六边形和三角形,通过组合容易形成外滚道所需的曲率,因此根据轴承滚道及变速曲面现状,确定了颗粒的排列方式,如图 5.2 所示,轴承挡边颗粒采用简单立方体排列[图 5.2(a)],轴承常规滚道和变速曲面处的颗粒采用密六方排列[图 5.2(b)]。

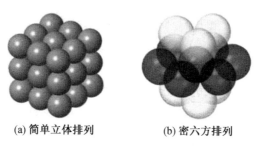

(a) 简单立体排列　　　　　　　(b) 密六方排列

图 5.2　外滚道颗粒排列方式

5.2　自动离散轴承颗粒接触模型

5.2.1　颗粒及密六方排列坐标系的建立

　　首先建立两颗粒坐标系,任取两个颗粒 i 和 j,定义 (x_c, y_c, z_c) 为颗粒坐标,两颗粒连线方向为法向方向,即沿坐标轴 y_c 的方向,与法向方向垂直的方向为切向方向。颗粒坐标系与惯性坐标系如图 5.3 所示。

　　图中,$u_{x,i}$、$u_{y,i}$、$u_{z,i}$ 和 $u_{x,j}$、$u_{y,j}$、$u_{z,j}$ 分别为颗粒 i 和颗粒 j 在惯性坐标系下的位移;u_{cx}、u_{cy}、u_{cz} 为颗粒坐标系下颗粒 i 和颗粒 j 的相对位移。惯性坐标系绕 X 轴转过 φ_1 角得到新的 Y' 轴,再绕得到的 Y' 轴转过 φ_2 角得到新的 Z' 轴,再绕新的 Z' 轴转过 φ_3 角,得到颗粒坐标系。惯性坐标系与颗粒坐标系的坐标转换矩阵为

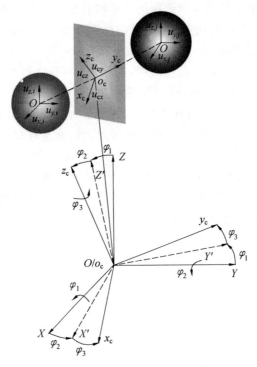

图 5.3　颗粒坐标系和惯性坐标系

$$
\begin{bmatrix} x_c \\ y_c \\ z_c \end{bmatrix} = \begin{bmatrix} l_2 l_3 & l_1 m_3 + m_1 m_2 m_3 & m_1 m_3 - l_1 m_2 l_3 \\ -l_1 m_3 & l_1 l_3 - m_1 m_2 m_3 & m_1 l_3 + l_1 m_2 m_3 \\ m_2 & -m_1 l_2 & l_1 l_2 \end{bmatrix} \begin{bmatrix} x \\ y \\ z \end{bmatrix} \tag{5.1}
$$

式中，$l_1 = \cos \varphi_1$，$l_2 = \cos \varphi_2$，$l_3 = \cos \varphi_3$，$m_1 = \sin \varphi_1$，$m_2 = \sin \varphi_2$，$m_3 = \sin \varphi_3$。

在惯性坐标系下颗粒 i 和颗粒 j 沿着 x 轴、y 轴及 z 轴的相对位移分量分别为

$$
\begin{cases} \Delta u_x = u_{x,j} - u_{x,i} \\ \Delta u_y = u_{y,j} - u_{y,i} \\ \Delta u_z = u_{z,j} - u_{z,i} \end{cases} \tag{5.2}
$$

根据式（5.1）的坐标转换矩阵，将惯性坐标系下的相对位移分量转换到颗粒坐标系下，即

$$
\begin{bmatrix} \Delta u_{cx} \\ \Delta u_{cy} \\ \Delta u_{cz} \end{bmatrix} = \begin{bmatrix} l_2 l_3 & l_1 m_3 + m_1 m_2 m_3 & m_1 m_3 - l_1 m_2 l_3 \\ -l_1 m_3 & l_1 l_3 - m_1 m_2 m_3 & m_1 l_3 + l_1 m_2 m_3 \\ m_2 & -m_1 l_2 & l_1 l_2 \end{bmatrix} \begin{bmatrix} \Delta u_x \\ \Delta u_y \\ \Delta u_z \end{bmatrix} \tag{5.3}
$$

式中，Δu_{cx}、Δu_{cy} 和 Δu_{cz} 分别为颗粒坐标系下颗粒 i 和颗粒 j 在 3 个坐标轴方向的相对位移分量。

在惯性坐标系（图 5.3）下颗粒之间的相对位移分量为

$$
\begin{cases}
u_{x,j} - u_{x,i} = (x_j - x_i)\varepsilon_x + \dfrac{y_j - y_i}{2}\gamma_{xy} + \dfrac{z_j - z_i}{2}\gamma_{xz} \\[2mm]
u_{y,j} - u_{y,i} = (y_j - y_i)\varepsilon_y + \dfrac{x_j - x_i}{2}\gamma_{xy} + \dfrac{z_j - z_i}{2}\gamma_{yz} \\[2mm]
u_{z,j} - u_{z,i} = (z_j - z_i)\varepsilon_z + \dfrac{y_j - y_i}{2}\gamma_{yz} + \dfrac{x_j - x_i}{2}\gamma_{xz}
\end{cases}
\tag{5.4}
$$

式中，x_i、y_i、z_i 为颗粒 i 在惯性坐标系下的坐标；x_j、y_j、z_j 为颗粒 j 在惯性坐标系下的坐标；ε_x、ε_y、ε_z 分别为颗粒 i 和颗粒 j 在惯性坐标系下坐标轴方向的正应变分量；γ_{xy}、γ_{xz}、γ_{yz} 分别为颗粒 i 和颗粒 j 在惯性坐标系下坐标轴方向的切应变分量。结合式(5.1)得到惯性坐标系下颗粒坐标为

$$
\begin{bmatrix} x_j - x_i \\ y_j - y_i \\ z_j - z_i \end{bmatrix}
=
\begin{bmatrix}
l_2 l_3 & l_1 m_3 + m_1 m_2 m_3 & m_1 m_3 - l_1 m_2 l_3 \\
-l_1 m_3 & l_1 l_3 + m_1 m_2 m_3 & m_1 l_3 + l_1 m_2 m_3 \\
m_2 & -m_1 l_2 & l_1 l_2
\end{bmatrix}^{-1}
\begin{bmatrix} 0 \\ l_0 \\ 0 \end{bmatrix}
\tag{5.5}
$$

结合式(5.4)和式(5.5)建立惯性坐标系下颗粒 i 和颗粒 j 的相对位移，即

$$
\begin{cases}
u_{x,j} - u_{x,j} = -2rl_1 m_3 \varepsilon_x + (rl_1 l_3 - rm_1 m_2 m_3)\gamma_{xy} + (rm_1 l_3 + rl_1 m_2 m_3)\gamma_{xz} \\[2mm]
u_{y,j} - u_{y,j} = (2rl_1 l_3 - 2rm_1 m_2 m_3)\varepsilon_y - rl_1 m_3 \gamma_{xy} + (rm_1 l_3 + rl_1 m_2 m_3)\gamma_{yz} \\[2mm]
u_{z,j} - u_{z,i} = (2rm_1 l_3 + 2rl_1 m_2 m_3)\varepsilon_z - rl_1 m_3 \gamma_{xz} + (rl_1 l_3 - rm_1 m_2 m_3)\gamma_{yz}
\end{cases}
\tag{5.6}
$$

根据颗粒坐标系与惯性坐标系之间的关系，建立外滚道颗粒任意一组密六方排列转换坐标系，如图 5.4 所示。图中给出了颗粒 9 的坐标转换，其中惯性坐标系分别绕 X 轴、Y 轴和 Z 轴转过 φ_1 角、φ_2 角和 φ_3 角得到颗粒 9 的颗粒坐标系。

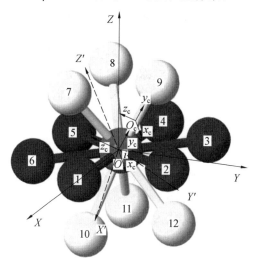

图 5.4　密六方排列坐标转换示意图

根据坐标转换与颗粒 9 类似的方法，可以得到粒 1 至颗粒 12 的坐标转换矩阵夹角以及夹角的三角函数值，见表 5.1。

表 5.1　各颗粒坐标转换矩阵夹角及夹角的三角函数值

颗粒序号	φ_1	φ_2	φ_3	l_1	l_2	l_3	m_1	m_2	m_3
1	0	0	$-\pi/2$	1	1	0	0	0	-1
2	0	0	$-\pi/6$	1	1	$\sqrt{3}/2$	0	0	$-1/2$
3	0	0	$\pi/6$	1	1	$\sqrt{3}/2$	0	0	$1/2$
4	0	0	$\pi/2$	1	1	0	0	0	1
5	0	0	$5\pi/6$	1	1	$-\sqrt{3}/2$	0	0	$1/2$
6	0	0	$-5\pi/6$	1	1	$-\sqrt{3}/2$	0	0	$-1/2$
7	$-2\pi/3$	$-\pi/6$	$2\pi/3$	$-1/2$	$\sqrt{3}/2$	$-1/2$	$-\sqrt{3}/2$	$-1/2$	$\sqrt{3}/2$
8	$-2\pi/3$	$-5\pi/6$	$-2\pi/3$	$-1/2$	$-\sqrt{3}/2$	$-1/2$	$-\sqrt{3}/2$	$-1/2$	$-\sqrt{3}/2$
9	$-\pi/3$	$\pi/2$	$-\pi/6$	$1/2$	0	$\sqrt{3}/2$	$-\sqrt{3}/2$	1	$-1/2$
10	$2\pi/3$	$-\pi/6$	$2\pi/3$	$-1/2$	$\sqrt{3}/2$	$-1/2$	$\sqrt{3}/2$	$-1/2$	$\sqrt{3}/2$
11	$2\pi/3$	$-5\pi/6$	$-2\pi/3$	$-1/2$	$-\sqrt{3}/2$	$-1/2$	$\sqrt{3}/2$	$-1/2$	$-\sqrt{3}/2$
12	$\pi/3$	$\pi/2$	$-\pi/6$	$1/2$	0	$\sqrt{3}/2$	$\sqrt{3}/2$	1	$-1/2$

5.2.2　外滚道颗粒接触力模型的建立

无保持架球轴承外滚道颗粒体系是通过黏结键连接的,而在黏结键形成之前两相邻颗粒之间存在接触,依据图 5.1(d) 将外滚道颗粒之间的接触简化为弹簧－阻尼系统,颗粒之间的接触模型为 Hertz－Mindlin 接触模型。在外力垂直作用下两颗粒沿法向相互接触发生形变,两颗粒的接触面上产生法向接触力。当两个颗粒压在一起时会在切向发生移动,出现切向变形,由于两颗粒是对称的,因此在切向上的位移相等,一个颗粒上存在的应力分布与另外一个颗粒上的应力分布大小相等、方向相反,根据牛顿第三定律可知两颗粒保持平衡。两颗粒之间法向接触力的表达式为

$$\boldsymbol{F}_{n,ij} = \begin{cases} -k_{np}\boldsymbol{\delta}_{ij}^{3/2}\boldsymbol{n}_{ij} - C_{np}\boldsymbol{v}_{n,ij}, & \delta_{ij} > 0 \\ 0, & \delta_{ij} \leqslant 0 \end{cases} \tag{5.7}$$

式中,k_{np} 为法向接触刚度;$\boldsymbol{\delta}_{ij}$ 为颗粒 i 和颗粒 j 的法向重叠量;$\boldsymbol{v}_{n,ij}$ 为颗粒 i 和颗粒 j 的法向相对速度矢量;C_{np} 为法向阻尼系数。

两颗粒之间切向接触力的表达式为

$$F_{s,ij} = \begin{cases} k_{sp}\boldsymbol{\delta}_s^{3/2} - C_{sp}\boldsymbol{v}_{s,ij}, & |\boldsymbol{F}_{s,ij}| < \mu|\boldsymbol{F}_{n,ij}| \\ \mu|\boldsymbol{F}_{n,ij}|t_{ij} & |\boldsymbol{F}_{s,ij}| \geqslant \mu|\boldsymbol{F}_{n,ij}| \end{cases} \tag{5.8}$$

式中,k_{sp} 为切向接触刚度;$\boldsymbol{\delta}_s$ 为颗粒 i 和颗粒 j 的切向变形矢量;$\boldsymbol{v}_{s,ij}$ 为颗粒 i 和颗粒 j 的切向相对速度矢量;μ 为两颗粒之间的摩擦系数;C_{sp} 为切向阻尼系数。

由于颗粒的黏性属于材料自身的性质,与颗粒的排列方式无关,因此外滚道颗粒之间法向阻尼系数和切向阻尼系数分别为

$$C_{np} = -\frac{2\ln e\sqrt{k_{np}m}}{\sqrt{2[\pi^2 + (\ln e)^2]}} \tag{5.9}$$

$$C_{sp} = -\frac{2\ln e\sqrt{k_{sp}m}}{\sqrt{2\left[\pi^2 + (\ln e)^2\right]}} \tag{5.10}$$

式中,m 为颗粒质量;e 为碰撞恢复系数。

密六方排列方式中颗粒 i 分别与 12 个颗粒接触,也就是单个颗粒的总弹性势能包括 12 组弹簧的弹性势能,每组弹簧都由一个法向和切向组成[图 5.1(d)]。因此根据能量守恒定律,在颗粒坐标系下对于颗粒与弹簧组成的系统,轴承滚道材料单位体积的应变能结合表 2.1 中的三角函数值,得到惯性坐标系下 12 组弹簧弹性势能之和,即单位体积外滚道颗粒的应变能表达式为

$$U = \frac{1}{194\,000}\left[k_{np}\left(\frac{1}{4}\varepsilon_x + 3\varepsilon_y + 3\varepsilon_z + \frac{\sqrt{3}}{2}\gamma_{xy} + \sqrt{3}\gamma_{yz}\right)^2 + k_{sp}(\varepsilon_x + \gamma_{xz} + \sqrt{3}\gamma_{xy})^2 + \right.$$

$$\left. k_{sp}(2.36\varepsilon_y + \sqrt{3}\varepsilon_z + 0.34\gamma_{xy} + \frac{\sqrt{3}}{4}\gamma_{xz} + 2.18\gamma_{yz})^2\right] \tag{5.11}$$

根据弹性力学中能量形式的物理方程,结合式(5.11),确定密六方排列颗粒之间接触弹簧的法向刚度和切向刚度分别为

$$\begin{cases} k_{np} = \dfrac{E(2+\sqrt{3}-\sqrt{3}\nu)}{(4+\sqrt{3})(1-2\nu)(1+\nu)} \\[3mm] k_{sp} = \dfrac{E}{(4+\sqrt{3})(1+\nu)} \end{cases} \tag{5.12}$$

式中,E 为外滚道颗粒材料的弹性模量;ν 为外滚道颗粒材料的泊松比。

5.3　自动离散轴承磨损黏结键断裂表征

5.3.1　外滚道颗粒黏结键模型的建立

分析图 5.5(a) 可知,无保持架球轴承外滚道颗粒之间由黏结键连接,黏结键的作用是将两颗粒连接在一起产生黏力阻止其分开,一旦颗粒之间黏结键断裂,则意味着滚道出现了磨损。本书建立的黏结模型基于 Hertz - Mindlin 接触模型,当颗粒 i 和颗粒 j 接触时产生重叠量 δ_{ij},两颗粒接触点处形成的黏结键通常为圆柱形,其底面半径为 R_B。

当颗粒 i 和颗粒 j 中心之间距离大于两颗粒半径之和,即颗粒之间不存在重叠量时,法向和切向的黏结力分别为

$$F_n^b(t) = F_n^b(t - \Delta t) + K_n^b A \Delta u_n \tag{5.13}$$

$$F_s^b(t) = F_s^b(t - \Delta t) + K_s^b A \Delta u_s \tag{5.14}$$

式中,K_n^b、K_s^b 分别为黏结键法向和切向的刚度;A 为黏结键底面积;Δu_n、Δu_s 分别为颗粒在法向和切向的位移。

当颗粒 i 和颗粒 j 的中心距小于两颗粒半径之和时,颗粒之间有重叠量,同时存在接触力和黏结力,此时颗粒之间的黏结力按照 Hertz - Mindlin 接触模型中的接触力来计算,即两颗粒之间存在重叠量时法向黏结力和切向黏结力的表达式分别为

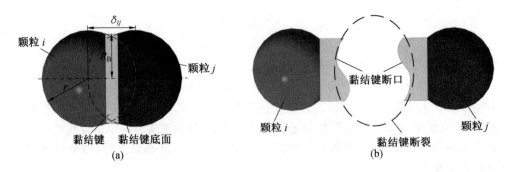

图 5.5　外滚道颗粒黏结键模型

$$F_n^b = F_{n,ij} \tag{5.15}$$

$$F_s^b = F_{s,ij} \tag{5.16}$$

式中，$F_{n,ij}$、$F_{s,ij}$ 分别为颗粒 i 和颗粒 j 的法向接触力与切向接触力。

　　轴承运转时外滚道是静止的，即外滚道颗粒相对于整个轴承也保持静止，任意两颗粒之间不存在相对运动，其质心距离不变，又因为颗粒之间的重叠量为相互接触的两颗粒的半径和与两颗粒质心距离的差，因此两颗粒之间的重叠量为定值。设定颗粒之间存在重叠量，且重叠量 δ_{ij} 始终与颗粒的半径 r 相等，结合式（5.7）和式（5.15）得到无保持架球轴承外滚道中任意两相邻颗粒之间的法向黏结力的表达式为

$$F_n^b = -k_{np}\delta_{ij}^{3/2} \tag{5.17}$$

结合式（5.8）和式（5.16）得到无保持架球轴承外滚道中任意两相邻颗粒之间的切向黏结力表达式为

$$F_s^b = \begin{cases} k_{sp}\delta_s^{3/2}, & F_s^b > uF_{n,ij} \\ uF_{n,ij}, & F_s^b \leqslant uF_{n,ij} \end{cases} \tag{5.18}$$

　　式（5.17）和式（5.18）所得到的法向黏结力和切向黏结力，作为后续研究颗粒黏结键断裂条件任意两颗粒之间的初始力。

5.3.2　外滚道颗粒黏结键断裂条件

　　图 5.5(b) 所示为外滚道颗粒之间的黏结键断裂示意图。前述已经建立了无保持架球轴承外滚道的黏结模型，重点确定了黏结键的形成及黏结力，由式（5.17）和式（5.18）所得到的法向黏结力和切向黏结力作为初始力，这些初始条件对外滚道颗粒之间黏结键的断裂有影响，所研究的黏结键断裂条件基于上述进行。

　　轴承工作时受到外力的作用，外滚道颗粒之间的黏结键发生断裂。颗粒之间黏结键断裂的基本条件表达式为

$$\begin{cases} \sigma_{max} < \sigma \\ \tau_{max} < \tau \end{cases} \tag{5.19}$$

式中，σ_{max} 为黏结键可承受的最大法向应力；σ 为黏结键所受到外部的法向应力；τ_{max} 为黏结键可承受的最大切向应力；τ 为黏结键所受到外部的切向应力。

　　由式（5.19）可知，在外力作用下，黏结键所受到的应力值大于黏结键所能承受的最大应力值时，黏结键便会断裂，黏结键所能承受的最大法向应力和切向应力的表达式分别

为

$$\begin{cases} \sigma_{\max} = \dfrac{F_n^b}{A} \\[3mm] \tau_{\max} = \dfrac{F_s^b}{A} \end{cases} \tag{5.20}$$

式中，F_{nb} 为颗粒 i 和颗粒 j 之间的法向黏结力；F_s^b 为颗粒 i 和颗粒 j 之间的切向黏结力；A 为两颗粒接触区域面积，即黏结键横截面面积。

假设颗粒为静态，不存在相互之间的运动关系，两颗粒接触面积 A 为一定值，结合式 (5.19) 和式 (5.20) 确定以颗粒之间接触力表示的黏结键断裂条件为

$$\begin{cases} F_{n,k} > F_n^b \\ F_{n,k}^s > F_s^b \end{cases} \tag{5.21}$$

式中，$F_{n,k}$ 为外滚道任一颗粒在外力作用下所受的法向内力；$F_{n,k}^s$ 为外滚道任一颗粒在外力作用下所受的切向内力。

结合式(5.12)、式(5.17)、式(5.18)和式(5.21)得到轴承外滚道颗粒之间的断裂条件为

$$\begin{cases} F_{n,k} > \dfrac{E(2+\sqrt{3}-\sqrt{3}\nu)}{(4+\sqrt{3})(1-2\nu)(1+\nu)} \delta_{i,j}^{3/2} \\[4mm] F_{s,k} > \dfrac{E}{(4+\sqrt{3})(1+\nu)} \delta_s^{3/2} \end{cases} \tag{5.22}$$

由式(5.21)和式(5.22)可知，轴承外滚道颗粒之间黏结键的断裂条件，即颗粒所受内力超过颗粒之间初始黏结力时黏结键发生断裂，颗粒脱落，进而造成轴承外滚道磨损，完成了无保持架变速曲面球轴承外滚道磨损离散元法的表征。

5.4　自动离散轴承滚道颗粒体系外力传递分析

5.4.1　滚动体与集合单元接触模型的建立

滚动体与外滚道的接触形式变成了滚动体与由多个颗粒组成的集合单元接触，本节将分析外载荷作用下滚道颗粒体系所受的外力，建立滚动体与集合单元的接触模型，确定滚道不同位置滚动体与集合单元所受外力，即滚动体与滚道之间的接触力，为进一步分析由接触力引起的颗粒体系中内力传递特性提供基础。每个滚动体与集合单元的接触形式相同，因此本节选取滚动体 i 分析其与集合单元的接触状态(图 5.1)。

滚动体 i 与集合单元接触时二者之间会产生重叠量，进而出现法向接触力 $\boldsymbol{F}_{nbV}$ 和切向接触力 $\boldsymbol{F}_{tbV}$，滚动体在常规滚道上与内外滚道都接触，而在经过变速曲面时由于质心下降与内圈不接触，而与变速曲面的两个边缘接触[图 5.1(b)]。滚动体与集合单元接触采用 Hertz－Mindlin 接触模型，即为法向和切向的弹簧阻尼模型[图 5.1(d)]，滚动体与集合单元所产生的接触力为法向接触力和切向接触力总和，接触力的表达式为

$$\boldsymbol{F}_i = \sum \boldsymbol{F}_{nbV} + \boldsymbol{F}_{tbV} \tag{5.23}$$

式中，F_{nbv} 为滚动体和集合单元之间的法向接触力；F_{tbv} 为滚动体和集合单元之间的切向接触力。

因滚动体和集合单元的切向接触力值很小，可以忽略，由图 5.1(d) 可知，滚动体和集合单元之间的法向接触力为

$$F_{nbV} = (k_n\delta^{3/2} - c_n vn)n \tag{5.24}$$

式中，k_n 为滚动体和集合单元间的法向弹性系数；c_n 为滚动体和集合单元之间的法向阻尼系数；v 为滚动体相对于集合单元的速度。

滚动体和集合单元之间的法向弹性系数 k_n 由 Hertz 接触理论确定，即

$$k_n = \frac{4}{3}[(1-v_b^2)/E_b + (1-v_V^2)/E_V]^{-1}[(R_b + R_V)/R_b R_V]^{-1/2} \tag{5.25}$$

式中，v_b、v_V 分别为滚动体和集合单元材料的泊松比；E_b、E_V 分别为滚动体和集合单元弹性模量；R_b 和 R_V 分别为滚动体与集合单元的短半轴长度。

为保证滚动体与离散后的滚道接触变形不发生改变，假设集合单元短半轴长度与滚道曲率相同。滚动体和集合单元之的法向阻尼系数为

$$c_n = -2\ln e\sqrt{k_n m_b m_V/(m_b + m_V)}/\sqrt{\pi^2 + \ln^2 e} \tag{5.26}$$

式中，m_b、m_V 分别为滚动体与集合单元的质量；e 为碰撞恢复系数。

滚动体与集合单元的相对速度即为滚动体的速度，结合式(5.24)～(5.26)，得到滚动体和集合单元间的接触力为

$$F_i = \left[\left(\frac{1-v_b^2}{E_b} + \frac{1-v_V^2}{E_V}\right)^{-1}\left(\frac{R_b + R_V}{R_b R_V}\right)^{-1/2}\delta^{3/2} - \frac{-2\ln e\sqrt{\dfrac{k_n m_b m_V}{m_b + m_V}}\,v_b}{\sqrt{\pi^2 + \ln^2 e}}\right]n \tag{5.27}$$

式中，v_b 为滚动体的公转速度。

5.4.2　外滚道不同位置颗粒体系外力分析

由于集合单元是由多个外滚道颗粒组成的，因此将外滚道不同位置所有集合单元所受的接触力进行组合，确定外滚道颗粒体系所受的外力。滚动体与不同位置集合单元的受力分析如图 5.6 所示。

根据图 5.6 可知，在外载荷 F_r 的作用下，整个外滚道分为承载区（AB 段和 CD 段）、非承载区（DA 段）和变速曲面区域（BC 段），滚动体与集合单元之间的总载荷 P 受滚动体重力 G、滚动体所受径向载荷分量 Q_ψ 与离心力的影响，由于在变速曲面处的滚动体质心下降，不与内圈接触，变速曲面处滚动体不受外载荷 F_r 的影响，因此，滚动体与不同位置集合单元的总载荷可以表示为

$$\begin{cases} P_{承} = G\cos\psi + Q_\psi + F_c \\ P_{非} = G\cos\psi + F_c \\ P_g = G\cos\psi + F_{cg} \end{cases} \tag{5.28}$$

式中，$P_{承}$、$P_{非}$、P_g 分别为承载区、非承载区、变速曲面处滚动体与集合单元的总载荷；ψ 为滚动体的位置角；Q_ψ 为滚动体所受径向载荷分量；F_c 为承载区和非承载区滚动体的离心力；F_{cg} 为变速曲面处滚动体的离心力。

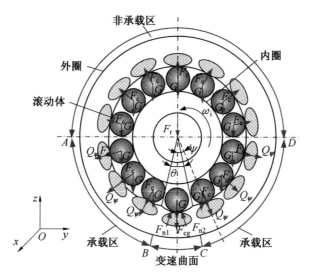

图 5.6　滚动体与不同位置集合单元的受力分析

假设无保持架球轴承滚动体是均匀分布的,可得常规滚道上径向载荷分量为

$$Q_\psi = Q_{max} \left[1 - \frac{1}{2T}(1 - \cos \psi) \right]^{\frac{1}{t}} \tag{5.29}$$

式中,Q_{max} 为滚动体所受最大载荷。对于球轴承 $t = 2/3$,当径向游隙为 0 时,$T = 0.5$。

在外滚道不同位置,滚动体所受离心力的表达式为

$$\begin{cases} F_c = m\omega_m^2 \dfrac{D_m}{2} \\ F_{cg} = m\omega_{mg}^2 r_{mg} \end{cases} \tag{5.30}$$

式中,ω_m 为常规滚道上滚动体公转角速度;ω_{mg} 为变速曲面处滚动体公转角速度;r_{mg} 为滚动体经过变速曲面的接触半径。

由于变速曲面的特殊结构,滚动体在变速曲面上与两个集合单元接触,变速曲面处的滚动体与集合单元受力分析如图 5.1(b)所示。在变速曲面上,滚动体有效接触半径与常规滚道相比减小,滚动体经过变速曲面时公转角速度发生变化,有效接触半径公转角加速度及公转速度与变速曲面的结构参数有关,即

$$r_{mg} = R_b \cos \frac{\theta_2}{2} \tag{5.31}$$

$$\omega_{mg} = \frac{\omega_i d r_{mg}}{2R_b(d + 2R_b)} \tag{5.32}$$

$$v' = \frac{\omega_i d}{4} \cos \frac{\theta_2}{2} \tag{3.33}$$

结合式(5.28)、式(5.30)和式(5.32),确定外滚道不同位置滚动体与集合单元之间的总载荷为

$$
\begin{cases}
P_{\text{承}} = G\cos\psi + Q_\psi(\cos\psi)^{1.5} + \dfrac{m\omega_i{}^2 D_{\text{m}}}{2}\left(\dfrac{D_{\text{m}}-2R_{\text{b}}}{2D_{\text{m}}+4R_{\text{b}}}\right)^2 \\[4mm]
P_{\text{非}} = G\cos\psi + \dfrac{m\omega_i^2 D_{\text{m}}}{2}\left(\dfrac{D_{\text{m}}-2R_{\text{b}}}{2D_{\text{m}}+4R_{\text{b}}}\right)^2 \\[4mm]
P_{\text{g}} = G\cos\psi + mr_{\text{mg}}\left[\dfrac{\omega_i d\cos\dfrac{\theta_2}{2}}{2d+4R_{\text{b}}}\right]
\end{cases}
\tag{5.34}
$$

根据图 5.1(b)变速曲面结构及受力分析,在变速曲面滚动体与集合单元之间的总载荷为

$$
P_1 = P_2 = \left[G\cos\psi + mr_{\text{mg}}\left[\dfrac{\omega_i d\cos\dfrac{\theta_2}{2}}{2d+4R_{\text{b}}}\right]\right]\cos\left[\arcsin\dfrac{r_o\sin\dfrac{\theta}{2}}{R_{\text{b}}}\right]
\tag{5.35}
$$

建立的滚动体与集合单元之间模型符合赫兹接触理论,根据该建立滚动体与集合单元的接触重叠量模型为

$$
\delta = \left(\dfrac{9P^2}{16RE^{*2}}\right)^{1/3}
\tag{5.36}
$$

结合式(5.34)~(5.36)建立为外滚道承载区、非承载区及变速曲面 3 个不同位置处滚动体与集合单元重叠量表达式

$$
\begin{cases}
\delta_{\text{承}} = \left[\dfrac{9\left(G\cos\psi + Q_{\max}(\cos\psi)^{3/2} + \dfrac{m\omega_{\text{m}}^2 D_{\text{m}}}{2}\right)^2}{16RE^{*2}}\right]^{1/3} \\[6mm]
\delta_{\text{非}} = \left[\dfrac{9\left(\dfrac{G\cos\psi + m\omega_{\text{m}}^2 D_{\text{m}}}{2}\right)^2}{16RE^{*2}}\right]^{1/3} \\[6mm]
\delta_{\text{g}} = \left[\dfrac{9(G\cos\psi + m\omega_{\text{mg}}^2 r_{\text{mg}})\cos\left[\arcsin\dfrac{2r_o\sin\dfrac{\theta}{2}}{D_{\text{w}}}\right]^2}{16RE^{*2}}\right]^{1/3}
\end{cases}
\tag{5.37}
$$

结合式(5.27)、式(5.33)和式(5.37),建立在外滚道上承载区、非承载区及变速曲面处滚动体 i 与集合单元之间接触力模型为

$$
\begin{cases}
\boldsymbol{F}_{i\text{承}} = \left\{-\dfrac{\dfrac{4}{3}(1-\upsilon_{\text{b}}^2)}{E_{\text{b}}} + \left(\dfrac{1-\upsilon_{\text{V}}^2}{E_{\text{V}}}\right)^{-1}\left(\dfrac{R_{\text{b}}+R_{\text{V}}}{R_{\text{b}}R_{\text{V}}}\right)^{-1/2}\left[\dfrac{9\left(G\cos\psi + Q_{\max}(\cos\psi)^{3/2} + \dfrac{m\omega_{\text{m}}^2 D_{\text{m}}}{2}\right)^2}{16RE^{*2}}\right]^{1/2}\right\}\boldsymbol{n} \\[8mm]
\boldsymbol{F}_{i\text{非}} = \left\{-\dfrac{4}{3}\left(\dfrac{1-\upsilon_{\text{b}}^2}{E_{\text{b}}} + \dfrac{1-\upsilon_{\text{V}}^2}{E_{\text{V}}}\right)^{-1}\left(\dfrac{R_{\text{b}}+R_{\text{V}}}{R_{\text{b}}R_{\text{V}}}\right)^{-1/2}\left[\dfrac{9\left(G\cos\psi + \dfrac{m\omega_{\text{m}}^2 D_{\text{m}}}{2}\right)^2}{16RE^{*2}}\right]^{1/2}\right\}\boldsymbol{n} \\[8mm]
\boldsymbol{F}_{i\text{g}} = \left\{-\dfrac{\dfrac{4}{3}(1-\upsilon_{\text{b}}^2)}{E_{\text{b}}} + \left(\dfrac{1-\upsilon_{\text{V}}^2}{E_{\text{V}}}\right)^{-1}\left(\dfrac{R_{\text{b}}+R_{\text{V}}}{R_{\text{b}}R_{\text{V}}}\right)^{-1/2}\left[\dfrac{9(G + m\omega_{\text{mg}}^2 r_{\text{mg}})\cos\left[\arcsin\dfrac{2r_o\sin\dfrac{\theta_2}{2}}{D_{\text{w}}}\right]^2}{16RE^{*2}}\right]^{1/2}\right\}\boldsymbol{n}
\end{cases}
\tag{5.38}
$$

滚动体与所有集合单元接触力组合起来作为外力,对在颗粒体系中的传递特性进行

分析。

5.4.3　外滚道颗粒体系内力传递分析

1. 颗粒体系内力传递模型的建立

滚动体与所有集合单元接触力组合起来作为外力,而每个集合单元由若干颗粒组成,因此需要通过已知的滚动体与集合单元接触外力,建立滚动体与单元内颗粒接触产生的内力模型,确定颗粒体系内力传递规律。图 5.7 所示为滚动体与离散后外滚道颗粒接触示意图。

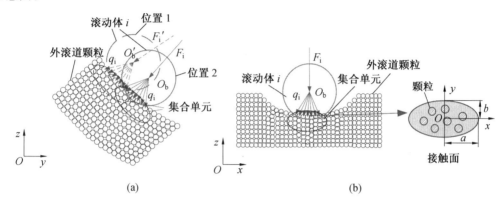

图 5.7　滚动体与离散后外滚道颗粒接触示意图

由图 5.7 可知,滚动体在运动过程中由于接触集合单元不同,变速曲面轴承的接触力随之改变。假设集合单元为椭球形,每个集合单元包含 Np 个颗粒,滚动体与 n_c 个颗粒接触,每个接触点形成椭圆微接触面,再将外力分配到集合单元的所有颗粒,从而形成颗粒之间的内力为

$$F_i = \sum_{i=1}^{n_c} q_i n \tag{5.39}$$

式中,q_i 为滚动体与第 i 颗粒微接触产生的接触力。

滚动体与集合单元接触面内颗粒不同位置的内力分布表达式为

$$q(x,y) = \frac{3F_i d^2}{8\pi\delta\sqrt{R_b R_v}}\sqrt{1 - \frac{x^2}{R_b\delta} - \frac{y^2}{R_v\delta}} \tag{5.40}$$

式中,R_b 为滚动体半径;R_v 为集合单元短半轴长度;δ 为滚动体与集合单元的重叠量;d 为颗粒直径;x 和 y 均为接触面内颗粒坐标。

2. 颗粒体系内力传递模型

通过式(5.40)确定的内力是颗粒体系中第 1 层颗粒上的受力情况,本节采用外滚道颗粒,选择密六方排列,由此建立该排列方式下颗粒体系内力传递模型。根据密六方排列结构特点,建立变速曲面球轴承滚道上 $m+1$ 层的密六方排列内力传递模型,如图 5.8 所示。

传递模型采用随机理论,模型中第 1 层到第 7 层的颗粒数每层都不相同,将力的传递

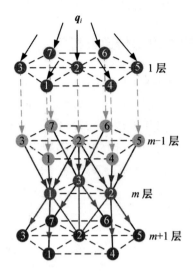

图 5.8　外滚道颗粒体系内力传递模型

划分为等分布分量和波动体积分量。在密六方排列的颗粒堆栈中,每个远离边界的颗粒都受到上层 3 个相邻颗粒传递的力,并将该力传递到下一层的 3 个相邻颗粒,紧邻边界的颗粒将力传递到下一层的相邻颗粒之一。基于数学归纳法建立内力传递方程为

$$F_{n,k} = \begin{bmatrix} F_{n-1,k_1} & F_{n-1,k_2} & F_{n-1,k_3} \end{bmatrix} \begin{bmatrix} f_{n-1,k_1} \\ f_{n-1,k_2} \\ f_{n-1,k_3} \end{bmatrix}, \quad 1 \leqslant n \leqslant m+1 \tag{5.41}$$

式中,$F_{n,k}$ 为第 n 层的第 k 个颗粒所受上一层传递的内力;F_{n-1,k_1} 为第 $n-1$ 层第 k_1 个颗粒所受上一层传递的内力;F_{n-1,k_2} 为第 $n-1$ 层第 k_2 个颗粒所受上一层传递的内力;F_{n-1,k_3} 为第 $n-1$ 层第 k_3 个颗粒所受上一层传递的内力;f_{n-1,k_1}、f_{n-1,k_2} 和 f_{n-1,k_3} 分别为第 $n-1$ 层中 3 个颗粒传递到第 n 层第 k 个颗粒的传递比率。

　　根据中间颗粒与边界颗粒的受力情况可知,中间颗粒的内力传递比率为 1/3,边界颗粒的内力传递比率为 1。第 $n-1$ 层中 3 个颗粒传递到第 n 层第 k 个颗粒的传递比率表达式为

$$\begin{cases} f_{n-1,k_1} = \dfrac{1}{3} + a\varepsilon_{n-1,k_1} \\[2mm] f_{n-1,k_2} = \dfrac{1}{3} + b\varepsilon_{n-1,k_2} \\[2mm] f_{n-1,k_3} = \dfrac{1}{3} + c\varepsilon_{n-1,k_3} \end{cases} \tag{5.42}$$

式中,ε_{n-1,k_1}、ε_{n-1,k_2} 和 ε_{n-1,k_3} 分别为第 $n-1$ 层中 3 个颗粒传递到第 n 层第 k 个颗粒内力传递的波动量;a、b 和 c 均为波动系数,且三者之和为 0。

5.5　自动离散轴承磨损分析

5.5.1　外滚道颗粒体系黏结键断裂数值分析

结合外滚道颗粒黏结键断裂条件及不同层数、不同位置颗粒所受内力,分析黏结键断裂导致的颗粒脱落量及脱落层数,从而确定轴承常规滚道及变速曲面处的磨损情况。本节以轴承内径为 30 mm、外径为 62 mm 的无保持架变速曲面球轴承为例,变速曲面轴承工况为内圈转速为 6 000 r/min,径向载荷为 2 000 N,变速曲面轴承其他基本参数见表5.2。 本节所研究的轴承内外圈的材料为轴承钢,滚动体材料为氮化硅(Si_3N_4),轴承材料参数见表 5.3。

表 5.2　变速曲面球轴承其他基本参数

参数	数值
内径 d/mm	30
外径 D/mm	62
滚动体半径 R_b/mm	4.762 5
节圆直径 D_m/mm	46
外沟道曲率半径 r_o/mm	4.953
变速曲面环向跨度角 θ/(°)	24
变速曲面轴向跨度角 θ_2/(°)	41.43
外滚道颗粒直径 /mm	0.03

表 5.3　球轴承材料参数

材料属性	内外圈(轴承钢)	滚动体(Si_3N_4)
密度 ρ/(kg·mm^{-3})	7.81×10^{-6}	3.12×10^{-6}
弹性模量 E/MPa	2.07×10^5	3.1×10^5
泊松比	0.3	0.29

根据前述研究确定的黏结键断裂条件,分析黏结键断裂量及黏结键断裂导致的颗粒脱落量,通过颗粒脱落量表征轴承外滚道的磨损量以及磨损深度。外滚道颗粒内力传递方程求解流程图如图 5.9 所示。将滚动体与集合单元接触面所受外力作为颗粒体系内力初值代入传递方程,并结合 Matlab 编程对内力传递方程进行求解;将所求内力与黏结键断裂条件进行对比,分析外滚道颗粒之间黏结键断裂情况,建立因黏结键断裂导致颗粒脱落数量与脱落层数的拟合方程,用以预测外滚道的磨损量及磨损深度。

为了清晰地表达外滚道上黏结键断裂情况,当内力值为 0 时,表示黏结键断裂。图 5.10 ～ 5.14 所示为外滚道第 1 层至第 5 层颗粒黏结键断裂情况。

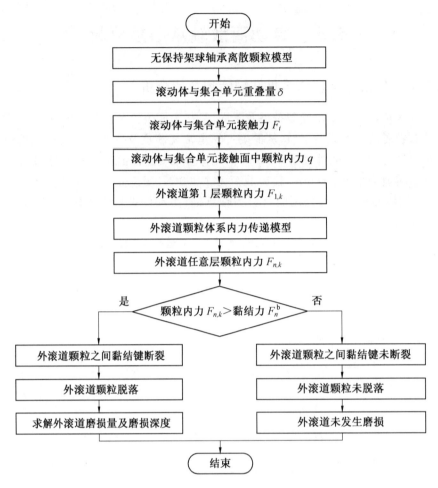

图 5.9　外滚道颗粒内力传递方程求解流程图

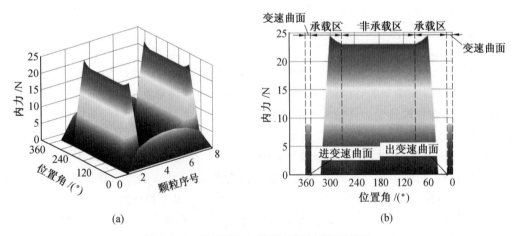

图 5.10　外滚道第 1 层颗粒黏结键断裂情况

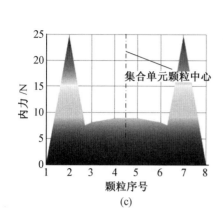

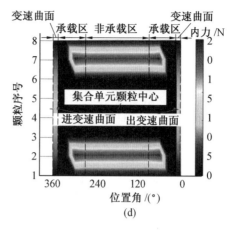

续图 5.10

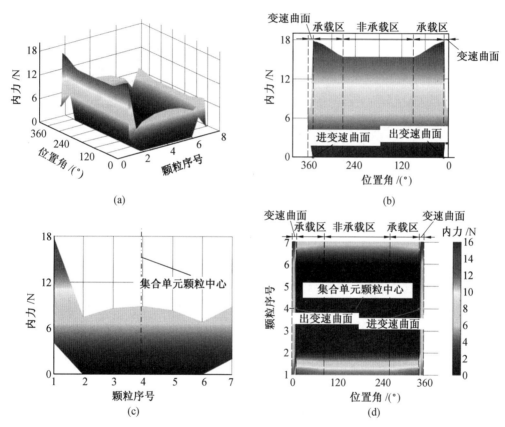

图 5.11　外滚道第 2 层颗粒黏结键断裂情况

由图 5.10 ～ 5.14 可知,外滚道第 1 ～ 5 层颗粒之间黏结键断裂规律基本一致,且从黏接键断裂的位置来看,在整个轴承外滚道上无论是承载区,还是非承载区,所有位置角处的黏结键都会发生断裂,而在变速曲面处的黏结键断裂主要发生在滚动体进出两个位置,这是由于进出变速曲面两点处是交界点,滚动体在这两点处承受径向载荷最大,导致这两点处滚动体与集合单元的接触力最大,颗粒所受内力也最大,黏结键最容易发生断

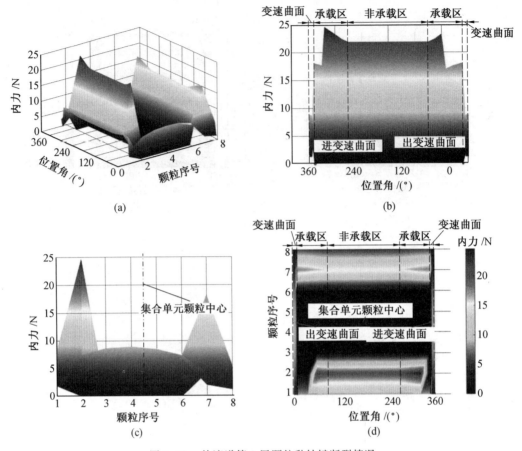

图 5.12　外滚道第 3 层颗粒黏结键断裂情况

裂;图 5.10(c)、图 5.11(c)、图 5.12(c)、图 5.13(c)、图 5.14(c)可以看出,越靠近集合单元颗粒中心的位置,黏结键越容易发生断裂,这是由于在集合单元的每一层颗粒中心位置处颗粒所受内力最大;从第 2 层开始至第 5 层,黏结键断裂不沿集合单元颗粒中心对称,且奇数层与偶数层的黏结键断裂差异较大,这是由于奇数层与偶数层颗粒内力传递规律不同,引起边缘处的颗粒内力传递不均匀产生差异;图 5.10(d)、图 5.11(d)、图 5.12(d)、图 5.13(d)、图 5.14(d)可以验证黏结键在承载区、非承载区及变速曲面处均发生断裂,随着颗粒层数的增加,黏结键断裂程度逐渐减小,这是由于传递的内力会随着层数的增加而减小,导致黏结键断裂的条件无法达到。

5.5.2　自动离散轴承磨损分析

由前述研究所确定的黏结键断裂条件可知,当颗粒所受内力超过黏结力时,颗粒之间的黏结键会发生断裂即颗粒脱落,因此,用颗粒脱落量来表征外滚道磨损量,用颗粒脱落层数来表征外滚道磨损深度。根据颗粒之间黏结键断裂规律数值求解结果,得到不同层数的颗粒脱落量,见表 5.4。

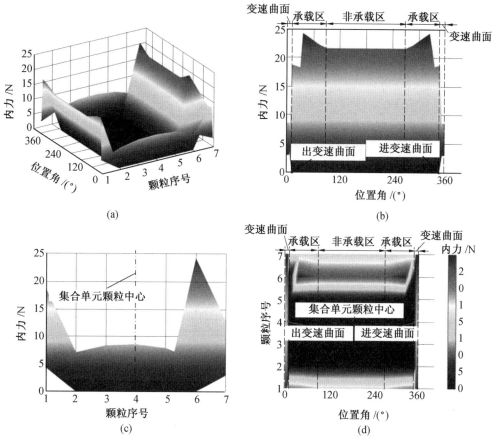

图 5.13　外滚道第 4 层颗粒黏结键断裂情况

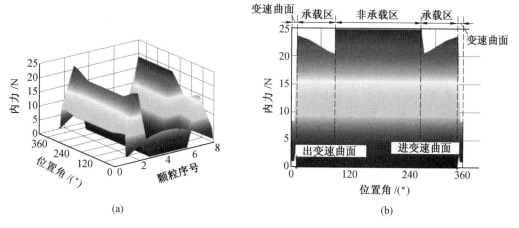

图 5.14　外滚道第 5 层颗粒黏结键断裂情况

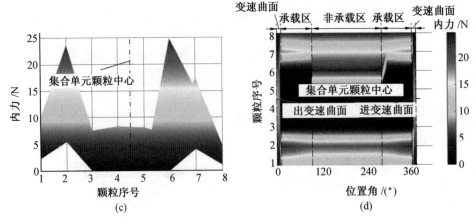

续图 5.14

表 5.4　不同层数颗粒脱落量

层数	颗粒脱落深度 / mm	颗粒总量 / 个	颗粒脱落量 / 个
1	0.03	1 840	76
2	0.06	1 610	95
3	0.09	1 840	80
4	0.12	1 610	80
5	0.15	1 840	67
6	0.18	1 610	65
7	0.21	1 840	63
8	0.24	1 610	63
9	0.27	1 840	52
10	0.3	1 610	48

本书中外滚道颗粒采用密六方排列方式,因此奇数层与偶数层的颗粒脱落总数不相同,为进一步分析服役状态下变速曲面轴承磨损,在载荷不变的情况下选取了不同转速对颗粒脱落量与颗粒脱落深度进行拟合,如图 5.15 所示。

随着脱落层数的增加,当轴承转速为 6 000 r/min 时,颗粒脱落量在第 2 层发生突变,根据前述变速曲面轴承的动力学研究可知,此转速下滚动体和内外圈产生滑移并与相邻滚动体碰撞,滚动体与变速曲面之间的接触存在切向摩擦力,使得接触区域分为黏着区域与滑移区域,在这两个区域交界处存在应力突变,从而导致颗粒受到的内力突然增加[图 5.10(c) 和图 5.12(c)];其他转速下随着传递层数的增加,颗粒所受内力逐渐减小,颗粒脱落量也逐渐减少。

根据颗粒层数与颗粒脱落量之间的关系,为了预测 10 层以后的黏结键断裂情况,以转速 6 000 r/min 为例建立轴承外滚道颗粒脱落量与颗粒层数关系方程,即

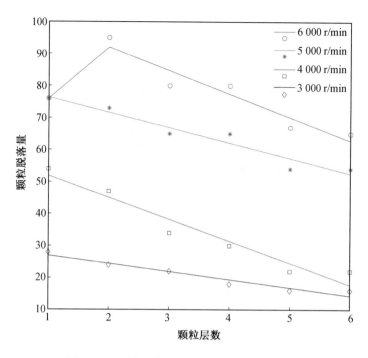

图 5.15　颗粒层数与颗粒脱落量的关系曲线

$$y = \begin{cases} 12.776x + 63.224, & 1 \leqslant x \leqslant 2 \\ -5.167x + 99.11, & x > 2 \end{cases} \tag{5.43}$$

根据前述研究可知,颗粒脱落量和脱落层数分别与外滚道磨损量及磨损深度相关,结合变速曲面轴承外滚道颗粒的尺寸、颗粒密度、颗粒排列方式及式(5.43)的关系,建立外滚道磨损量与磨损深度之间的关系,即

$$W = \begin{cases} 4.527h + 0.672, & 0 < h \leqslant 0.06 \\ -1.831h + 1.054, & h > 0.06 \end{cases} \tag{5.44}$$

根据式(5.44)可以确定无保持架—变速曲面球轴承外滚道的最大磨损深度。为研究滚动体与外滚道不同位置接触处的磨损情况,根据前述所求外滚道颗粒之间黏结键断裂规律,确定当最大磨损深度为 0.575 6 mm 时,外滚道不同位置磨损分布规律,如图 5.16 所示。

外滚道磨损最严重的是承载区与变速曲面交界处,也就是说,当滚动体进出变速曲面时磨损较严重。为进一步分析磨损原因,结合外滚道颗粒内力传递模型,给出轴承在 6 000 r/min 下的前 5 层颗粒内力分布规律,如图 5.17 所示。由图 5.17 中(a)、(c)、(e)、(g)及(i)可知,外滚道颗粒所受的内力各层的变化规律基本一致,由图 5.17 中(b)、(d)、(f)、(h)及(j)可以看出,变速曲面处颗粒所受内力最小,承载区颗粒所受内力最大,每一层颗粒所受内力最大值均出现在承载区与变速曲面的交界点处,即滚动体进入和滚出变速曲面两个位置。

滚动体在初始进入变速曲面时同时受离心力和径向载荷作用,因此产生较大的接触应力;当滚动体完全进入变速曲面时脱离内圈,滚动体与变速曲面接触变为两点,滚动体

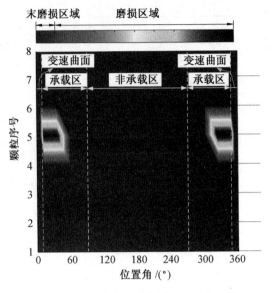

图 5.16　外滚道不同位置磨损分布规律

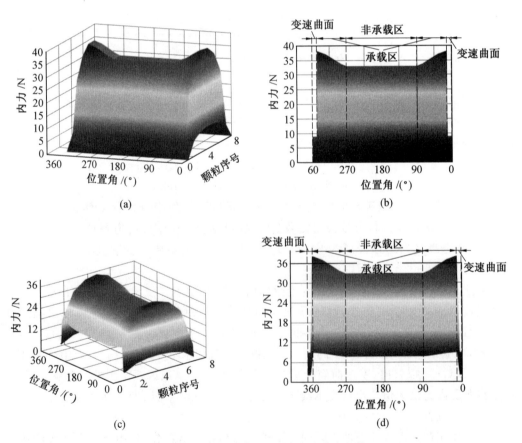

图 5.17　外滚道前 5 层颗粒内力分布规律

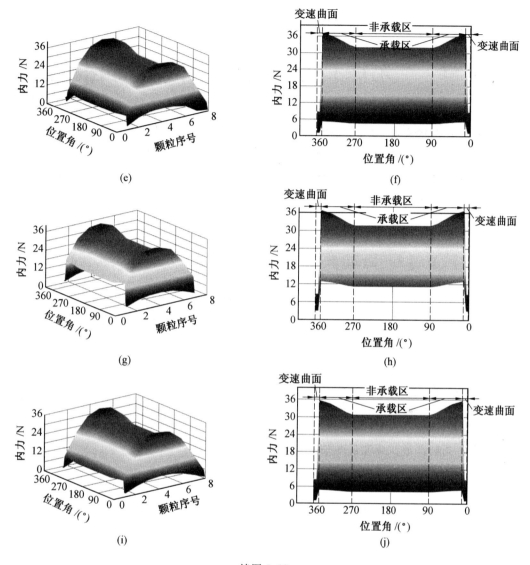

续图 5.17

不承受径向载荷,只受离心力和重力作用,接触区域受到的应力瞬时减小;当滚动体滚出变速曲面时,滚动体与滚道接触点位于变速曲面末尾位置,此时滚动体瞬间承受轴承的径向载荷,且与常规滚道产生微小碰撞振动,因此接触点处的应力值增加。因此,当滚动体进入和滚出变速曲面时,接触应力传递的内力增加而导致磨损最大。

第6章　　无保持架自动离散轴承润滑行为

无保持架球轴承在外圈设计局部变速曲面实现了滚动体的自动离散,同时由于局部变速曲面具有空间结构,起到了储存一定量润滑油的效果。一方面,随着滚动体不断经过变速曲面,润滑油将被带到常规滚道上,滚动体与滚道的接触始终处在良好的润滑状态;另一方面,滚动体与滚道之间的磨损颗粒随润滑油流入变速曲面内,降低了变速曲面轴承磨损。本章将对无保持架 — 变速曲面轴承的润滑行为进行研究,进一步分析变速曲面结构参数对改善轴承润滑的作用,避免出现变速曲面轴承在运转过程中乏油的现象。

6.1　　自动离散轴承润滑行为影响因素

6.1.1　　变速曲面对润滑油流动的影响

变速曲面设计在轴承外圈,具有一定的空间几何结构,可以储存一定量的润滑油,通过滚动体的运动逐渐布满整个滚道,实现无保持架 — 变速曲面轴承良好润滑,变速曲面内初始油量对整个轴承润滑效果有着重要的作用,因为当滚动体经过变速曲面时,表面可吸附其内部储存的润滑油。根据前述研究可知,椭圆形状的变速曲面结构滚动体离散效果最优,因此本章对椭圆形变速曲面结构进行分析,建立变速曲面内初始油量体积模型。图 6.1 所示为椭圆形状变速曲面结构初始油量计算坐标系。

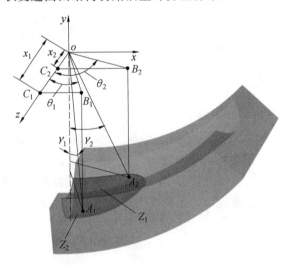

图 6.1　椭圆形状变速曲面结构初始油量计算坐标系

变速曲面空间内部任意两点 $A_1(x_1, y_1, z_1)$ 与 $A_2(x_2, y_2, z_2)$,在球面坐标系中可通过 r、γ、θ 表示,且满足以下条件:

$$\begin{cases} \dfrac{W_d}{2\sin\dfrac{\theta_z}{2}} \leqslant r_1 \leqslant \dfrac{D_o}{2} + H \\[3mm] 0 \leqslant \gamma_1 \leqslant \dfrac{\theta_x}{2} \\[2mm] 0 \leqslant \theta_1 \leqslant 2\pi \end{cases} \tag{6.1}$$

式中,r_1 为坐标系原点 o 与空间点 A_1 之间的距离;γ_1 为 oA_1 与 y 轴之间的夹角;θ_1 为 z 轴按逆时针旋转方向转到线段 oB_1 得到的角。

以点 $A_1(x_1,y_1,z_1)$ 为例,建立点 A_1 的直角坐标系与球面坐标系,图中点 B_1 为点 A_1 在 xoz 面上的投影,点 C_1 为点 B_1 在 z 轴上的投影,令 $oC_1 = x_1$,$A_1 B_1 = y_1$,$C_1 B_1 = z_1$,变速曲面上任意点的坐标关系为

$$\begin{cases} x_1 = oB_1 \cos\theta_1 = r_1\sin\gamma_1\cos\theta_1 \\ y_1 = oB_1 \sin\theta_1 = r_1\sin\gamma_1\sin\theta_1 \\ z_1 = r_1\cos\gamma_1 \end{cases} \tag{6.2}$$

为了计算变速曲面内部体积,将曲面 z_1 与曲面 z_2 形成的区域划分为多个微小区域,在球坐标系中,微小区域的体积元素可表示为

$$\mathrm{d}v = r^2\sin\gamma\,\mathrm{d}r\mathrm{d}\gamma\mathrm{d}\theta \tag{6.3}$$

变速曲面结构所占体积由这些微小区域组成,进行积分可得

$$V_a = \iiint_\Omega f(x,y,z)\mathrm{d}x\mathrm{d}y\mathrm{d}z = \iiint_\Omega F(r,\gamma,\theta)\mathrm{d}r\mathrm{d}\gamma\mathrm{d}\theta \tag{6.4}$$

将参数 r、γ、θ 的边界条件式(6.1)代入式(6.4)中,可得到变速曲面结构内部体积,即初始油量体积为

$$V_{oil} = V_a = \int_0^{2\pi}\mathrm{d}\theta\int_0^{\frac{\theta_x}{2}}\mathrm{d}\gamma\int_{\frac{W_d}{2\sin\frac{\theta_z}{2}}}^{\frac{D_o}{2}+H} F(r,\gamma,\theta)r^2\sin\gamma\,\mathrm{d}r \tag{6.5}$$

由式(6.5)可以看出,变速曲面内润滑油初始油量与其结构参数密切相关。为了不出现乏油现象,应保证初始润滑油量对滚动体与滚道之间润滑油膜的形成。

6.1.2　滚动体运动对润滑油流动速度的影响

根据前述研究无保持架 — 变速曲面轴承离散机理可知,滚动体与变速曲面的有效接触半径处于动态变化,当滚动体经过充满润滑油的变速曲面时,滚动体与滚道之间形成油膜,不直接接触,此时由于有效回转半径改变,滚动体速度发生变化,如图 6.2 所示。

考虑油膜厚度 h_0,滚动体最小有效回转半径和最大径向时,变位移的数学表达式分别为

$$r_{cmin} = \left(\frac{D_w}{2} + h_0\right)\cos\left(\arcsin\frac{W_d}{D_w + 2h_0}\right) \tag{6.6}$$

$$h_{rmax} = \frac{D_w}{2} - \sqrt{\left(\frac{D_w}{2} + h_0\right)^2 - \left(\frac{W_d}{2}\right)^2} - \left[r_o - \sqrt{r_o^2 - \left(\frac{W_d}{2}\right)^2}\right] \tag{6.7}$$

轴承处于静止状态时,润滑油在自身重力作用下堆积在变速曲面内,根据前述研究滚

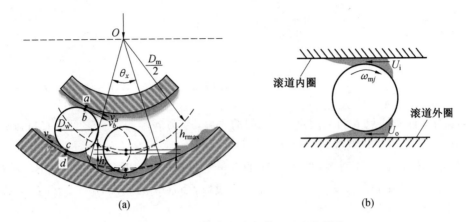

图 6.2　滚动体在含油滚道上运动示意图

动体经过变速曲面时,滚动体速度先减小再变大,润滑油的流动效果除了其自身属性外,主要通过滚动体速度的变化得以体现,在一定条件下,滚动体速度越大,润滑油流动越快,润滑油流动到滚动体与滚道的接触区域,避免出现乏油现象。所有滚动体从进入到离开变速曲面,润滑油膜厚度的变化可以表示为

$$h_{d}=\begin{cases} h_{rmax}\cos\left\{\dfrac{\pi}{\varphi}\left[\mathrm{mod}(\theta_{jz},2\pi)-\dfrac{\theta_{x}}{2}\right]\right\}, & 0\leqslant\mathrm{mod}\left((\theta_{jz},2\pi)-\dfrac{\theta_{x}}{2}\right) \\ 0, & \text{其他} \end{cases} \tag{6.8}$$

式中,φ 为滚动体在变速曲面上位置角;θ_{jz} 为第 j 个滚动体位置角。

根据弹性流体润滑理论,带有一定黏度的润滑油流入滚动体与滚道接触区域内,由于滚动体在滚道内运动时形成楔形入口,在压力的作用下滚动体与滚道之间形成油膜,如图 6.2(b) 所示。润滑油依靠滚动体运动产生的入口速度流入至接触区域内,润滑油入口速度与滚动体速度有关,当滚动体与滚道内圈接触时,滚动体自转方向与轴承内圈转动方向相反,此时滚动体上半部分表面润滑油有一个被甩出的趋势,而下半部分表面润滑油有一种被甩入外圈滚道的趋势。滚动体与内外圈接触入口速度表达式分别为

$$U_{i}=\frac{D_{m}}{2}\left[(1-\gamma)(\omega_{i}-\omega_{mj})+\gamma\omega_{bj}\right] \tag{6.9}$$

$$U_{o}=\frac{D_{m}}{2}\left[(1+\gamma)\omega_{mj}+\gamma\omega_{bj}\right] \tag{6.10}$$

由于滚动体与常规滚道之间存在油膜而不直接接触,根据前述获得的干摩擦状态下滚动体运动方程,以油膜力代替摩擦力引入滚动体速度修正系数 μ_{a},在常规滚道上修正后的滚动体公转角速度 ω_{mj} 及自转角速度 ω_{bj} 分别表示为

$$\omega_{mj}=\frac{D_{m}-D_{w}}{2D_{m}}\mu_{a}\omega_{i} \tag{6.11}$$

$$\omega_{bj}=\frac{D_{m}^{2}-D_{w}^{2}}{2D_{m}D_{w}}\mu_{a}\omega_{i} \tag{6.12}$$

滚动体经过变速曲面时,由于变速曲面内润滑油对滚动体径向下移的球面形成包裹,增大了对滚动体运动的油膜阻力,基于前述研究获得的干摩擦下滚动体速度方程进行修

正,修正后滚动体公转及自转角速度表达式分别为

$$\omega'_{mj} = \frac{r_c(D_m + 2h_r)(D_m - D_w)}{(D_m + h_r)D_m D_w}\mu_a\mu_b\omega_i \tag{6.13}$$

$$\omega'_{bj} = \frac{r_c(D_m + 2h_r)(D_m{}^2 - D_w{}^2)}{(D_m + h_r)D_m D_w{}^2}\mu_a\mu_b\omega_i \tag{6.14}$$

结合修正的滚动体公转及自转角速度方程,滚动体在常规滚道运动时,建立滚动体与常规滚道内外圈接触区域内润滑油入口速度方程分别为

$$U_i = \frac{D_m}{2}\left[\left(1 - \frac{D_w}{D_m}\right)(\omega_i - \omega_{mj}) + \frac{D_w}{D_m}\omega_{bj}\right] \tag{6.15}$$

$$U_o = \frac{D_m}{2}\left[\left(1 + \frac{D_w}{D_m}\right)\omega_{mj} + \frac{D_w}{D_m}\omega_{bj}\right] \tag{6.16}$$

滚动体在变速曲面上运动时仅仅与滚道外圈接触,建立变速曲面区域内润滑油入口速度方程为

$$U_o' = \frac{D_m}{2}\left[\left(1 + \frac{D_w}{D_m}\right)\omega'_{mj} + \frac{D_w}{D_m}\omega'_{bj}\right] \tag{6.17}$$

6.1.3　滚动体与滚道之间油膜力的影响

滚动体在常规滚道上运动,由于滚道之间润滑油作为润滑介质,滚动体与滚道相隔不直接接触;当滚动体经过变速曲面时,由于变速曲面内累积的润滑油对滚动体产生阻力,导致滚动体与滚道之间总摩擦力增大,从而改变滚动体的运动状态。图 6.3 给出了在润滑状态下滚动体与滚道之间油膜受力分析图。滚动体与滚道之间产生的总接触力可转化为滚动体与滚道之间形成的油膜压力,且滚动体与滚道之间产生的总摩擦力可转化为油膜切应力。

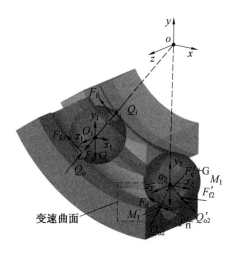

图 6.3　在润滑状态下滚动体与滚道之间油膜受力分析图

滚动体由常规滚道进入变速曲面再到常规滚道这一过程中,滚动体与滚道之间的总接触力会发生较大的变化,因而滚动体与滚道之间油膜承受载荷变化也较为明显。根据 Harris 轴承润滑理论可知,滚动体与滚道之间油膜压力曲线近似于赫兹接触压力分布,因

此对于滚动体与滚道之间油膜的压力可按照滚动体与滚道之间的赫兹接触应力进行分析。由于油膜承受载荷的变化将影响滚动体与滚道表面弹性变形量，而弹性表面变形量对油膜厚度有较大影响，载荷及油膜厚度共同影响滚动体与滚道接触区域内油的流动速度。滚动体与滚道之间最大油膜压力可表示为

$$p_{\max} = \frac{3F}{2\pi ab} \tag{6.18}$$

滚动体与滚道接触区域长短半轴及法向载荷 F 之间的关系可表示为

$$\begin{cases} a = \dfrac{1.144\ 7e_a}{E^*}\left(\dfrac{F}{\sum \rho}\right)^{\frac{1}{3}} \\[3mm] b = \dfrac{1.14\ 47e_b}{E^*}\left(\dfrac{F}{\sum \rho}\right)^{\frac{1}{3}} \end{cases} \tag{6.19}$$

本节中变速曲面轴承滚动体为陶瓷材料，内外圈为轴承钢材料，等效弹性模量为

$$\frac{1}{E^*} = \left(\frac{1-\nu_1{}^2}{E_1} + \frac{1-\nu_2{}^2}{E_2}\right) \tag{6.20}$$

对接触区域内油膜所受的压力进行积分，建立在常规滚道上滚动体与滚道之间油膜所受总载荷为

$$w_{\mathrm{o}} = \iint_{S_1} p_1(x,y)\,\mathrm{d}x\,\mathrm{d}y = \iint_{S_1} \frac{3F}{2\pi a_1 b_1}\sqrt{1-\left(\frac{x}{a_1}\right)^2-\left(\frac{y}{b_1}\right)^2}\,\mathrm{d}x\,\mathrm{d}y \tag{6.21}$$

当滚动体进入变速曲面后，相比常规滚道在变速曲面上的总接触力减小，法向载荷以及总接触曲率均发生改变。变速曲面上的法向载荷相较于承载区域的常规滚道来说，在数值上发生突变，使得滚动体与变速曲面椭圆接触的长半轴与短半轴发生了改变，变速曲面上的法向载荷主要来自于滚动体自身重力以及运动产生的离心力，其大小与滚动体所在变速曲面位置有关，可表示为

$$F' = F_{\mathrm{c}} + G\cos \varphi \tag{6.22}$$

由此得到了滚动体与变速曲面之间油膜所受总载荷为

$$w'_{\mathrm{o}} = \iint_{S_2} p_2(x,y)\,\mathrm{d}x\,\mathrm{d}y = \iint_{S_1} \frac{3F'}{2\pi a_2 b_2}\sqrt{1-\left(\frac{x}{a_2}\right)^2-\left(\frac{y}{b_2}\right)^2}\,\mathrm{d}x\,\mathrm{d}y \tag{6.23}$$

由于润滑油滚动体与滚道接触变形不同于摩擦，当油膜承受足够大的压力使滚动体与滚道表面产生弹性变形减小，弹性变形量为赫兹接触变形量与中心油膜厚度之差，即

$$\Delta\delta = \delta - h_0 \tag{6.24}$$

根据 Harris 弹性物体表面形变经验公式可知，在润滑状态下滚动体与滚道之间任意一点的弹性变形量可表示为

$$\Delta\delta(x,y) = \frac{2}{\pi E^*}\iint_S \frac{p(x',y')}{\sqrt{(x-x')^2-(y-y')^2}}\,\mathrm{d}x\,\mathrm{d}y \tag{6.25}$$

由于滚动体与滚道之间被油膜隔开而不直接接触，滚动体与滚道之间产生油膜阻力，滚动体在常规滚道时，流体的切应力即油膜表面切向摩擦力作为驱动滚动体旋转运动的原动力，切应力即润滑油对滚动体的摩擦力可以表示为

$$\tau_0 = (\tau_N^{-1} + \tau_{\lim}^{-1})^{-1} \tag{6.26}$$

式中,τ_N 为油膜中牛顿切应力,N;τ_{lim} 为极限切应力,对于油润滑为 $0.19(P$ 为接触区油膜压力)。

　　滚动体与滚道接触表面润滑不足以形成油膜而将二者隔离时,此时滚动体与滚道之间的摩擦力主要由微凸峰和油膜产生的摩擦力合成,且微凸峰摩擦力远大于油膜摩擦力,总的摩擦切应力可表示为

$$\tau = c_v \frac{A_c}{A_0} \mu_f P + \left(1 - \frac{A_c}{A_0}\right) \tau_0 \tag{6.27}$$

式中,c_v 取决于滚动体速度方向(取值正负 1);A_c 为微凸峰面积;A_0 为接触面总面积;P 为油膜压力;μ_f 为粗糙峰区域的摩擦系数。

　　在常规滚道上滚动体与滚道之间的总摩擦力可通过对摩擦切应力进行积分求得,即

$$F_f = a_1 b_1 \int_{-1}^{1} \int_{-\sqrt{1-q^2}}^{\sqrt{1-q^2}} c_v \frac{A_c}{A_0} \mu_f p_o + \left(1 - \frac{A_c}{A_0}\right) \tau_0 \, dt \, dq \tag{6.28}$$

　　滚动体在变速曲面上运动时与内圈脱离(图 6.3),由于变速曲面内部积满润滑油,此时滚动体除了考虑变速曲面上的油膜摩擦力之外,还需要考虑润滑油产生的黏性阻力,针对于无保持架—变速曲面球轴承,每个滚动体经过变速曲面所受到的黏性阻力为

$$F_v = \frac{\pi}{32} C_d \rho_{mix} (D_w d_m \omega_m) \tag{6.29}$$

　　根据式(6.28)可知,滚动体在经过变速曲面时所受的摩擦力为

$$F_f' = 2a_2 b_2 \int_{-1}^{1} \int_{-\sqrt{1-q^2}}^{\sqrt{1-q^2}} c_v \frac{A_c}{A_0} \mu_f p_o' + \left(1 - \frac{A_c}{A_0}\right) \tau_0' \, dt \, dq \tag{6.30}$$

　　因此,滚动体在变速曲面内所受总阻力为

$$F_{fo} = \frac{\pi}{32} C_d \rho_{mix} (D_w D_m \omega_m) + 2a_2 b_2 \int_{-1}^{1} \int_{-\sqrt{1-q^2}}^{\sqrt{1-q^2}} c_v \frac{A_c}{A_0} \mu_f Q_o' + \left(1 - \frac{A_c}{A_0}\right) \tau_0' \, dt \, dq \tag{6.31}$$

6.1.4　自动离散轴承润滑油流动模型

　　滚动体与滚道接触区域内的润滑油可以看作是连续不可压缩的牛顿流体,如图 6.4 所示。润滑油膜流动周向和轴向坐标分别以 x 轴、z 轴表示,径向坐标(油膜厚度方向)以 y 轴表示,根据纳维—斯托克斯方程可知,得到滚动体与滚道之间 x 轴及 z 轴方向上的油膜速度表达式为

$$u = \frac{1}{\eta} \frac{\partial p}{\partial x} \int_0^y y \, dy + \frac{A}{\eta} \int_0^y 1 \, dy + B \tag{6.32}$$

$$w = \frac{1}{\eta} \frac{\partial p}{\partial z} \int_0^y y \, dy + \frac{C}{\eta} \int_0^y 1 \, dy + D \tag{6.33}$$

式(6.32)及式(6.33)中的参量 A、B、C 及 D 可表示为

$$A = \frac{h\left[(u_2 - u_1) - \frac{1}{\eta} \frac{\partial p}{\partial x} \int_0^h y \, dy\right]}{\eta}, \quad B = u_1 \tag{6.34}$$

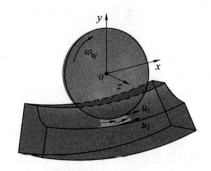

图 6.4　自动离散轴承润滑油流动模型示意图

$$C = \frac{h\left[(w_2 - w_1) - \dfrac{1}{\eta}\dfrac{\partial p}{\partial x}\displaystyle\int_0^h y\,\mathrm{d}y\right]}{\eta}, \quad D = w_1 \tag{6.35}$$

滚动体与滚道之间油膜流动速度的边界条件为

$$\begin{aligned}
u_0 = u_1, \quad & w_0 = w_1, \quad y = 0 \\
u_h = u_2, \quad & w_h = w_2, \quad y = h
\end{aligned} \tag{6.36}$$

根据流体连续性方程可知,油膜在 y 轴方向的速度可表示为

$$\int_0^h \frac{\partial u}{\partial x}\mathrm{d}y + \int_0^h \frac{\partial v}{\partial y}\mathrm{d}y + \int_0^h \frac{\partial w}{\partial z}\mathrm{d}y = 0 \tag{6.37}$$

$$v = -\frac{\partial}{\partial x}\int_0^y u\,\mathrm{d}y - \frac{\partial}{\partial z}\int_0^y w\,\mathrm{d}y \tag{6.38}$$

滚动体与滚道之间油膜压力及表面速度的变化,使滚动体与滚道之间油膜速度在 y 方向产生梯度变化,流动的润滑油质量也产生变化,定义 x 轴、z 轴方向的单位时间上的体积流量为

$$q_x = \int_0^h u\,\mathrm{d}y \tag{6.39}$$

$$q_z = \int_0^h w\,\mathrm{d}y \tag{6.40}$$

将式(6.32)及式(6.33)分别代入式(6.39)和式(6.40),即可得到润滑油膜在 x 轴、z 轴方向上通过的油量:

$$m_x = -\frac{\rho}{12\eta}h^3\frac{\partial p}{\partial x} + h\rho\left(\frac{u_1 + u_2}{2}\right) \tag{6.41}$$

$$m_z = -\frac{\rho}{12\eta}h^3\frac{\partial p}{\partial z} + h\rho\left(\frac{w_1 + w_2}{2}\right) \tag{6.42}$$

式中,ρ 为润滑油密度。

滚动体与滚道之间的油膜厚度方程可表示为

$$h(x, y) = h_0 + \frac{x^2}{2R_x} + \frac{y^2}{2R_y} + \delta(x, y) \tag{6.43}$$

式中,$\delta(x, y)$ 为接触表面形变量;h_0 为最小油膜厚度;R_x 及 R_y 分别为常规滚道和变速曲面分别沿 2 个方向的当量曲率半径。

6.2　自动离散轴承润滑行为的数值求解

6.2.1　自动离散轴承润滑油流动特性

无保持架自动离散球轴承计算参数基于 6206 深沟球轴承,轴承工况为径向载荷 500 N,内圈转速分别为 1 800 r/min、3 000 r/min 及 6 000 r/min,涉及的材料、润滑及变速曲面结构属性参数见表 6.1 所示,其他参数见表 2.1 和表 3.1。

表 6.1　变速曲面球轴承润滑计算参数

参数	数值
滚动体弹性模量 E_1	207 GPa
外圈弹性模量 E_2	207 GPa
滚动体泊松比 ν_1	0.29
外圈泊松比 ν_2	0.29
润滑油初始密度 ρ_0	992 kg/m^3
润滑油初始黏度 η_0	0.050 Pa·s
润滑油黏压系数 α	1.85×10^{-8} m^2/N
环向跨度角 θ_x	24°
轴向跨度角 θ_z	42.8°

针对带变速曲面的无保持架球轴承进行弹流润滑方程组求解,油膜速度计算流程如图 6.5 所示。在给定径向载荷 F_r 及内圈转速 ω_i 后,对油膜压力峰值及所对应的弹性变形量进行计算,为求解雷诺方程提供初值条件。结合 Matlab 编程反复迭代的方法对接触区域内的任意一点处油膜压力及油膜厚度进行计算,最终将所求油膜压力及油膜厚度带入润滑油流动模型中,完成润滑油膜速度求解。

为了直观地反应无保持架-变速曲面球轴承油膜状态,图 6.6 给出了在不同转速下,在常规滚道上滚动体之间的油膜压力及油膜厚度分布图。

滚动体在变速曲面上任意一点处油膜压力与油膜厚度分布图如图 6.7 所示。

从图 6.6 和图 6.7 中可以看出,滚动体在常规滚道上油膜压力峰值附近处均存在二次峰值,当压力增大到一定程度时极易导致油膜破损,而在变速曲面上没有出现;随着油膜压力增大,油膜厚度减小,从数值上看,在变速曲面处油膜压力小于常规滚道处,但压力分布范围大于常规滚道;在常规滚道上,在压力二次峰值处出现油膜紧缩现象,而无论在变速曲面还是常规滚道,油膜厚度在数值上随着转速提高而不断减小。根据前述理论研究,由于滚动体与变速曲面接触的椭圆区域增大,油膜压力不存在二次峰值现象,但油膜压力峰值向入口区域发生偏移,在接触区域油膜厚度处于一直减小的过程。

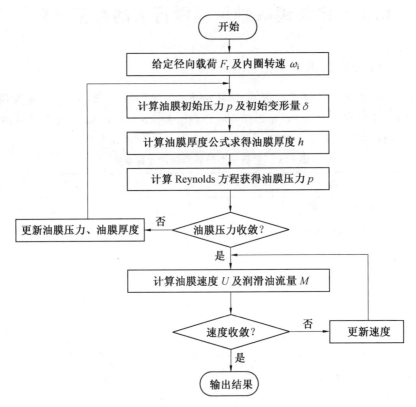

图 6.5　油膜速度计算流程图

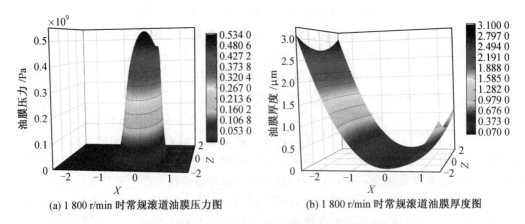

(a) 1 800 r/min 时常规滚道油膜压力图　　　　(b) 1 800 r/min 时常规滚道油膜厚度图

图 6.6　滚动体在常规滚道上油膜压力与油膜厚度分布图

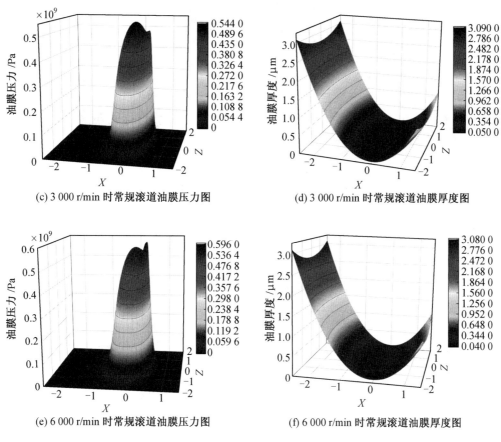

(c) 3 000 r/min 时常规滚道油膜压力图　　　　　　　　(d) 3 000 r/min 时常规滚道油膜厚度图

(e) 6 000 r/min 时常规滚道油膜压力图　　　　　　　　(f) 6 000 r/min 时常规滚道油膜厚度图

续图 6.6

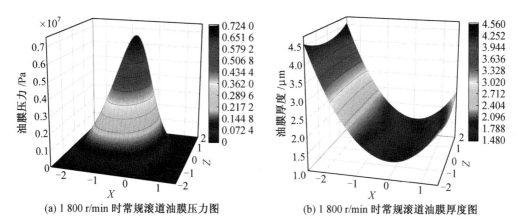

(a) 1 800 r/min 时常规滚道油膜压力图　　　　　　　　(b) 1 800 r/min 时常规滚道油膜厚度图

图 6.7　滚动体在变速曲面上任意一点处油膜压力与油膜厚度分布图

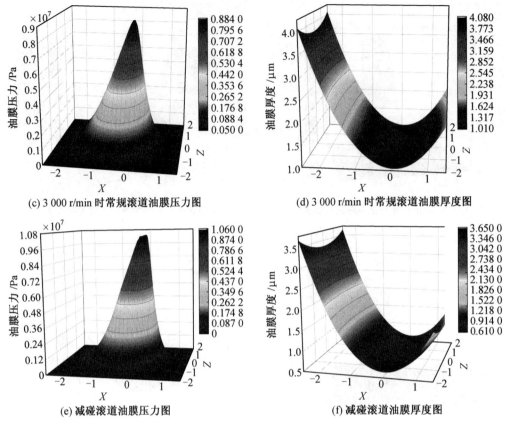

(c) 3 000 r/min 时常规滚道油膜压力图　　　(d) 3 000 r/min 时常规滚道油膜厚度图

(e) 减碰滚道油膜压力图　　　　　　　　(f) 减碰滚道油膜厚度图

续图 6.7

为了进一步确定滚动体经过变速曲面润滑油流动行为,分析变速曲面内 3 个位置处的油膜压力与油膜厚度。图 6.8 所示为变速曲面在进出及中间位置的油膜压力和油膜厚度分布图,其变速曲面轴承工况与前述研究相同。

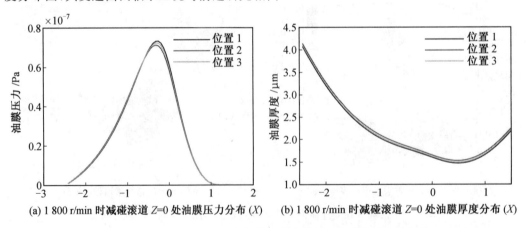

(a) 1 800 r/min 时减碰滚道 $Z=0$ 处油膜压力分布 (X)　　(b) 1 800 r/min 时减碰滚道 $Z=0$ 处油膜厚度分布 (X)

图 6.8　变速曲面在进出及中间位置的油膜压力和油膜厚度分布图

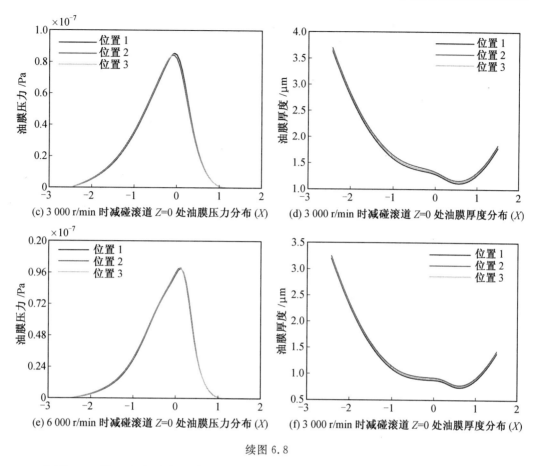

(c) 3 000 r/min 时减碰滚道 Z=0 处油膜压力分布 (X)

(d) 3 000 r/min 时减碰滚道 Z=0 处油膜厚度分布 (X)

(e) 6 000 r/min 时减碰滚道 Z=0 处油膜压力分布 (X)

(f) 3 000 r/min 时减碰滚道 Z=0 处油膜厚度分布 (X)

续图 6.8

由图 6.8 可知,在变速曲面内的 3 个位置油膜压力及油膜厚度分布规律基本一致,其中位置 1 的油膜压力最大,厚度最小;位置 2 的油膜压力最小,厚度最大。油膜厚度随油膜压力的增大而减小,油膜厚度在接触区域内也一直呈现下降趋势。转速为 3 000 r/min 时,从图 6.8(c) 中可以看出,3 个位置处油膜压力峰值相差较小,且压力峰值点逐渐返回接触区域中心,此时接触区域内油膜厚度虽然一直还是处于下降阶段,但下降幅度明显小于 1 800 r/min。当转速提高至 6 000 r/min 时,由图 3.7(e) 可以看出,3 个位置处的油膜压力峰值几乎不存在偏差,且压力峰值点回到接触区域中心,此时接触区域内油膜厚度不发生改变,但还是出现紧缩现象。

滚动体经过变速曲面时,不同位置的油膜压力及油膜厚度变化规律总体上差异不大,主要影响因素是滚动体的速度。图 6.9 所示给出了滚动体与变速曲面椭圆接触区域内油膜流动速度分布图。

滚动体在变速曲面内运动时,其表面润滑油流动速度从入口区域逐渐增加,结合图 6.8 可知,入口区域油膜压力由 0 逐渐增加,而当油膜压力为 0 时不发生流动,当达到滚动体及变速曲面接触椭圆区域,其内部油膜流动速度与滚动体及变速曲面之间的卷吸速度相近,当达到油膜厚度突变处,油膜速度也发生突变,直至逐渐减小至卷吸速度。根据以上分析可知,在内圈转速为 1 800 r/min 条件下,如图 6.9(a) 所示,油膜流动速度从入口

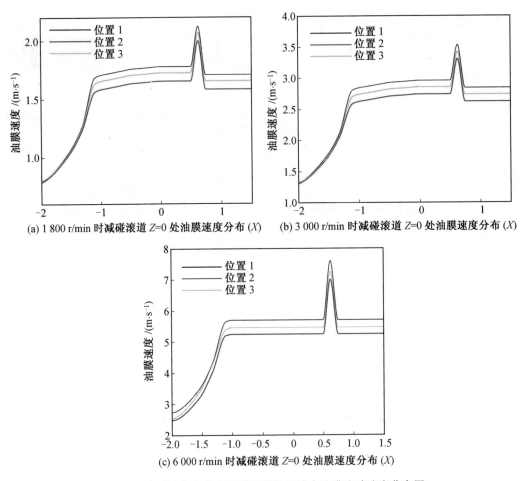

(a) 1 800 r/min 时减碰滚道 Z=0 处油膜速度分布 (X)　　(b) 3 000 r/min 时减碰滚道 Z=0 处油膜速度分布 (X)

(c) 6 000 r/min 时减碰滚道 Z=0 处油膜速度分布 (X)

图 6.9　滚动体与变速曲面椭圆接触区域内油膜流动速度分布图

区域开始增加至与卷吸速度相同,在接触椭圆区域内结合图 6.8(a) 可知,油膜厚度在接触区域内一直在不断减小,因此导致接触区域内的油膜速度不断增加,但增长趋势很小,随即不再增加,然后在油膜发生紧缩处油膜速度发生突然增大;如图 6.9(b) 所示,当内圈转速为 3 000 r/min 时,油膜速度变化规律大致相同;当内圈转速为 6 000 r/min 时,如图 6.9(c) 所示,油膜流动速度从入口区域开始增加至与卷吸速度相同,随即在进入接触区域内油膜速度与另外两种工况时不同,速度突增的数值与滚动体速度有关,滚动体速度越大,油膜流动速度及突增后的速度越大。

6.2.2　自动离散轴承润滑仿真分析

基于 6206 深沟球轴承建立变速曲面球轴承流体域仿真模型,运用 Creo 软件对无保持架变速曲面球轴承进行建模,考虑只有一个滚动体进出变速曲面,选定变速曲面的环向跨度角 θ_x 为 24°,轴向跨度角 θ_z 为 42.8°,确定变速曲面长度、宽度分别为 11.6 mm 和 3.2 mm,变速曲面深度选 1.5 mm,其他参数见表 2.1 和表 3.1。结合 Fluent 软件对无保持架 — 变速曲面球轴承进行润滑仿真分析,模型主要考虑变速曲面内初始油量对润滑效果的影响,流体域模型如图 6.10(a) 所示。

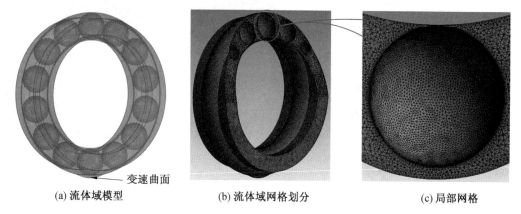

　(a) 流体域模型　　　　　　(b) 流体域网格划分　　　　　(c) 局部网格

图 6.10　流体域模型及网格划分

　　滚动体在变速曲面轴承中运动时,滚动体的公转及自转运动是影响润滑油流动的主要因素,因此采用动网格计算模型以体现滚动体的真实运动状态,并结合编写用户自定义程序实现。为了便于网格划分及提高计算速度,本节选用四面体形状的动网格,且对滚动体及滚道接触处网格尺寸进行局部加密,划分后的流体区域网格,如图 6.10(b) 所示。为了有效计算滚动体表面流体润滑行为,对滚动体表面添加了边界层网格,如图 6.10(c) 所示。

　　为了分析不同时刻下润滑油在流体域内的分布情况,考虑轴承工况选择 VOF 多相流求解模型,设置空气为主、润滑油为次相。滚动体表面添加的边界层网格会随其运动而发生扭曲,为了防止网格过渡扭曲从而导致计算过程无法进行,将边界层网格从流体域整体网格中分离,并且用编写的 UDF 程序同时控制边界层网格与滚动体共同运动,以此分析滚动体表面润滑油的附着情况。边界条件设置流程图如图 6.11 所示。

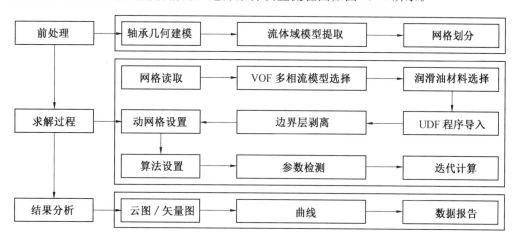

图 6.11　边界条件设置流程图

　　根据前述对变速曲面位置的研究,主要针对变速曲面位于承载区域正下方及出承载区时进行仿真,如图 6.12(a) 和图 6.12(b) 所示。为了进一步对比润滑效果,同时给出了无变速曲面的润滑油流动仿真结果,如图 6.12(c) 所示。

(a) 承载区下方   (b) 出承载区   (c) 无变速曲面

图 6.12   无保持架 – 变速曲面轴承润滑油分布

由图 6.12 可以看出，变速曲面轴承的润滑效果明显好于无保持架球轴承，主要是由于变速曲面内的润滑油能够全部参与轴承润滑，在滚动体经过变速曲面时，其将表面润滑油带入常规滚道，使滚动体和滚道接触区域始终处于较好的润滑环境，而不带变速曲面轴承滚动体与滚道接触区域出现乏油现象，通过图 6.13 所示的轴承润滑油膜压力分布图也验证了变速曲面轴承润滑行为更优。

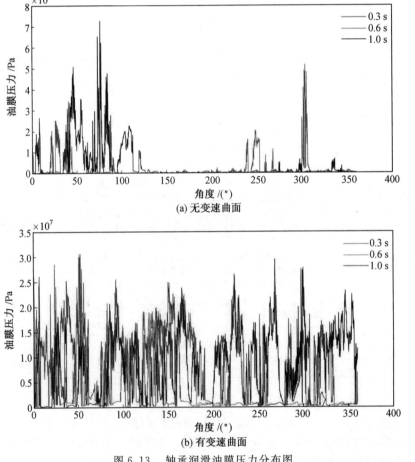

图 6.13   轴承润滑油膜压力分布图

从图 6.13 可以看出,无变速曲面轴承滚动体与滚道接触区域没有完全形成油膜,而变速曲面内润滑油可以到达滚动体与滚道接触区域形成油膜,但是需要根据不同工况对润滑油油量进行控制,以便能更好地在内外圈均形成油膜。

第7章 无保持架自动离散轴承损伤振动特性

无保持架球轴承变速曲面损伤会导致滚动体自动离散失效,同时损伤也带来了轴承振动影响动态性能。本章从损伤变速曲面无保持架球轴承滚动体的动态特性开展研究,建立损伤变速曲面滚动体离散失效运动方程;考虑变速曲面损伤导致滚动体产生时变位移和时变刚度,以及滚动体离散失效导致碰撞对轴承内圈产生瞬时作用力,建立损伤变速曲面滚动体的时变位移和时变接触刚度模型,以及损伤变速曲面滚动体的碰撞模型;进一步分析滚动体与损伤变速曲面滚道接触特性,建立变速曲面损伤无保持架球轴承振动方程,确定滚动体离散失效时的变速曲面损伤参数值。

7.1 损伤变速曲面滚动体的动态特性

7.1.1 损伤变速曲面滚动体运动分析

1. 损伤变速曲面滚动体离散状态分析

首先对滚动体经过损伤变速曲面时的离散状态进行分析,给出带有损伤变速曲面无保持架球轴承结构,如图 7.1 所示。

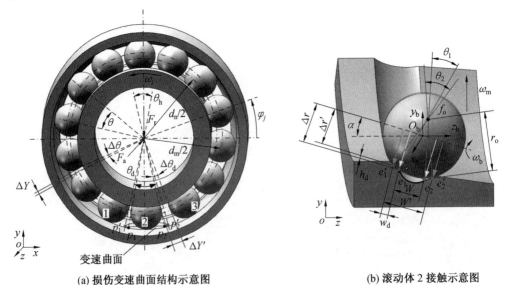

(a) 损伤变速曲面结构示意图   (b) 滚动体 2 接触示意图

图 7.1 损伤变速曲面无保持架球轴承结构示意图

由图 7.1(a) 可知,当变速曲面未损伤时,其沿轴承外圈与常规滚道交界点为 p_1 和

p_2,随着变速曲面损伤内圈向外挤滚动体而使原有交界点沿环向扩展至 p_1' 和 p_2',损伤后变速曲面环向跨度角增加到 θ_d,滚动体沿径向下移与变速曲面上接触点移动至 e_1' 和 e_2',产生了变速曲面损伤宽度和深度,分别表示为 w_d 和 h_d[图 7.1(b)],由于滚动体与损伤变速曲面接触点间距离 W' 的增加,导致滚动体有效回转半径 $\Delta r'$ 减小,根据前述滚动体离散原理,当有效回转半径随着损伤的发展而持续减小到某一值时,将最终导致图 7.1(a) 中滚动体 2 和滚动体 3 之间的离散间距 $\Delta Y'$ 不断增加,而滚动体 1 追赶滚动体 2 直至发生碰撞,最终由于变速曲面损伤而导致滚动体离散失效。

2. 损伤变速曲面滚动体离散间距分析

通过以上分析变速曲面损伤对滚动体离散的影响可知,变速曲面损伤直接影响滚动体的有效回转半径,进而影响相邻滚动体之间的速度差,导致离散间距变化,因此,首先建立变速曲面损伤参数和离散间距 $\Delta Y'$ 的关系方程,用以确定离散间距 $\Delta Y'$ 的影响因素,以此作为滚动体离散失效的判定条件。

由图 7.1(a) 中各几何关系,分别建立变速曲面损伤后所对应的环向跨度角及离散间距,其表达式分别为

$$\theta_d = \theta_h + 4\arcsin \frac{w_d}{d_m + D_w \cos \alpha} \tag{7.1}$$

式中,w_d 为变速曲面损伤宽度;α 为滚动体接触角。

$$\Delta Y' = \frac{2\pi d_n \theta_d}{360}\left(\frac{D_w}{2\Delta r'} - 1\right) \tag{7.2}$$

通过以上对无保持架球轴承的变速曲面损伤后滚动体离散距离分析可知,滚动体经过损伤变速曲面时,其有效回转半径出现了变化,因此需要对轴承滚动体有效回转半径进行分析。

由图 7.1(b) 可知,滚动体与未损伤的变速曲面接触点距离为 W,则变速曲面轴向跨度角可表示为

$$\theta_1 = 2\arcsin \frac{W/2}{r_o} \tag{7.3}$$

当变速曲面损伤后,滚动体与其接触点的宽度增加至 W',在式(7.3)的基础上引入损伤宽度 w_d,则变速曲面损伤后的轴向跨度角表示为

$$\theta_2 = 2\arcsin \frac{W/2 + w_d}{r_o} \tag{7.4}$$

由于滚动体与变速曲面损伤前后接触点由 e_1 和 e_2 沿外圈滚道沟底向两侧移动至 e_1' 和 e_2',而外圈沟底的曲率半径 r_o 不变,因此在式(7.3)和式(7.4)的基础上,得到变速曲面损伤深度 h_d 与轴向跨度角关系为

$$h_d = r_o \cos \frac{\theta_1}{2} - r_o \cos \frac{\theta_2}{2} \tag{7.5}$$

此时,当滚动体经过损伤变速曲面时,轴承在径向方向出现了下移,使接触圆周和有效回转半径变小,结合图 7.1(b),则效回转半径 $\Delta r'$ 和损伤深度 h_d 之间的关系为

$$\Delta r' = \Delta r - h_d \tag{7.6}$$

基于前述对滚动体经过损伤变速曲面的离散分析可知,滚动体离散间距变化主要取

决于有效回转半径,因此将式(7.1)、式(7.5)和式(7.6)代入式(7.2)中,则变速曲面损伤后滚动体离散间距为

$$\Delta Y' = \frac{\pi d_{\mathrm{n}}}{180}\left(\theta_{\mathrm{h}} + 4\arcsin\frac{w_{\mathrm{d}}}{d_{\mathrm{m}} + D_{\mathrm{w}}\cos\alpha}\right)\left[\frac{D_{\mathrm{w}}}{2(\Delta r - h_{\mathrm{d}})} - 1\right] \tag{7.7}$$

根据式(7.7)可知,影响滚动体离散间距的参数主要是变速曲面径向损伤深度、轴向损伤宽度、环向跨度角及有效回转半径,而回转半径的变化直接影响滚动体经过变速曲面的损伤速度,因此首先对轴承滚动体的速度进行分析。

3. 损伤变速曲面滚动体速度分析

由前述损伤不是曲面离散分析可知,在当滚动体从常规滚道进入损伤变速曲面的过程中,由于变速曲面损伤后原本只有一个滚动体经过,而损伤后在变速曲面内同时存在 2 个滚动体,此时滚动体和损伤变速曲面接触点发生变化。图 7.2 所示为滚动体在损伤变速曲面运动状态示意图。

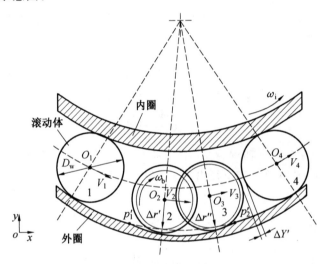

图 7.2　滚动体在损伤变速曲面运动示意图

图 7.2 中给出了相邻的 4 个滚动体相继经过损伤的变速曲面,滚动体 4 已经运动到常规滚道处,此时滚动体 3 即将离开损伤变速曲面时,滚动体 2 已经进入损伤变速曲面。在损伤变速曲面上不同位置的 4 个滚动体回转半径发生了变化($D_{\mathrm{w}}/2 - \Delta r' - \Delta r'' - D_{\mathrm{w}}/2$),由前述分析可知,滚动体的公转角速度和线速度发生了变化,轴承滚动体在常规滚道的公转角速度 ω_{m} 和自转角速度 ω_{b} 分别表示为

$$\omega_{\mathrm{m}} = \frac{\omega_i}{2}\left(1 - \frac{D_{\mathrm{w}}}{d_{\mathrm{m}}}\cos\alpha\right) \tag{7.8}$$

$$\omega_{\mathrm{b}} = \frac{\omega_i d_{\mathrm{m}}}{2D_{\mathrm{w}}}\left(1 - \frac{D_{\mathrm{w}}^2}{d_{\mathrm{m}}^2}\cos^2\alpha\right) \tag{7.9}$$

在损伤变速曲面中,此时滚动体 2 脱离内圈,回转半径的变化导致线速度发生改变,损伤变速曲面上的滚动体 2 的线速度表示为

$$V_2 = \omega'_{\mathrm{m}}\left[\frac{d_{\mathrm{m}}}{2} + (D_{\mathrm{w}} - \Delta r')\cos\alpha\right] \tag{7.10}$$

由于轴承在工作过程中内圈旋转外圈不动,当滚动体在损伤变速曲面内部时,假设滚动体的自转速度 ω_b 不变,则在接触点处滚动体公转和自传线速度的关系为

$$\omega_b \Delta r' = \omega'_m \left[\frac{d_m}{2} + (D_w - \Delta r') \cos \alpha + \Delta r' \cos \alpha \right] \qquad (7.11)$$

将式(7.9)代入式(7.11),可得在损伤变速曲面上的滚动体公转角速度为

$$\omega'_m = \frac{\omega_b \Delta r'}{Dw \cos \alpha + \frac{d_m}{2}} \qquad (7.12)$$

由图7.1(a)中可知,常规滚道上滚动体的公转速度 $V_1 = \omega_m d_m / 2$,将式(7.12)代入式(7.10),则常规滚道和损伤变速曲面相邻两个滚动体之间的速度差为

$$\Delta V = \frac{\omega_m d_m}{2} - \frac{\omega_b \Delta r' \left[(D_w - \Delta r') \cos \alpha + \frac{d_m}{2} \right]}{D_w \cos \alpha + d_m / 2} \qquad (7.13)$$

将式(7.8)代入式(7.13)可得

$$\Delta V = \frac{\omega_i d_m}{4} \left(1 - \frac{D_w}{d_m} \cos \alpha \right) - \frac{\omega_b \Delta r' \left[(D_w - \Delta r') \cos \alpha + \frac{d_m}{2} \right]}{D_w \cos \alpha + \frac{d_m}{2}} \qquad (7.14)$$

由式(7.14)可知,变速曲面损伤后滚动体的有效回转半径 $\Delta r'$ 发生了改变,导致相邻滚动体的速度差变化影响滚动体离散效果,以至于严重损伤时滚动体离散失效。

由图7.2可知,由于损伤后变速曲面沿环向延长到点 p'_1 和点 p'_2,当滚动体3和滚动体2经过变速曲面时,损伤变速曲面内有可能同时存在两个滚动体,滚动体3即将脱离损伤变速曲面时做减速度运动,滚动体2已经进入损伤变速曲面,滚动体2和滚动体3的距离逐渐减小,有可能发生碰撞,而已经从损伤变速曲面出来的滚动体4,此时在外圈的带动下开始加速运动,与还处于损伤变速曲面上的滚动体3的距离逐渐变大。当两个滚动体在损伤变速曲面上发生碰撞时,滚动体离散失效的条件为

$$\Delta Y' \geqslant 2 \frac{\pi d_n \theta_h}{360} \left(\frac{D_w}{2 \Delta r} - 1 \right) \qquad (7.15)$$

由此可以确定变速曲面损伤导致滚动体离散失效后,滚动体有效回转半径 $\Delta r'$ 的变化范围为

$$\Delta r' \leqslant \frac{D_w \Delta r \theta_d}{2(D_w - 2\Delta r)\theta_h + 2\Delta r \theta_d} \qquad (7.16)$$

损伤变速曲面滚动体离散失效后,变速曲面损伤的深度和宽度变化范围分别为

$$\begin{cases} h_d \geqslant \Delta r - \dfrac{D_w \Delta r \theta_d}{2(D_w - 2\Delta r)\theta_h + 2\Delta r \theta_d} \\[3mm] w_d \geqslant r_o \sin \left(\arccos \dfrac{r_o \cos \dfrac{\theta_1}{2} - A}{r_o} \right) - \dfrac{W}{2} \end{cases} \qquad (7.17)$$

式中,$A = \Delta r - \dfrac{D_w \Delta r \theta_d}{2(D_w - 2\Delta r)\theta_h + 2\Delta r \theta_d}$。

7.1.2　损伤变速曲面的时变特性

1. 损伤变速曲面滚动体位移的时变特性

图 7.3 所示为滚动体经过变速曲面损伤前后的时变位移,图中未损伤变速曲面对应环向跨度角为 θ_h,滚动体经过变速曲面时球心沿径向变化,图中 $H(\varphi_j)$ 为滚动体随位置变化的时变位移。根据图中几何关系可以得到滚动体接触点到变速曲面始端位置 $L(\varphi_j)$ 表达式为

$$L(\varphi_j) = \frac{L}{2} - \left(\frac{D_w}{2}\cos\alpha + \frac{d_m}{2} \right) \tan\left[\frac{3\pi}{2} - \text{mod}(\varphi_j) \right] \tag{7.18}$$

式中,φ_j 为滚动体位置角;L 为未损伤变速曲面长度;D_w 滚动体直径;d_m 为轴承节圆直径。

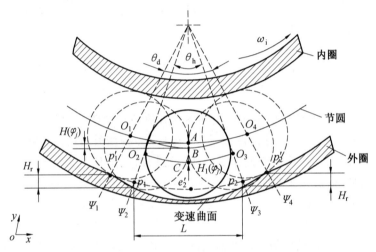

图 7.3　滚动体经过变速曲面损伤前后的时变位移

滚动体与未损伤椭圆变速曲面两个接触点的距离 $W(\varphi_j)$ 也随着 $L(\varphi_j)$ 发生变化,其表达式为

$$W(\varphi_j) = W\sqrt{1 - \frac{\left[L(\varphi_j) - L/2 \right]^2}{L^2/4}} \tag{7.19}$$

式中,W 为滚动体与变速曲面接触的最大宽度。

由滚动体在变速曲面接触的几何关系可知,滚动体在未损伤椭圆变速曲面中的时变位移方程可表示为

$$H(\varphi_j) = \left[r_0^2 - W(\varphi_j)^2 \right]^{\frac{1}{2}} - \left[\left(\frac{D_w}{2} \right)^2 - W(\varphi_j)^2 \right]^{\frac{1}{2}} + \frac{D_w}{2} - r_0 \tag{7.20}$$

式中,r_0 为轴承沟底曲率半径。

将损伤变速曲面分为 3 个区域(图 7.3),在 Ψ_2 到 Ψ_3 这一区域,滚动体的时变位移主要考虑由变速曲面损伤宽度 w_d 和损伤深度 h_d 共同引起,在损伤椭圆变速曲面上滚动体时变位移为 $H_1(\varphi_j)$;在 $(\Psi_1 - \Psi_2)$ 和 $(\Psi_3 - \Psi_4)$ 这两个区域,滚动体的时变位移主要考虑沿径向挤压,图中给出在两区域内滚动体的最大时变位移为 H_r。

在 $(\Psi_2-\Psi_3)$ 区域内由于变速曲面损伤参数引起滚动体时变位移,可得在损伤变速曲面上滚动体的时变位移 $H_1(\varphi_j)$ 为

$$H_1(\varphi_j)=\{r_0^2-[W(\varphi_j)+w_{\mathrm{d}}]^2\}^{\frac{1}{2}}-\left\{\left(\frac{D_{\mathrm{w}}}{2}\right)^2-[W(\varphi_j)+w_{\mathrm{d}}]^2\right\}^{\frac{1}{2}}+\frac{D_{\mathrm{w}}}{2}-r_0$$

$$(7.21)$$

损伤深度 h_{d} 与损伤宽度 w_{d} 有关,式(7.21)对变速曲面损伤程度损伤宽度 w_{d} 进行表征。

由图 7.3 所示,在 $(\Psi_1-\Psi_2)$ 区域和 $(\Psi_3-\Psi_4)$ 区域,由于变速曲面损伤后导致原有的与常规滚道接触点 p_1、p_2 分别向外延伸到 p'_1、p'_2,因此当滚动体从 p'_1 运动到 p_1,从 p_2 运动到 p'_2 时,滚动体的时变位移随位置变化表达式分别为

$$H_{\mathrm{r}1}(\varphi_j)=H_{\mathrm{r}}\frac{\mathrm{mod}((\varphi_j-3\pi/2+\theta_{\mathrm{d}}/2),2\pi)}{\Psi_2-\Psi_1}\qquad(7.22)$$

$$H_{\mathrm{r}2}(\varphi_j)=H_{\mathrm{r}}\frac{\mathrm{mod}((3\pi/2+\theta_{\mathrm{d}}/2-\varphi_j),2\pi)}{\Psi_4-\Psi_3}\qquad(7.23)$$

综上,滚动体经过损伤的变速曲面(即从 p'_1 点到 p'_2 点)时,建立滚动体经过损伤变速曲面的时变位移模型表达式为

$$H=\begin{cases}H_{\mathrm{r}1}(\varphi_j),&\Psi_1\leqslant\mathrm{mod}(\varphi_j,2\pi)\leqslant\Psi_2\\H_1(\varphi_j),&\Psi_2<\mathrm{mod}(\varphi_j,2\pi)<\Psi_3\\H_{\mathrm{r}2}(\varphi_j),&\Psi_3\leqslant\mathrm{mod}(\varphi_j,2\pi)\leqslant\Psi_4\end{cases}\qquad(7.24)$$

损伤变速曲面与常规滚道的接触点 p'_1 和 p'_2 的位置与环向跨度角有关,因此,损伤两端点位置可表示为

$$\begin{cases}\Psi_1=\dfrac{3\pi}{2}-\dfrac{\theta_{\mathrm{h}}+4\arcsin\dfrac{w_{\mathrm{d}}}{d_{\mathrm{m}}+D_{\mathrm{w}}\cos\alpha}}{2}\\[4mm]\Psi_4=\dfrac{3\pi}{2}+\dfrac{\theta_{\mathrm{h}}+4\arcsin\dfrac{w_{\mathrm{d}}}{d_{\mathrm{m}}+D_{\mathrm{w}}\cos\alpha}}{2}\end{cases}\qquad(7.25)$$

2. 损伤变速曲面滚动体接触刚度的时变特性

变速曲面损伤沿环向扩展,使滚动体进入后和退出前时变位移不足以抵消套圈的接触变形,此时滚动体和损伤变速曲面虽为两点接触,如图 7.4 所示的接触点 c_1、c_2,但与轴承的内圈因变形未恢复,仍保持接触。为了分析滚动体的时变刚度,给出如图 7.4 所示滚动体进入损伤变速曲面时接触刚度模型。

由图 7.4 可知,在损伤变速曲面上滚动体由接触点 c_1 和 c_2 共同支撑,滚动体受到支撑力 F_{N_1} 和 F_{N_2},滚动体质心 O_{b} 的时变位移沿着向量 $\boldsymbol{\tau}$ 方向,质心时变位移轨迹的法向向量为 $\boldsymbol{n}$,滚动体与损伤变速曲面的当量接触刚度可表示为

$$K'_{\mathrm{edge}}=2\left[K_{\mathrm{edge}}\cos^2\frac{\beta_{\mathrm{d}}}{2}+\frac{2T\sin\left(\rho\sin\dfrac{\beta_{\mathrm{d}}}{2}\mp\dfrac{D_{\mathrm{w}}}{2}\right)}{\rho D_{\mathrm{w}}}\right\}\qquad(7.26)$$

式中,ρ 为滚动体质心运动轨迹的曲率半径;T 为弹簧力,其在数值上等于滚动体的支撑

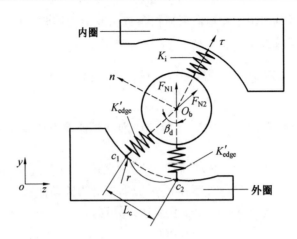

图 7.4　滚动体进入损伤变速曲面时接触刚度模型

力；β_d 为滚动体所受支撑力的夹角，$\beta_d = 2\arcsin\dfrac{L_c}{D_w}$。

常规滚道处滚动体和内外圈及滚动体经过损伤变速曲面的接触刚度分别为

$$K_b = \frac{1}{\left[K_i^{-2/3} + K_o^{-2/3}\right]^{3/2}} \tag{7.27}$$

$$K_b' = \frac{1}{\left[K_i^{-2/3} + K_{edge}'^{-2/3}\right]^{3/2}} \tag{7.28}$$

因此，无保持架球轴承滚动体的时变接触刚度与变速曲面损伤相关，滚动体在轴承内公转一周的时变接触刚度随位置变化可表示为

$$K = \begin{cases} K_b', & \psi_1 < \mathrm{mod}(\varphi_j, 2\pi) < \psi_4 \\ K_b, & \text{其他} \end{cases} \tag{7.29}$$

7.1.3　损伤变速曲面滚动体的碰撞瞬时力

随着变速曲面损伤程度的加剧，滚动体 2 先进入损伤变速曲面并与内圈脱离，后边紧跟着滚动体 1 还未进入损伤变速曲面，根据前述分析，当滚动体 1 和滚动体 2 之间的相对速度不满足离散条件时，相邻滚动体的离散失效，将会发生碰撞，在碰撞力的作用下滚动体挤压内圈。图 7.5 所示为相邻滚动体 1 和滚动体 2 碰撞受力示意图。

以滚动体 1 为受力体进行分析。由图 7.5 可知，当滚动体 1 在常规滚道运动时，在内外圈接触力 Q_{i1} 和 Q_{o1} 的作用下，滚动体 1 分别与套圈产生摩擦力。从图中可以看出，两个摩擦力形成了阻力矩 M_f，从而影响滚动体 1 的速度，相邻滚动体在碰撞力 F_1 的作用下，滚动体碰撞时产生了摩擦力 f_{impl}，相应地在碰撞点也会产生一个摩擦力距，因此在以上力的作用下滚动体 1 将会在接触点 A 处对内圈产生瞬时作用力 Q_{t2}，同时还产生一个力矩区，来平衡前述所说的碰撞点的摩擦力矩。由于瞬时作用力将引起轴承内圈的振动，因此建立瞬时作用力方程，作为轴承振动方程求解的输入条件。

由于滚动体碰撞作用时间极短，滚动体之间的碰撞变形视为弹性变形，当两个滚动体分别以速度 V_1 和 V_2 滚动发生碰撞时，考虑滚动体碰撞变形导致的滚动体速度变化，变形与速度关系可表示为

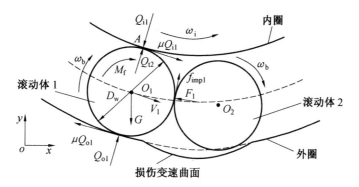

图 7.5　相邻滚动体 1 和滚动体 2 碰撞受力示意图

$$\Delta V = \frac{\mathrm{d}\delta_{\mathrm{imp}}}{\mathrm{d}t} = V_1 - V_2 \tag{7.30}$$

式中，ΔV 为两个滚动体之间的相对速度；δ_{imp} 为两个滚动体碰撞接触变形。

在任何瞬时滚动体之间的碰撞法向作用力为

$$F_1 = m\frac{\mathrm{d}V_1}{\mathrm{d}t} = -m\frac{\mathrm{d}V_2}{\mathrm{d}t} = K_{\mathrm{bb}}\delta_{\mathrm{imp}}^{3/2} \tag{7.31}$$

式中，m 为滚动体质量；K_{bb} 为滚动体和滚动体之间的接触刚度。

对碰撞法向力进行积分并求解，可得

$$\frac{1}{2}\left[\Delta V^2 - \left(\frac{\mathrm{d}\delta_{\mathrm{imp}}}{\mathrm{d}t}\right)^2\right] = \frac{2}{5}\frac{K_{\mathrm{bb}}}{m}\delta_{\mathrm{imp}}^{5/2} \tag{7.32}$$

在最大的碰撞变形处，滚动体的 $\dfrac{\mathrm{d}\delta_{\mathrm{imp}}}{\mathrm{d}t} = 0$，得到最大压缩变形为

$$\delta_{\mathrm{imp}}^* = \left(\frac{5m\Delta V^2}{4K_{\mathrm{bb}}}\right)^{2/5} \tag{7.33}$$

再进行二次积分可以推出变形和时间的动态表达式为

$$t^* = \frac{\delta_{\mathrm{imp}}^*}{\Delta V}\int\frac{\mathrm{d}(\delta_{\mathrm{imp}}/\delta_{\mathrm{imp}}^*)}{[1-(\delta_{\mathrm{imp}}/\delta_{\mathrm{imp}}^*)^{5/2}]^{1/2}} \tag{7.34}$$

在达到最大压缩时刻 t^* 之后，滚动体碰撞时的变形可以完全恢复，由此可以求得碰撞总时间为

$$T_{\mathrm{c}} = 2t^* = 2\frac{\delta_{\mathrm{imp}}^*}{\Delta V}\int_0^1\frac{\mathrm{d}(\delta_{\mathrm{imp}}/\delta_{\mathrm{imp}}^*)}{[1-(\delta_{\mathrm{imp}}/\delta_{\mathrm{imp}}^*)^{5/2}]^{1/2}} = 2.94\frac{\delta_{\mathrm{imp}}^*}{\Delta V} \tag{7.35}$$

以上求得滚动体的接触变形 δ_{imp}^* 之后，可求得滚动体碰撞时的摩擦力为

$$f_{\mathrm{imp1}} = \mu K_{\mathrm{bb}}\delta_{\mathrm{imp}}^{3/2} \tag{7.36}$$

根据求得滚动体在碰撞点处的摩擦力，可知摩擦力矩为 $\dfrac{f_{\mathrm{imp1}}D_{\mathrm{w}}}{2}$，利用角动量守恒定律建立滚动体 1 对轴承内圈的瞬时作用力方程为

$$\left(f_{\mathrm{imp}}\frac{D_{\mathrm{w}}}{2} - \mu Q_{\mathrm{t2}}\frac{D_{\mathrm{w}}}{2}\right)(\omega_{\mathrm{b}} - \omega_{\mathrm{b}}')T_{\mathrm{c}} = \frac{1}{2}I\omega_{\mathrm{b}}^2 - \frac{1}{2}I\omega_{\mathrm{b}}'^2 \tag{7.37}$$

式中，I 为滚动体的转动惯量；D_{w} 为滚动体的直径；Q_{t2} 为碰撞时内圈所受瞬时作用力。

由于滚动体 1 和滚动体 2 发生碰撞时，滚动体 2 在损伤变速曲面上与内圈脱离，因此

可以认为滚动体 1 碰撞后自转速度基本没有变化,对式(7.37)进行化简可得到滚动体碰撞时内圈所受载荷为

$$Q_{t2} = \frac{f_{imp}}{\mu} - \frac{2I\omega'_b \Delta V}{2.94\delta^*_{imp}\mu D_w} \tag{7.38}$$

7.2　损伤变速曲面轴承的振动特性

7.2.1　损伤变速曲面轴承振动方程

1.损伤变速曲面轴承接触模型

损伤变速曲面轴承在载荷作用下,其内圈沿轴向及径向位移变化接触模型如图 7.6 所示。

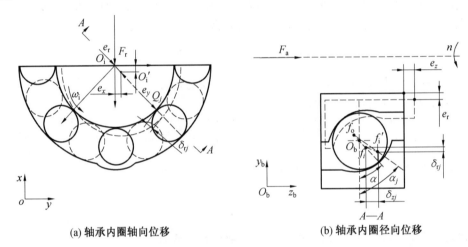

(a) 轴承内圈轴向位移　　　　　　　　(b) 轴承内圈径向位移

图 7.6　轴承内圈沿轴向及径向位移变化接触模型

由图 7.6 可知,轴承在运行过程中,滚动体和套圈之间的弹性变形与滚动体的位置角、径向位移及内圈质心位移相关。轴承在静止状态时忽略游隙影响,无保持架球轴承滚动体与内圈滚道之间存在初始接触角 α,在轴承承受 F_a 的轴向载荷及 F_r 径向载荷作用下,轴承内圈中心 O_i 移动至点 O'_i,此时内圈在径向平面内分别沿着 x 轴、y 轴产生 e_x 及 e_y,沿着轴向(z 轴负方向)移动 e_z 距离,内圈沟道曲率中心由 f_i 移动至 f'_i(图 7.6)。在联合载荷作用下,此时位于承载区的滚动体 j 与轴承内外圈接触产生总接触变形 δ_j,为了便于分析滚动体与内外圈接触变形,沿滚动体 j 坐标系 $y_b o_b z_b$ 平面进行剖视($A—A$ 面剖视),得到接触变形如图 3.1(b) 所示。根据三角几何关系可得滚动体 j 径向接触变形 δ_{rj} 的表达式为

$$\delta_{rj} = e_x \cos\varphi_j + e_y \cos\varphi_j \tag{7.39}$$

由于式中 φ_j 为滚动体 j 所在位置角,故其表达式为

$$\varphi_j = \varphi_1 + \frac{2\pi(j-1)}{Z} + \omega_m t \tag{7.40}$$

式中,φ_1 为滚动体 1 初始位置角;Z 为滚动体个数;ω_m 为滚动体公转角速度。

　　轴向接触变形 δ_{zj} 在数值上等于内圈轴向位移 e_z，因此常规滚道滚动体与滚道总接触变形 δ_j 的表达式为

$$\delta_j = \sqrt{\delta_{rj}^2 + \delta_{zj}^2} \tag{7.41}$$

　　由前述滚动体运动分析可知，当滚动体刚进入（$\Psi_1 - \Psi_4$）区域损伤变速曲面位置时，滚动体沿径向轴承外圈挤压移动，此时滚动体与套圈接触变形由于时变位移 H 而减小，则考虑时变位移 H 的总变形量 δ_j 为

$$\delta_j = \sqrt{(e_x \cos \varphi_j + e_y \cos \varphi_j - H \cos \alpha)^2 + (e_z - H \sin \alpha)^2} \tag{7.42}$$

　　基于以上分析，滚动体 j 运动时，滚动体与套圈总变形量分为两部分，一部分为常规滚道，一部分为变速曲面，因此 δ_j 为时变位移 H 的分段函数，即

$$\delta_j = \begin{cases} \sqrt{(e_x \cos \varphi_j + e_y \cos \varphi_j - H \cos \alpha)^2 + (e_z - H \sin \alpha)^2}, & \Psi_1 \leqslant \varphi_j \leqslant \Psi_4 \\ \sqrt{(e_x \cos \varphi_j + e_y \cos \varphi_j)^2 + e_z^2}, & \text{其他} \end{cases} \tag{7.43}$$

　　由于轴承处于轴向、径向预紧静止阶段，因此基于轴承静力学理论，忽略滚动体质心移动对轴承接触角的影响，将预紧时轴承接触角简化为轴承内外圈沟曲率中心变化值，则变速曲面损伤时变位移滚动体与滚道接触角 α_j 表示为

$$\alpha_j = \arctan \frac{A_0 \cos \alpha_0 + \delta_{rj}}{A_0 \sin \alpha_0 + \delta_{zj}} \tag{7.44}$$

式中，A_0 为轴承内圈曲率中心的距离，$A_0 = r_i + r_o - D_w$，其中 r_i 为轴承内圈沟道曲率半径，r_o 为外圈沟道曲率半径。

　　轴承滚动体与滚道之间接触力 Q_j 和滚动体与滚道之间的弹性接触变形量 δ_j 有关，通过 Hertz 接触理论进行分析得到

$$Q_j = K \delta_j^{3/2} \tag{7.45}$$

式中，K 为滚动体在轴承中的时变接触刚度。

　　当滚动体与轴承内外圈在承载区接触时，内圈承受的接触力为每个滚动体与内圈接触力的合力，将内圈所受变形产生的接触力分别沿坐标轴 x、y、z 3 个方向分解，可得其分量 $\boldsymbol{F} = [F_{ix}, F_{iy}, F_{iz}]$，则

$$\begin{cases} F_{ix} = -\sum_{j=1}^{N} Q_j \cos \varphi_j \cos \alpha_j \\ F_{iy} = -\sum_{j=1}^{N} Q_j \sin \varphi_j \cos \alpha_j \\ F_{iz} = -\sum_{j=1}^{N} Q_j \sin \alpha_j \end{cases} \tag{7.46}$$

2. 建立损伤变速曲面轴承振动方程

　　由前述分析可知，滚动体在运动过程中随着其位置的变化，滚动体与内外圈间接触变形及接触力均会发生变化，且由于滚动体之间碰撞引起的瞬时作用力也将对轴承内圈的接触特性产生影响。为了分析变速曲面损伤时轴承的振动特性，结合损伤变速曲面接触

模型,将局部变速曲面无保持架球轴承模型简化为弹簧－阻尼系统,构建的变速曲面损伤振动模型如图7.7所示。

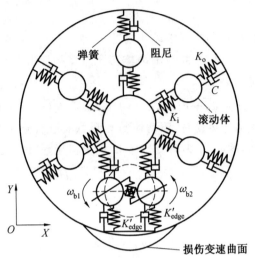

图 7.7　变速曲面损伤振动模型

　　这里主要考虑变速曲面损伤前提下,由于离散失效滚动体之间接触碰撞及承载不均匀而导致轴承内圈的振动特性,此碰撞仅发生在轴承径向平面内,未考虑轴承内圈受挤压引起的振动,因此建立轴承内圈振动方程,并为分析模型准确性的主要因素,忽略次要因素。为简化计算做如下假设:

　　(1)滚动体与滚道之间仅发生赫兹接触变形,忽略接触材料引起的塑性变形,且接触区域内微观滑移摩擦忽略不计。

　　(2)滚动体在滚道上纯滚动运动,忽略滚动体陀螺运动及滑动影响。

　　(3)忽略滚动体与滚道之间润滑油膜对运动及接触特性的影响。

　　(4)在轴承运转过程中,载荷及内圈转速稳定,无波动。

　　根据牛顿第二定律,基于变速曲面损伤引起时变位移及时变刚度激励,建立损伤变速曲面无保持架球轴承内圈的振动微分方程如下:

$$\begin{cases} m_i \ddot{x}_i + c\dot{x}_i = \lambda_j F_{ix} + Q_{t2} \cos \alpha \sin \Psi_1 \\ m_i \ddot{y}_i + c\dot{y}_i = \lambda_j F_{iy} + Q_{t2} \cos \alpha \sin \Psi_1 - F_r \\ m_i \ddot{z}_i + c\dot{z}_i = \lambda_j F_{iz} + Q_{t2} \sin \alpha - F_a \end{cases} \tag{7.47}$$

式中,m_i 为轴承内圈与主轴质量;$\dot{x}_i$、$\dot{y}_i$ 和 $\dot{z}_i$ 分别为内圈 x 方向、y 方向和 z 方向的速度;$\ddot{x}_i$、$\ddot{y}_i$ 和 $\ddot{z}_i$ 分别为轴承内圈在 x 方向、y 方向和 z 方向的振动加速度;F_a 为轴承承受轴向载荷;F_r 为径向载荷;λ_j 为确定滚动体位于承载区内接触变形控制系数。

　　当在轴承外载荷的作用下滚动体与滚道接触变形时,系数 λ_j 取1,否则取0,其控制系数为

$$\lambda_j = \begin{cases} 1, & \delta_j \geqslant 0 \\ 0, & \delta_j < 0 \end{cases} \tag{7.48}$$

7.2.2 损伤振动数值求解及仿真分析

以无保持架角接触轴承为例,轴承的径向载荷设置为 500 N,对变速曲面损伤无保持架球轴承振动特性进行求解,并结合无保持架球轴承运转工况条件确定轴承基本参数。损伤变速曲面轴承基本参数见表 7.1。无保持架球轴承材料基本参数见表 7.2。

表 7.1　损伤变速曲面轴承基本参数

参数	参数值
轴承内径 d_i/mm	30
轴承外径 d_o/mm	62
轴承宽度 B/mm	16
节圆直径 d_m/mm	46
滚动体直径 D_w/mm	9.525
变速曲面长度 L/mm	11.5
变速曲面宽度 W/mm	3.5
损伤宽度 w_d/mm	0.1(0.59)
轴承接触角 α/(°)	15
滚动体个数 N	14

表 7.2　无保持架球轴承材料基本参数

内外圈	参数值
轴承钢弹性模量 /MPa	2.08×10^5
轴承钢泊松比	0.3
轴承钢密度 /(kg・mm⁻³)	7.85×10^{-6}
滚动体	参数值
轴承钢弹性模量 /MPa	2.08×10^5
轴承钢泊松比	0.3
轴承钢密度 /(kg・mm⁻³)	7.85×10^{-6}

为了确定变速曲面的不同损伤程度对轴承振动的影响,根据前述给出的离散失效条件,滚动体离散失效时的离散间距为 1.361 mm,对损伤宽度临界值进行了计算,确定滚动体离散间距和变速曲面损伤宽度的关系如图 7.8 所示,损伤宽度临界值为 0.586 8 mm。

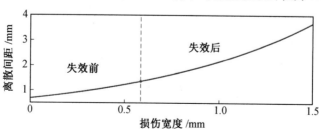

图 7.8　损伤宽度和离散间距的关系

因此选取变速曲面损伤宽度分别为 0.1 mm 和 0.59 mm,利用 Runge－Kutta 算法结合 Matlab 进行编程,分别分析时域及频域下的振动加速度幅值,以及由于振动引起的轴承内圈的稳定性。

1. 损伤变速曲面轴承振动加速度时域分析

内圈转速为 1 800 r/min,结合图 7.8 选用变速曲面损伤宽度分别为 0.1 mm 和 0.59 mm 两种情况下的加速度进行分析,变速曲面损伤宽度 w_d＝0.1 mm 时内圈加速度时域信号规律,如图 7.9 所示。

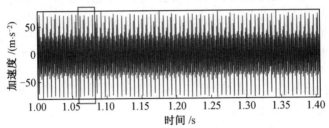

图 7.9　变速曲面损伤宽度 w_d = 0.1 mm 时内圈加速度时域信号规律

由图 7.9 可以看出,加速度幅值出现了明显的周期性特征且振幅稳定,轴承滚动体承载均匀,说明变速曲面损伤宽度 w_d＝0.1 mm 时滚动体依然可以离散,使内圈的振动呈现周期性变化。为确定损伤变速曲面无保持架球轴承内圈加速度相邻峰值的时间间隔,选取图 7.9 中的时间范围 1.06 ～ 1.085 s 的区域进行放大,如图 7.10 所示。

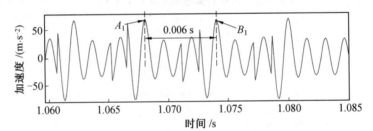

图 7.10　损伤宽度为 0.1 mm 时加速度局部放大图

由图 7.10 可知,由损伤变速曲面导致加速度曲线变化,最大幅值约为 70 m/s²,且所呈现的峰值 A_1 和 B_1 为周期性变化,A_1 和 B_1 分别表示滚动体进入并离开变速曲面时的振动值,两峰间隔约 0.006 s,变速曲面内圈振动频率为 166.67 Hz,与轻度损伤单脉冲振动相同。此时变速曲面虽然已经损伤,但由于损伤宽度较小只有 0.1 mm,并未影响滚动体离散。

变速曲面损伤宽度 w_d＝0.59 mm 时内圈加速度时域信号规律,如图 7.11 所示。

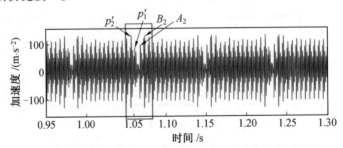

图 7.11　变速曲面损伤宽度 w_d = 0.59 mm 时内圈加速度时域信号规律

由图 7.11 可知,由损伤变速曲面导致加速度曲线变化,最大幅值约为 $100\ \mathrm{m/s^2}$,相比于损伤宽度为 0.1 mm 的加速度幅值有明显增加,同时图中多处存在加速度峰值近似为 0 的位置,说明此时 14 个滚动体挤在一起,而首尾两个滚动体出现的间隙刚好在损伤变速曲面处。由于变速曲面损伤宽度的增加,使变速曲面沿环向和径向损伤加剧,同时位于损伤变速曲面上的滚动体个数发生改变,滚动体之间存在接触,进而导致滚动体之间碰撞,且碰撞力引起了滚动体对轴承内圈产生瞬时作用力,因此在变速曲面损伤宽度为 0.59 mm,内圈加速度幅值明显增加。为进一步确定损伤变速曲面无保持架球轴承滚动体进入和退出时的振动情况,将图 7.11 中 $1.05\sim1.08$ s 时间段进行局部放大,如图 7.12 所示。

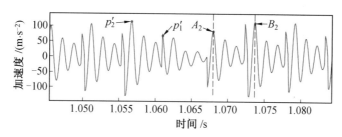

图 7.12　损伤宽度为 0.59 mm 时振动局部放大图

由图 7.12 可知,当损伤宽度 $w_{\mathrm{d}}=0.59$ mm 时,由前述研究可计算损伤变速曲面环向跨度角为 26.28°,此时 1 个滚动体进入损伤变速曲面内(p_1' 点),出现了振动加速度为 51.31 $\mathrm{m/s^2}$,当该滚动体离开变速曲面(p_2' 点)时,出现了振动加速度 107.36 $\mathrm{m/s^2}$,表明滚动体退出损伤变速曲面的振动加速度大于进入的加速度;当相邻两个滚动体完全挤在一起相继退出损伤变速曲面时,会出现两次加速度峰值,即图中 A_2 和 B_2 两点,加速度为 105.07 $\mathrm{m/s^2}$ 左右。以上产生的加速度曲线变化规律,主要是由于滚动体离散失效,滚动体在离开变变速曲面时,后球对于前球存在冲击,使得前球速度增大,前球对内圈产生的瞬时作用力增加,导致滚动体与内圈接触力在进入时增加,进而引起内圈振动增加。因此,随着变速曲面损伤宽度的增加,内圈的加速幅度显著增加。

2. 损伤变速曲面轴承振动加速度频域分析

针对轴承振动信号,时域上能观察到明显的周期性变化,但针对振动信号的成分组成需通过频域信号进行分析,因此结合轴承内圈振动信号的特点,采用快速傅里叶变换法对信号进行频谱转换,得到损伤宽度为 0.1 mm 和 0.59 mm 时振动频域图,分别如图 7.13 和图 7.14 所示。

由图 7.13 中可知,当损伤宽度 $w_{\mathrm{d}}=0.1$ mm 时,将产生滚动体经过变速曲面特征频率 167.998 Hz 及其多个倍频,3 个加速度值最大时的频率分别在 B、N 和 M 处,其值分别为 2×166.67 Hz、3×166.67 Hz 和 4×166.67 Hz,其中 3 倍频和 4 倍频加速度幅值最为明显,表明轴承振动频域信号中存在由于轴承及系统引起的不平衡激励。这是由于滚动体经过变速曲面时会产生先增大再减少的时变位移,进而导致内圈在径向平面内移动位移增大产生运转偏心。

由图 7.14 可以看出,当损伤宽度 $w_{\mathrm{d}}=0.59$ mm 时,特征频率为 178.57 Hz,振动数据

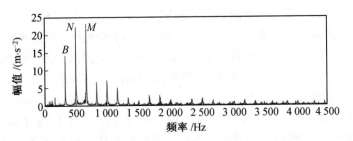

图 7.13　损伤宽度为 0.1 mm 时振动频域图

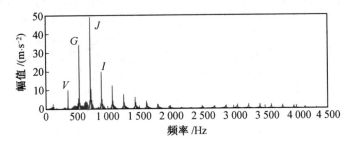

图 7.14　损伤宽度为 0.59 mm 时振动频域图

的可见特征频率在 V、G、J 和 I 4 处,其值分别为 2×178.57 Hz、3×178.57 Hz 和 $4 \times$ 178.57 Hz 和 5×178.57 Hz。这是由于变速曲面损伤宽度增加,滚动体与滚道有效回转半径减小,导致相邻滚动体之间的速度差减小,使运动过程中滚动体离散失效,此时相邻滚动体之间会发生碰撞,导致先进入变速曲面的滚动体公转速度增大,在变速曲面内运动时间间隔变短,因此滚动体经过变速曲面时冲击频率较损伤宽度为 0.1 mm 时增大,所以轴承内圈更易发生振动,使轴承运行更加不稳定,振动倍频增多。

　　为了进一步探究不同转速在频域下振动的影响,选取 1 800 r/min、3 000 r/min 和 8 000 r/min 3 种转速进行数值仿真,考虑损伤宽度分别为 0.1 mm 和 0.59 mm 时振动加速度频谱瀑布图,如图 7.15 和图 7.16 所示。

　　由图 7.15 可知,3 种转速下的加速度最大幅值分别为 25 m/s²、47 m/s² 和 84 m/s²,轴承内圈的振动加速度幅值随着转速的提升而明显增加;各转速下的加速度最大幅值对应的振动频率分别为 4×166.67 Hz、2×278.97 Hz、1×743.91 Hz,而理论上单倍频率值分别为 167.99 Hz、279.99 Hz 和 746.65 Hz,对比图中 3 条曲线和理论单倍频率可以发现,每个转速下对应的频率峰值均近似为其理论频率的倍数关系,根据前述分析说明变速曲面损伤宽度为 0.1 mm 时,在 3 种转速下轴承滚动体都可以离散。

　　由图 7.16 可知,变速曲面损伤宽度为 0.59 mm 时,加速度最大幅值分别为 49.36 m/s²、53.98 m/s² 和 75.64 m/s²,轴承内圈的振动加速度幅值随着转速的提升而明显增加;各转速最大幅值对应的振动频率分别为 4×178.57 Hz、2×299.99 Hz、$1 \times$ 799.99 Hz,每个转速下对应的频率幅值均大于其理论单倍频率值,根据前述分析说明在 3 种转速下,由于损伤较严重导致滚动体离散失效而互相接触碰撞,轴承振动的频率加大。

　　此外,在转速为 8 000 r/min 的频域曲线中还出现了 1 倍频率和边频带,说明随着损伤宽度的增加,变速曲面环向跨度角增加,滚动体时变位移将进一步加大,使内圈转动中

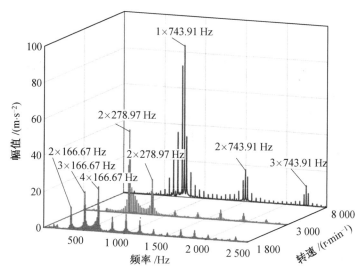

图 7.15　损伤宽度为 0.1 mm 时频域瀑布图

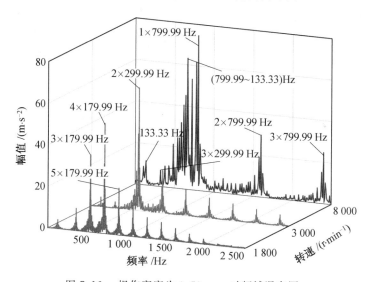

图 7.16　损伤宽度为 0.59 mm 时频域瀑布图

心不对中现象加剧,最终引起轴承振动出现更多的频率特征峰值,导致轴承的振动加剧。

3. 损伤变速曲面轴承振动位移－速度相图分析

根据前述所建立的轴承振动微分方程,确定了损伤变速曲面轴承内圈速度与位移之间的函数关系。下面利用轴承内圈相图研究变速曲面损伤宽度对轴承振动的影响,设置轴承转速分别为 1 800 r/min、3 000 r/min 及 8 000 r/min,轴承内圈沿 x 轴和 y 轴方向位移－速度相位图如图 7.17 和图 7.18 所示。

当变速曲面损伤宽度为 0.1 mm 时,内圈沿 x 和 y 轴方向的相图呈现多个封闭圆环,体现内圈为拟周期的运动特性。

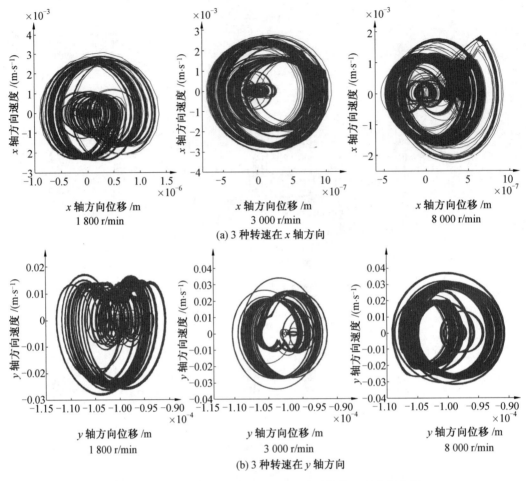

(a) 3 种转速在 x 轴方向

(b) 3 种转速在 y 轴方向

图 7.17 变速曲面损伤宽度为 0.1 mm 时位移－速度相位图

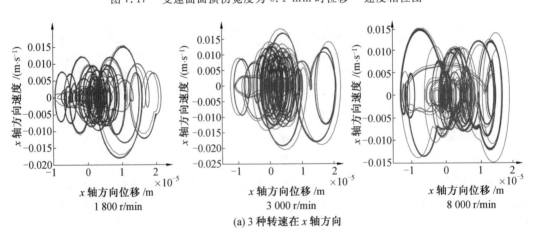

(a) 3 种转速在 x 轴方向

图 7.18 变速曲面损伤宽度为 0.59 mm 时位移－速度相位图

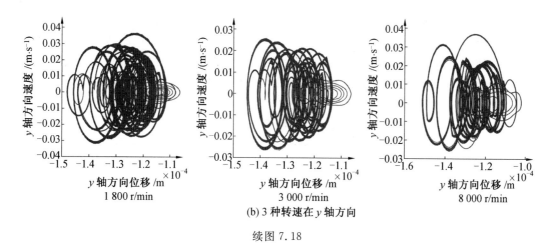

(b) 3 种转速在 y 轴方向

续图 7.18

当变速曲面损坏宽度为 0.59 mm 时,内圈沿 x 和 y 轴方向的相图不重复且充满相空间的某一部分,体现内圈为混沌运动。此时,由于滚动体离散失效,内圈运动从拟周期转化为混沌。

4. 损伤变速曲面轴承仿真分析

针对相邻滚动体在无保持架球轴承中的速度变化进行仿真分析,给出相邻滚动体速度变化规律及其经过损伤变速曲面区域时的局部放大图,如图 7.19 所示。

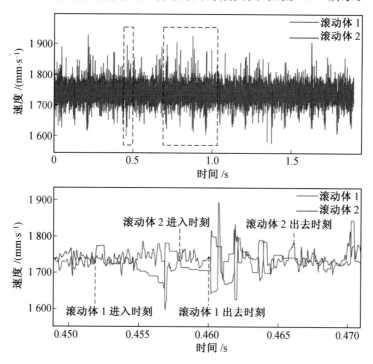

图 7.19　相邻滚动体速度仿真及其经过操作变速曲面区域时的局部放大图

由图 7.19 可知,相邻滚动体在常规滚道上运动速度变化不大,滚动体 1 和滚动体 2 的速度基本上保持在 1 750 ～ 1 780 mm/s,但在经过损伤变速曲面时由于滚动体的回转半径改变,两个滚动体的速度发生较为明显的波动。滚动体 1 先进入损伤变速曲面且还未出来时,滚动体 2 已经进入,此时两个滚动体同时在损伤变速曲面内,先进入的滚动体速度减慢,使滚动体以更慢的速度经过,沿环向加长了的损伤变速曲面,进而使后进入的滚动体 2 与滚动体 1 之间的速度差越来越小,最终导致相邻滚动体接近而使离散失效。

相邻滚动体的离散间距直接反映变速曲面的损伤程度,以相邻 3 个滚动体的球间距进行仿真分析,球间距变化示意图如图 7.20 所示。

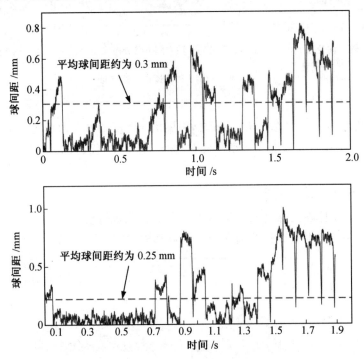

图 7.20　相邻滚动体的球间距变化示意图

从图 7.20 可以看出,滚动体 2 和滚动体 3 之间、滚动体 1 和滚动体 2 之间的球间距均不稳定,尤其是滚动体 1 和滚动体 2 之间的球间距,在 0.1 s 到 0.7 s 的时间范围内,两滚动体球间距几乎为 0,当滚动体球间距为 0 时,表示滚动体 1 和滚动体 2 之间发生持续碰撞,滚动体离散失效。其主要是因为滚动体 2 即将脱离损伤变速曲面时做减速运动,滚动体 1 已经进入时和滚动体 2 的距离逐渐减小最终发生碰撞,而已经从损伤变速曲面出来的滚动体 3,此时在外圈的带动下开始加速运动,与还处于损伤变速曲面上的滚动体 2 距离逐渐变大,仿真分析验证了本书理论的正确性。

第8章　　无保持架球轴承动态试验及数据处理

无保持架球轴承滚动体之间存在随机碰摩,影响轴承运转的稳定性。前述通过理论研究得到了变工况下轴承的动态特性规律,为了进一步探究轴承各零部件的动态行为及其服役状态时的性能,有必要利用试验设计、试验、有效数据采集及后处理分析,实现对轴承运动及振动的综合监测。早期有学者提出了保持架及滚子转速接触式的测量方法,对保持架转速的测量主要通过电磁感应传感器、电涡流传感器及光纤传感器。轴承滚动体在运动时由于其速度较快,无法通过常规手段利用传感器采集滚动体的速度,而主要通过破坏轴承磁化滚动体的方法。随着图像处理技术的发展,基于高速摄影和图像处理算法相结合的非接触式测量,在不破坏轴承各部件的情况下实现对保持架速度测量,目前在测量保持架转速方面得到了应用,但针对无保持架球轴承滚动体的速度测量还处于探索阶段。由于没有保持架的限制,滚动体在轴承的不同空间,其位置状态存在一定的随机性,同时滚动体表面属于强反射曲面,基于图像技术对滚动体运动进行测量时,必须首先获得满意的图像。本章结合运动光学采集原理,采用高速摄影图像捕捉技术,结合振动试验的方法,对滚动体的运动特性及轴承振动信号提取进行分析。

8.1　滚动体公转速度测量系统原理

8.1.1　滚动体动态高速摄影采集系统设计

由于轴承套圈宽度大于滚动体直径,可能存在对光源及反射光线产生遮挡的问题,导致部分滚动体表面因反光点而无法被高速摄像机采集。由于每个滚动体的表面任意点反射角度均不相同,且滚动体分布在不同的空间位置,导致不同滚动体接受光源入射及反射角大小有差异。为了保证所有滚动体的运动状态均能被有效采集,需要对高速摄影采集系统进行设计,其原理图如图8.1所示。

考虑待测轴承几何尺寸、高速摄影机接收范围及待测滚动体的物距,首先从入射光角度进行分析。为保证近光侧滚动体表面可呈现反光点,当入射光源保证不被镜头(E 点)遮挡且不被轴承外圈的挡边(B 点)遮挡,根据几何关系可知,滚动体表面反光点范围为 $\overline{A_1 A_1'}$,入射角度 γ 偏移范围需满足

$$\gamma_1 < \gamma < \gamma_2 \tag{8.1}$$

式中,γ_1 和 γ_2 分别为

$$\gamma_1 = \arctan \frac{0.5(D_w - D_m) - h}{0.5B} \tag{8.2}$$

$$\gamma_2 = \frac{\pi}{2} - \arccos \frac{R}{\sqrt{(0.5B)^2 - [0.5(D_w - D_m) - h]^2}} + \arctan \frac{0.5(D_w - D_m) - h}{0.5B}$$

$$\tag{8.3}$$

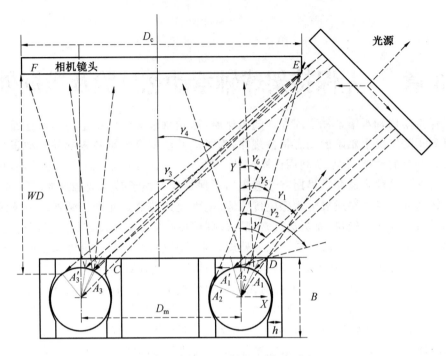

图 8.1　高速摄影采集系统原理图

入射光源还需在远光侧滚动体表面形成反光点,保证入射光线经过内圈挡边(C点)且不被镜头(E点)遮挡,滚动体表面反光点范围为$\overset{\frown}{A_3A_3'}$,此时入射角度$\gamma$偏移范围需满足

$$\gamma_3 < \gamma < \gamma_4 \tag{8.4}$$

式中,γ_3和γ_4分别为

$$\gamma_3 = \arctan\frac{D_c + D_w + 2h}{2WD} \tag{8.5}$$

$$\gamma_4 = \pi - \arcsin\frac{0.5D_w}{\sqrt{(0.5D_m + 0.5D_c)^2 + (WD + 0.5B)^2}} -$$
$$\arcsin\frac{WD + 0.5B}{\sqrt{(0.5D_m + 0.5D_c)^2 + (WD + 0.5B)^2}} \tag{8.6}$$

当滚动体表面形成反光点,需考虑摄像机对反射光线的采集角度情况,滚动体表面反光点范围为$\overset{\frown}{A_2A_2'}$,反射光仅需满足在镜头采集尺寸范围内

$$\gamma_5 < \gamma < \gamma_6 \tag{8.7}$$

式中,γ_5和γ_6分别为

$$\gamma_5 = \arctan\frac{0.5B + WD}{0.5D_c} \tag{8.8}$$

$$\gamma_6 = \frac{\pi}{2} - \arccos\frac{0.5D_w}{[(0.5D_c - 0.5D_m)^2 + (0.5B + WD)^2]^{0.5}} + \arctan\frac{0.5B + WD}{0.5D_c} \tag{8.9}$$

因此,当确定轴承尺寸、物距及相机型号后,光源与高速摄影机之间满足式(8.1)、式

(8.4)和式(8.7),即可实现滚动体表面反光点的采集。

但由于入射光源与光轴的偏角会使滚动体上的反光点偏移,进而导致相机镜头成像偏移,需要对光源入射角造成的物理误差进行补偿,进而造成几何失真或图像畸变的存在,因此针对几何失真在 X、Y 方向对应的补偿为

$$x = X_w \pm \frac{f}{2(WD+1)} D_w \sin \gamma \tag{8.10}$$

$$y = Y_w \pm \frac{f}{2(WD+1)} D_w \sin \gamma \tag{8.11}$$

式中,X'_w、Y'_w 分别为反光点在图像中的坐标,其中光源位置在 X 轴、Y 轴正半轴为负,反之为正。

8.1.2　滚动体动态图像预处理算法

由于滚动体为轴承钢材质,用高速摄影采集到的滚动体运动图像存在金属反光等其他多余信息,从而导致噪声等,同时受信息存储传递等现实因素的影响,也会导致图像质量下降,进而导致滚动体特征反光点不易被识别捕捉。因此,对高速摄影采集的滚动体运动图像进行分析,主要集中于图像中滚动体反光点的识别及标记,需要对滚动体运动图像进行预处理,使图像尽量恢复到原始图像状态。图像预处理流程如图 8.2 所示。

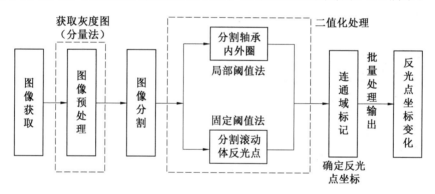

图 8.2　图像预处理流程

在获取图像后,首先对其进行预处理,将彩色图像灰度化来减少处理的数据量并提高图像处理的速度。此过程中采用分量法来获取灰度图像,随后将灰度图像转化成二值化图像,用局部阈值法分割轴承的内外圈以消除内外圈的干扰,再利用固定阈值法分割球上的反光点,由此得到仅显示反光点的二值化图像。在此基础上,根据连通域确定轴承回转中心,并以此为参考来确定反光点的坐标。最后对图像进行批量处理,完成反光点的坐标追踪,在此过程中需要对比前后两帧图像中反光点的坐标,获取对应的位移量,将位移量与理论计算值进行比较来确定每个反光点在图像中的编号,实现对任意反光点的追踪。各阶段处理后的图像如图 8.3 所示,滚动体反光点编号是按图像由左向右识别的顺序标注的。

本书中无保持架球轴承滚动体为 14 个,整个图像处理过程在 Matlab 中编写程序实现,每处理完一张图像就可以输出 14 个滚动体反光点的坐标,将图像批量处理就可得到

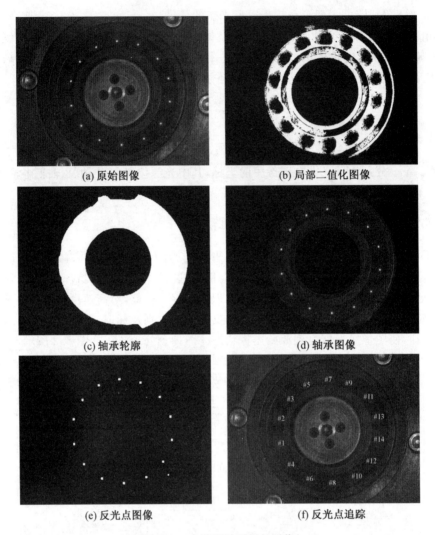

图 8.3　各阶段处理后的图像

不同时刻下滚动体反光点的坐标,再根据两幅图像中反光点坐标位置的变化和两幅图像之间的间隔时间(1/10 000 s),就可以计算出滚动体的公转角速度。

8.1.3　滚动体反光点坐标误差补偿

对已经完成识别的 14 个滚动体反光点坐标进行追踪,由于高速摄影设备及光源摆放位置,滚动体表面的反光亮点不完全是圆形,因此需要对滚动体反光亮点中心坐标进行拟合,通过对反光点周围边缘区域像素(x_i, y_i)的加权平均值来确定图像中滚动体中心,中心坐标为

$$x_M = \frac{\sum\limits_{i=1}^{n} w_i x_i}{\sum\limits_{i=1}^{n} w_i}, \quad y_M = \frac{\sum\limits_{i=1}^{n} w_i y_i}{\sum\limits_{i=1}^{n} w_i} \tag{8.12}$$

式中,n 为亮点周围像素数;w_i 为像素灰度值。

利用亚像素差值法确定反光点中心,对滚动体上反光点分别进行标号,如图 8.3 所示,结合高速摄影图像帧数及拍摄时长,以每帧率采集一次滚动体标记点空间坐标数据,并将标记点轨迹坐标保存于电子表格中,完成无保持架球轴承滚动体公转运动规律的数据采集。依据滚动体成像平面运动方向不同,针对平行于成像平面的公转运动进行分析,根据公转运动时滚动体表面反光标记点的位置变化,结合相邻帧数图像标记点的移动距离,确定滚动体公转运动特性。结合实际拍摄时间,对 14 个滚动体表面反光点坐标进行位移差分,可得到无保持架球轴承任意滚动体瞬时速度。

针对已经完成识别的 14 个滚动体反光点坐标进行追踪,由于高速摄影设备及光源摆放位置,滚动体表面的反光亮点不完全是圆形,轴承左侧球上的反光点不同程度地向右偏移,由 14 个反光点所构成圆的圆心也向右发生了偏移,反光点的偏移会影响公转角速度获取结果的准确性。图 8.4 给出了误差产生原因示意图。

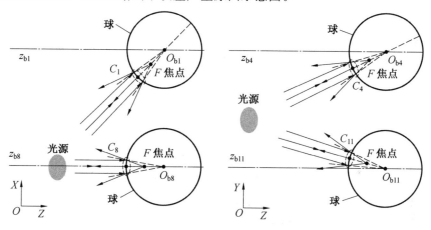

图 8.4　误差产生原因示意图

由于滚动体的运动速度是通过滚动体运转过程中单位时间所转动的角度来进行计算的,若图像采集过程中各个滚动体公转回转圆心与实际轴承回转圆心不重合,则会对滚动体转过的角度产生偏差,如图 8.5 所示,黑色线表示无误差采集结果,蓝色表示误差采集结果。

根据所采集图像中滚动体反光点坐标直接进行结算,确定第 i 帧中滚动体 j 反光点圆心坐标为 (X_{ij},Y_{ij}),滚动体所转过的角度为 φ_{ij},第 $i+1$ 帧图像中滚动体 j 圆心坐标为 (X_{i+1j},Y_{i+1j}),此时滚动体 j 所转过位置角为 φ_{i+1j},相邻两帧图像转过角度为 $\Delta\varphi$,然而由于反光点圆心偏移,实际应以 $\Delta\varphi'$ 对滚动体的公转速度进行计算。结合图 8.6 可知,在与光源同侧滚动体反光点的入射光线及反射光线会经过其自转回转轴,而在远离光源一侧的滚动体入射光及反射光将不会经过其回转轴,导致 14 个滚动体反光点所在圆的圆心向近光一侧偏移。通过光源入射角度及实际拍摄待测轴承与高速摄像机的物距,对图像中的反光点坐标误差校正可得

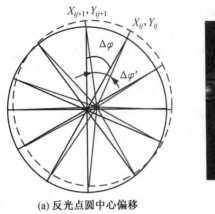

(a) 反光点圆中心偏移　　　　　　(b) 回转角度补偿

图 8.5　滚动体反光点坐标校正

$$\begin{cases} x_{ij} = \dfrac{R_{\mathrm{m}}}{u}\cos\left(\arctan\dfrac{Y_{ij}}{X_{ij}}\right) \\[3mm] y_{ij} = \dfrac{R_{\mathrm{m}}}{u}\sin\left(\arctan\dfrac{Y_{ij}}{X_{ij}}\right) \end{cases} \tag{8.13}$$

式中，X_{ij}、Y_{ij} 分别为图像中滚动体反光点坐标；u 为实际轴承尺寸于图像中轴承尺寸比例尺；R_{m} 为实际轴承节圆回转半径。

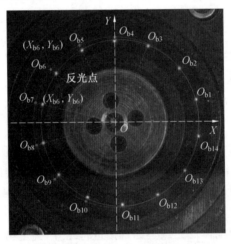

图 8.6　轴承球反光点坐标校正

通过以上误差补偿，对所采集图像中反光点的坐标进行了校正，得到了校正后相邻时间任意一个滚动体反光点之间所成夹角。但由于考虑高速时摄影拍摄过程中对于图像存储传输存在一定的时间延迟，需对实际拍摄速度与实际设备转速之间的误差进行补偿校正，通过分析恒定转速的内圈角速度测量值与理论值的相关误差，对所采集的图像测量角速度进行校正。在恒定转速下轴承内圈理论旋转角度为

$$\varphi_{\mathrm{r}}(i) = \varphi_0 + \omega_i i \, \mathrm{d}t \tag{8.14}$$

式中，φ_0 为初始位置轴承标记点与内圈中心连线夹角；ω_i 为内圈恒定转速；i 为图像帧数；$\mathrm{d}t$ 为相邻帧图像采集时间差。

在所拍摄的图像中任意标记点 $A(x_a, y_a)$，根据所采集的图片确定标记点 A 旋转角度 $\hat{\varphi}_r$，经过 t_0 时刻后，得到实际内圈旋转角度与理论角度间最小误差方程为

$$\sum_i^n \left[\varphi_r(i) - \hat{\varphi}_r \right]^2 = \min \sum_i^n \left[\tilde{\varphi}_r(i) - \hat{\varphi}_r \right]^2 \tag{8.15}$$

式中，$\varphi_r(i) - \hat{\varphi}_r$ 为任意一帧图像中理论与实际测量误差值；$\tilde{\varphi}_r(i)$ 为 n 帧图像采集角度平均值。

由于内圈在运动过程中本身存在回转误差，可以通过消除数组中平均值的方法进行补偿：

$$\Delta \varphi_r(i) = \tilde{\varphi}_r(i) - \frac{1}{n} \sum_{i=1}^n \tilde{\varphi}_r(i) \tag{8.16}$$

轴承在安装时本身存在偏心误差，通过傅里叶级数对实测旋转角度展开：

$$\delta(\varphi_r) = \varphi_r(i) - \hat{\varphi}_r = \left[\sum_{k=1}^m a_k \cos(k\varphi_r) + b_k \sin(k\varphi_r) \right] \tag{8.17}$$

式 (8.17) 中级数系数 a_k、$_k$ 则利用不同时刻实测角度函数差的最小化作为求解条件：

$$\begin{cases} a_k = \dfrac{2}{T} \displaystyle\int_0^T \cos(k\varphi_r) \left[\min_{a\{1,2,\cdots,m\}\ b\{1,2,\cdots,m\}} \sum_{i=1}^n (\delta(\varphi_r) - \varphi_r(i) + \hat{\varphi}_r) \right]^2 \mathrm{d}t \\[3mm] b_k = \dfrac{2}{T} \displaystyle\int_0^T \sin(k\varphi_r) \left\{ \min_{a\{1,2,\cdots,m\}\ b\{1,2,\cdots,m\}} \sum_{i=1}^n \left[\delta(\varphi_r) - \varphi_r(i) + \hat{\varphi}_r \right] \right\}^2 \mathrm{d}t \end{cases} \tag{8.18}$$

式中，T 为内圈旋转周期。

结合式 (8.15) ~ (8.18) 确定回转补偿角度模型，通过回转角度的校正，确定在图像中测量的角速度值与实际值的对应关系，使得图像采集信息与实际公转角速度得以转换。对得到转换后的实际旋转角度的变化，根据角度差分计算确定滚动体公转角速度，并结合轴承几何尺寸最终获得无保持架球轴承滚动体公转线速度，其求解原理如图 8.7 所示。

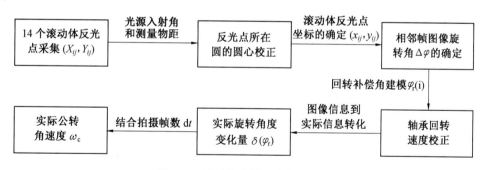

图 8.7　滚动体公转速度求解原理

8.2　滚动体动态特性试验

8.2.1　无保持架球轴承滚动体运动特性规律

通过对滚动体运动反光点的捕捉追踪,获得 14 个滚动体球心坐标,为了与理论研究中滚动体运动特性做对比分析,选取滚动体 1、滚动体 1、滚动体 4、滚动体 8、滚动体 11 的坐标,见表 8.1。

表 8.1　滚动体反光点坐标

编号	滚动体 1	滚动体 4	滚动体 8	滚动体 11
1	$(177.5, 0.5)$	$(0.5, 165)$	$(-178, 1)$	$(1.5, 167.5)$
2	$(177, 10.5)$	$(-1.5, 164.5)$	$(-177.5, -1.5)$	$(3.5, 167.5)$
3	$(176.5, 16)$	$(-5, 164)$	$(-177, -3.5)$	$(5.5, 167)$
4	$(176, 20.5)$	$(-9, 163)$	$(-177, -12)$	$(7.5, 165.5)$
5	$(175.5, 26)$	$(-14.5, 162.5)$	$(-176.5, -17.5)$	$(9.5, 165.5)$
6	$(174.5, 30)$	$(-22.5, 162)$	$(-176, -23.5)$	$(11.5, 165)$
7	$(174, 34)$	$(-24.5, 161.5)$	$(-175, -27.5)$	$(15.5, 164.5)$
8	$(173.5, 35.5)$	$(-26.5, 161)$	$(-174.5, -32)$	$(19.5, 164)$
9	$(173, 37.5)$	$(-30, 160)$	$(-173.5, -35.5)$	$(24.5, 163.5)$
⋮	⋮	⋮	⋮	⋮
800	$(175.5, -10.5)$	$(1.5, 167.5)$	$(177.5, 1.5)$	$(3, 167.5)$

1. 变径向载荷下滚动体的运动规律

图 8.8 反映了轴承服役工况在 3 000 r/min 转速条件下,径向载荷分别为 500 N、1 000 N 和 2 000 N 作用下滚动体公转角速度变化规律与理论结果对比,图中实线代表滚动体运动的理论值,虚线代表通过高速摄影结合图像技术得到的试验值。

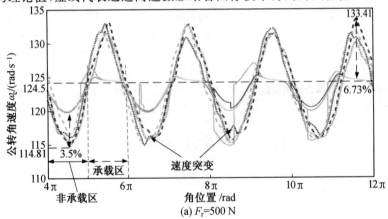

(a) F_r=500 N

图 8.8　滚动体公转角速度变化规律与理论结果对比结果

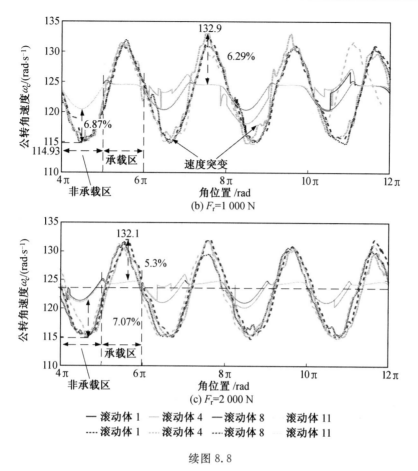

续图 8.8

由图 8.8 试验结果可以看到,滚动体公转速度在非承载区先减速再增速,在承载区滚动体呈先加速后减速的运动规律,滚动体公转角速度试验结果随时间变化规律与理论求解结果基本一致。对比理论结果可以发现,无保持架球轴承滚动体在运动过程中一直处于打滑状态,虽然打滑速度仅在非承载区突变,但滚动体仍会由于时刻打滑而引起相互接触。在非承载区,二者误差稳定在 3.5% ~ 7.07%,在非承载区,公转角速度误差为 5.3% ~ 6.73%,上述误差均在可接受范围内。在转速一定的情况下,轴承径向载荷对滚动体公转角速度变化幅度不明显。

2. 变转速下滚动体的运动规律

在径向载荷作用变转速工况下,针对滚动体公转速度进行分析,当径向载荷 500 N,内圈转速分别为 1 800 r/min、3 000 r/min 和 6 000 r/min 时,得到滚动体公转速度试验结果与理论计算结果对比,如图 8.9 所示。

由图 8.9 试验结果可以看到,在较低转速时滚动体的公转速度存在多处突变,这表明在低速下滚动体之间存在冲击碰撞,随着转速增大,在非承载区内滚动体的运动同样存在速度突变,在整体运转过程中滚动体在空间中为持续变速运动状态,也会导致相邻滚动体之间发生接触碰撞。而且在试验中滚动体运动至非承载区内时出现打滑现象比承载区更

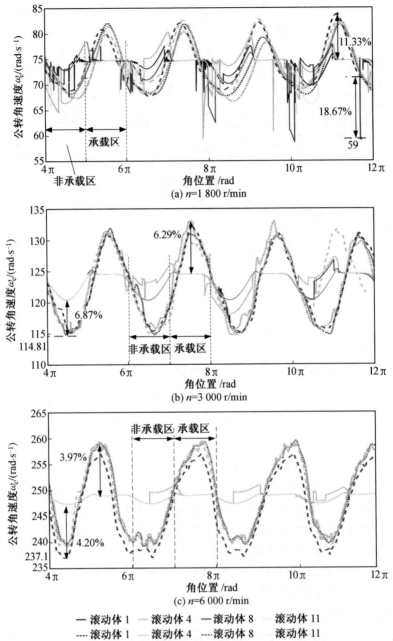

图 8.9　滚动体公转速度试验结果与理论计算结果对比

严重,说明滚动体在非承载区内接触碰撞更为严重。随着轴承转速的增加,轴承滚动体公转速度波动范围明显减小,滚动体公转角速度试验结果随时间变化规律与理论求解结果基本一致。

　　为了更清晰地对无保持架球轴承公转试验速度与理论结果进行分析,以便确定轴承服役时滚动体打滑的影响,对不同工况下滚动体公转打滑率最大值进行提取,滚动体打滑率理论结果与试验结果对比见表 8.2。

表 8.2　滚动体打滑率理论结果与试验结果对比

转速 /(r·min⁻¹)	载荷 /N	理论值	试验值
1 800	500	22.8%	11.3%
	1 000	22.1%	12.9%
	2 000	21.6%	10.7%
3 000	500	7.8%	6.7%
	1 000	5.2%	6.3%
	2 000	6.3%	5.3%
6 000	500	0.82%	3.97%
	1 000	0.74%	3.4%
	2 000	0.63%	3.1%

由表 8.2 可知,轴承内圈转速对于滚动体公转打滑的影响更明显,随着转速的增加,打滑率下降,说明滚动体能更好地维持纯滚动状态,相邻滚动体之间接触更少。 转速为 1 800 r/min 时,试验结果与理论计算误差较大,为 18.67%,如图 8.9(a) 所示,主要是在转速较低试验中润滑油在相邻滚动体之间形成带有阻尼特性的油膜包裹滚动体,使得相邻滚动体之间碰撞力减少。 其他工况下试验结果与理论误差范围为 3.5% ~ 7.07%,较好地从试验数据中验证了无保持架球轴承动力学模型理论计算结果的准确性,同时揭示了无保持架滚动轴承滚动体的运动特性。

8.2.2　自动离散轴承滚动体运动特性规律

1. 滚动体速度分析

为了验证自动离散轴承能使滚动体变速并实现离散,选取 A 轴承作为待测试件,采集相邻两滚动体分别在不同转速及载荷作用下的转速变化规律,如图 8.10 所示。

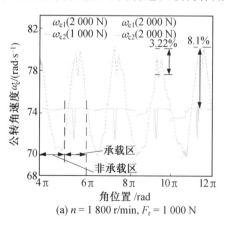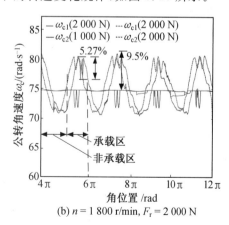

图 8.10　自动离散轴承滚动体速度

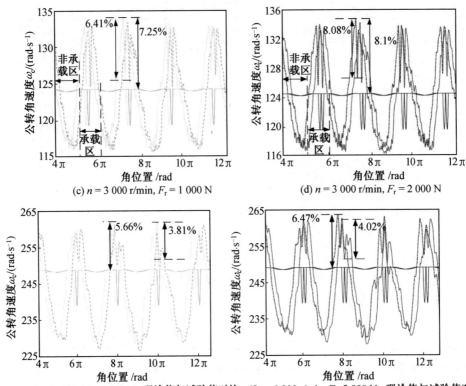

(c) $n = 3\ 000$ r/min, $F_r = 1\ 000$ N　　　　　　(d) $n = 3\ 000$ r/min, $F_r = 2\ 000$ N

(e) $n = 6\ 000$ r/min, $F_r = 1\ 000$ N, 理论值与试验值对比　(f) $n = 6\ 000$ r/min, $F_r = 2\ 000$ N, 理论值与试验值对比

续图 8.10

由图 8.10 可知,相邻滚动体在经过变速曲面时先减速再加速,表明变速曲面可以达到滚动体变速的效果。通过对比图 8.9 和图 8.10 中相邻滚动体的公转速度可以发现,尽管自动离散轴承也存在滚动体打滑现象,但对滚动体速度影响较小,表明自动离散轴承滚动体虽然打滑但并未发生冲击碰撞现象,未改变其他滚动体的运动状态。对比试验与理论值误差最大,为 9.5%,也能较好地验证变速曲面变速能力及本书所建自动离散动力学模型的正确性。

自动离散轴承服役状态下,对比变速曲面的变速效果和打滑特性,对比结果见表 8.3。

表 8.3　滚动体变速理论结果与试验结果对比

转速 /(r·min⁻¹)	载荷 /N	打滑率 /%		相对速度差 /%	
		理论值	试验值	理论值	试验值
1 800	1 000	15.7	8.1	0.8	3.2
	2 000	17.8	9.5	1.3	5.3
3 000	1 000	3.7	7.3	1.7	6.4
	2 000	5.3	8.1	2.01	8.1
6 000	1 000	1.4	5.7	1.404	3.8
	2 000	1.44	6.5	3.2	4.02

　　由表 8.3 可知,随着转速的增大,滚动体打滑率理论值与试验值均减小,在 3 000 r/min 时滚动体相对速度差理论与试验均增大,这可能是由于滚动体运动而产生的离心力与重力的数值接近,此时滚动体运动仅受套圈及相邻滚动体作用,运动状态极易发生改变。在其他转速工况下,滚动体打滑率则随着转速的增大逐渐减小,相对速度差随着转速增大而增大,这说明滚动体变速效果明显,相邻滚动体之间能够产生足够的离散间隙,在运动过程中不容易发生碰撞接触及打滑现象。对比无保持架球轴承和自动离散轴承可知,转速在 1 800 r/min 时自动离散轴承滚动体打滑率更小,说明自动离散轴承能有效控制滚动体打滑现象,减少相邻滚动体之间的接触。

2. 滚动体离散分析

　　为了进一步证明带有变速曲面的自动离散无保持架球轴承的优越性,针对无保持架球轴承滚动体运动过程中的接触状态,采用高速摄影技术监测滚动体的动态特性,对比图 8.11 和图 8.12 两种轴承运动监测试验可得,采用变速曲面的无保持架球轴承,滚动体进入稳定运转阶段实现离散,滚动体之间减少了因接触碰撞导致的摩擦。

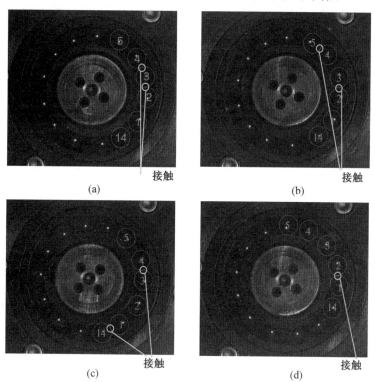

图 8.11　没有变速曲面的无保持架球轴承稳定运转时滚动体动态监测

　　从图 8.11 所示的结果可以看出,无保持架球轴承在所有 4 个时刻都有滚动体接触,这意味着没有变速曲面的无保持架球轴承在运转过程中滚动体碰撞,并且滚动体之间的距离不是均匀分布。从图 8.12 的结果可以看出,图中标记的滚动体 1 和滚动体 2 的间距在通过变速曲面时,在 4 个不同的时间上都发生了变化,这与理论分析结果相一致,并且在这 4 个时间上滚动体之间几乎没有碰撞。与图 8.11 相比,滚动体离散间距更均匀。从两组高速摄影试验的比较结果可以看出,采用变速曲面的无保持架球轴承具有良好的离散效果,性能优于没有变速曲面常规的无保持架球轴承。

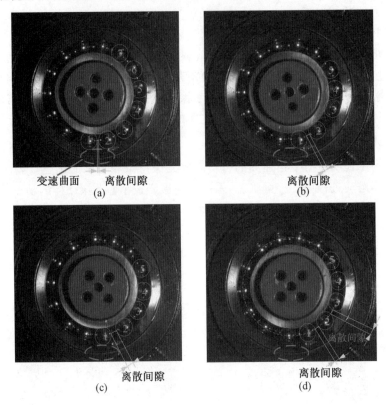

图 8.12　带有变速曲面的自动离散轴承稳定运转时滚动体动态监测

8.3　无保持架球轴承振动信号提取与处理

8.3.1　轴承振动信号降噪处理

采用小波分析中软阈值方法对振动信号进行去噪处理,为了验证去噪效果,对椭圆变速曲面、矩形变速曲面和棱形变速曲面的 3 种振动信号进行处理,通过对比原始信号和软阈值去噪处理信号可知,小波分析较好地保留了振动信号的细节部分,计算速度快,去噪效果理想,如图 8.13 ～ 8.15 所示。小波软阈值法去噪效果指标见表 8.4。

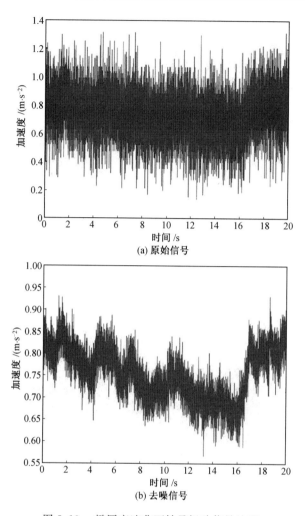

(a) 原始信号

(b) 去噪信号

图 8.13　椭圆变速曲面轴承振动信号处理

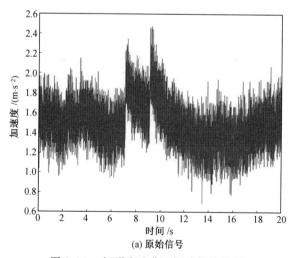

(a) 原始信号

图 8.14　矩形变速曲面振动信号处理

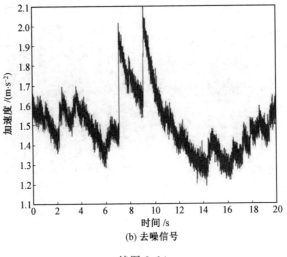

(b) 去噪信号

续图 8.14

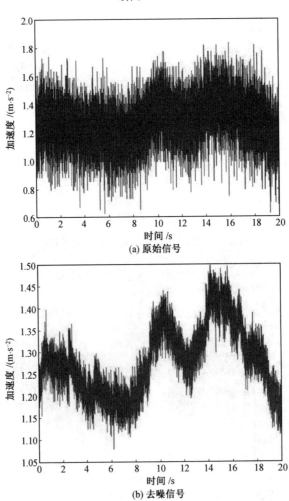

(a) 原始信号

(b) 去噪信号

图 8.15　梭形变速曲面振动信号处理

表 8.4　小波软阈值法去噪效果指标

内圈转速	变速曲面形状	SNR 信噪比	RMSE 均方根误差
	矩形	27.460 1	0.064 098
3 000 r/min	梭形	26.390 3	0.061 456
	椭圆形	21.873 3	0.061 259
	矩形	38.306 6	0.065 283
8 000 r/min	梭形	36.612 5	0.063 046
	椭圆形	30.996 3	0.068 463

8.3.2　轴承振动信号提取处理

轴承在实际运转过程中,轴承的振动特性影响因素与服役工况有关。由于本书研究的无保持架球轴承中相邻滚动体碰撞及滚动体经过变速曲面时产生的冲击信号分别占据振动信号的低频及高频,结合前述理论研究,选用基于经验模态分解结合谱峭度的降噪方法。首先将无保持架球轴承振动信号作为分析对象,根据振动试验数据得到振动结果,如图 8.16 所示。

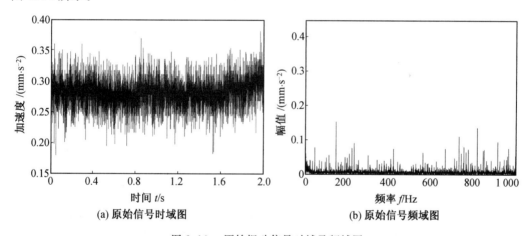

(a) 原始信号时域图　　　　　　　(b) 原始信号频域图

图 8.16　原始振动信号时域及频域图

从图 8.16(a) 中看到时域内轴承振动信号没有明显的周期性规律,呈现典型的非线性非平稳特性,振动信号各成分之间可能存在耦合现象,周期信号与随机信号混合或调制时,导致轴承振动时域信号不再具有周期性。图 8.16(b) 中频域信息频谱组成较为复杂,针对轴承本身转频、倍频及滚动体运动状态引起的振动信息不能有效地被识别,因此需要对轴承振动信号进行滤波预处理。进一步对上述原始信号进行 EMD 分解,分解结果如图 8.17 所示。

将原始振动信号分解为 14 个 IMF 分量,其中 IMF1 ~ IMF6 为高频信号分量,其余 7 个为低频信号分量,对每个 IMF 分量进行信号峭度计算,见表 8.5。

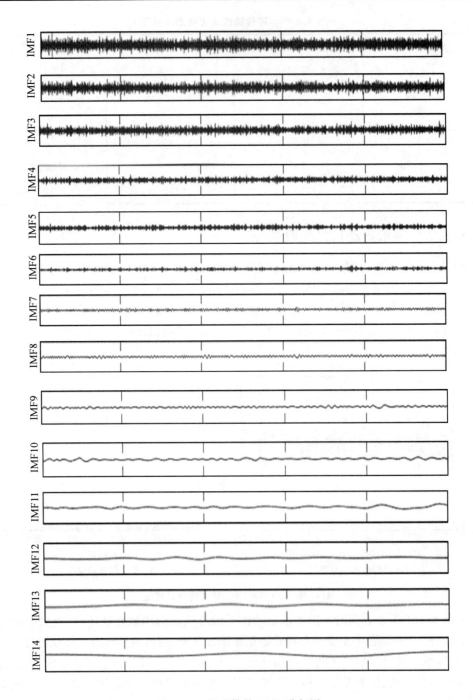

图 8.17 振动信号 EMD 分解图

表 8.5　IMF 分量峭度值

IMF	1	2	3	4	5	6	7
K	3.531 6	3.321 3	2.923 9	2.916 0	3.228 5	3.102 9	3.542 4
IMF	8	9	10	11	12	13	14
K	3.863 6	3.364 2	3.756 0	2.841 6	1.845 6	2.937 4	2.412 0

　　根据峭度准则,将峭度值大于 3 的 IMF 各个分量提取并进行信号重构,并对重构信号利用快速峭度算法得到重构振动信号分布。轴承振动信号谱峭度如图 8.18 所示。

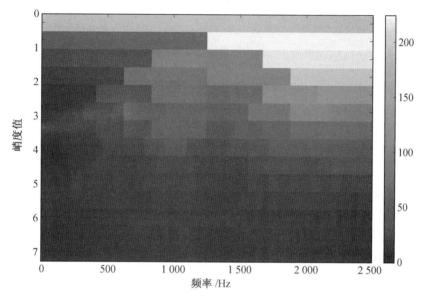

图 8.18　轴承振动信号谱峭度

　　由峭度分布图可知,存在滚动体运动特性引起的轴承振动信号中心频率为 1 875 Hz,带宽为 1 250 Hz,根据该值设计带通滤波器,其滤波范围为[1 250 Hz,2 500 Hz],利用带通滤波器对轴承振动信号信息进行提取并进行包络谱,得到滤波后的轴承振动信号如图 8.19 所示。

　　由图 8.16 与图 8.19 对比可知,从经过信号重建滤波后的包络谱中可清晰识别频率在振动频谱中小于 100 Hz 信号特征值变更清晰,同时在 959 Hz 处出现了一幅值突变的频率成分。其中低频成分中存在滚动体公转频率 f_c 及其二倍频 $2f_c$、三倍频 $3f_c$,振动频率为 11.89 Hz,振动冲击幅值较高的振动信号则为相邻滚动体存在碰撞冲击而产生的轴承振动,针对高频中频率值为 959 Hz、幅值为 0.030 38 的信号则是由于相邻滚动体之间存在连续碰摩而引起轴承内圈振动,结合该组试验工况为转速为 1 800 r/min、$F_a = 300$ N、$F_r = 1 000$ N 联合载荷作用下的振动信号。结合前述理论分析可知,在联合载荷作用下,滚动体之间运动接触形式以高频连续碰摩为主,低频瞬态冲击偶尔发生,与试验信号频谱分析结果一致,因此验证了该振动信号预处理方法的可行性。

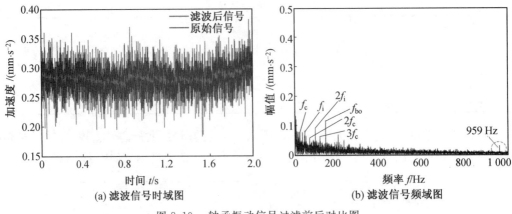

(a) 滤波信号时域图　　　　　　　　(b) 滤波信号频域图

图 8.19　　轴承振动信号过滤前后对比图

8.4　无保持架球轴承振动与磨损试验

8.4.1　无保持架球轴承动态试验系统

无保持架球轴承动态试验系统可以具有滚动体运动光学采集、轴承振动测试、轴承磨损及数控、数据采集等功能。针对滚动体的运动特性，根据光学反射原理，利用高速摄影仪对滚动体运转过程进行拍摄，结合图像技术进行去噪等预处理，用以识别滚动体表面反光点，并同时对所有个滚动体反光点坐标进行实时追踪，获得不同滚动体空间坐标，并利用坐标校正法计算滚动体公转速度，同时通过所拍摄的图像结合相切点不透光方法观察滚动体经过变速曲面实现自动离散的运动特性。针对轴承振动试验，轴承振动信号采集系统通过对轴承外圈振动加速度信号采集，通过分析时域及频域信号特点，确定滚动体之间的运动状态及轴承运转稳定性；轴承外滚道磨损试验结果主要从两个角度分析：外滚道磨损量及变速曲面的磨损深度，根据所需试验搭建滚动体运动高速摄影采集系统及轴承振动、磨损系统，如图8.20 所示。

高速摄影仪　　　　光源系统　　　　轴向加载装置　试验轴承振　支撑轴承振　高速　油气润滑
　　　　　　　　　　　　　　　　　　　　　　　动传感器1　动传感器2　电主轴

(a) 轴承滚动体运动试验　　　　　　　(b) 轴承振动试验

图 8.20　无保持架球轴承动态试验系统

　　试验轴承分别选取无保持架球轴承及前面所设计的 3 种变速曲面尺寸的轴承,轴承试验测试工况设定要求为:主轴转速 n 范围为 1 800 ～ 6 000 r/min,径向载荷 F_r 范围为 500 ～ 2 000 N,轴向载荷 F_a 范围为 300 ～ 500 N。变速曲面样件及其参数值如图 8.21 所示。试验轴承的其他参数见表 8.6。

A 轴承：$\theta_1=24°$　$\theta_2=41.4°$
B 轴承：$\theta_1=22°$　$\theta_2=43.2°$
C 轴承：$\theta_1=20°$　$\theta_2=45.1°$

变径滚道

图 8.21　变速曲面样件及其参数值

表 8.6　试验轴承的其他参数

轴承参数	参数值
球数目 Z/ 个	14
球直径 D_w/mm	9.525
内径 d/mm	30
外径 D/mm	62
宽度 B/mm	16
内沟道曲率半径 r_i/mm	4.905
外沟道曲率半径 r_o/mm	4.953
内圈沟底直径 d_i/mm	36.48
外圈沟底直径 d_o/mm	55.53

8.4.2　无保持架球轴承振动试验结果

1. 径向载荷作用

无保持架球轴承时频域采集振动信号如图 8.22 ～ 8.24 所示。

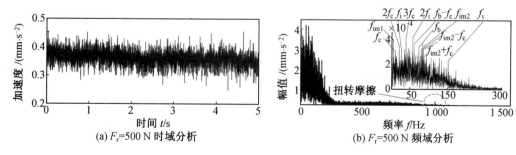

(a) F_r=500 N 时域分析　　　　　　(b) F_r=500 N 频域分析

图 8.22　$n=1\ 800$ r/min 内圈振动时域与频域分析

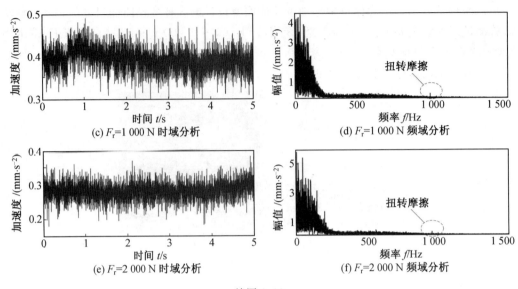

(c) F_r=1 000 N 时域分析　　　　(d) F_r=1 000 N 频域分析

(e) F_r=2 000 N 时域分析　　　　(f) F_r=2 000 N 频域分析

续图 8.22

以图 8.22(a) 和图 8.22(b) 为例对振动信号进行分析。在高频区 959 Hz 处存在幅值增大特征信号,由于预处理中已对信号解调降噪,因此可判定该信号产生的原因是相邻滚动体之间持续扭转摩擦现象。对低频区域局部放大其频谱组成为:主轴转频 f_i 及倍频 $2f_i$,滚动体公转频率 f_c 及其倍频 $2f_c$、$3f_c$,滚动体自转频率 f_b 及其边频带,该边频带 $f_b - f_c$ 的出现表明滚动体在运转过程中发生打滑现象,滚动体通过频率 f_{bo},除了以上已知成分外,还有频率能量较大的频率分别为 f_{im1} 和 f_{im2},其中 f_{im2} 还存在 $f_{im2} - f_c$ 和 $f_{im2} + f_c$ 的边频带,说明轴承运动过程中以上两频率值存在明显的冲击现象,使得其频率能量突然增大,且 f_{im2} 的边频带与滚动体公转频率 f_c 有关,表明该冲击同样会引起公转特性的改变,可以判断 f_{im1}、f_{im2} 是轴承运转过程中滚动体的碰撞信号成分,因此在该工况下无保持架球轴承中相邻滚动体之间同时存在瞬时冲击碰撞和连续扭转摩擦现象。

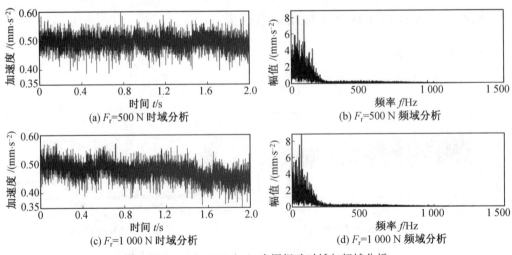

(a) F_r=500 N 时域分析　　　　(b) F_r=500 N 频域分析

(c) F_r=1 000 N 时域分析　　　　(d) F_r=1 000 N 频域分析

图 8.23　n = 3 000 r/min 内圈振动时域与频域分析

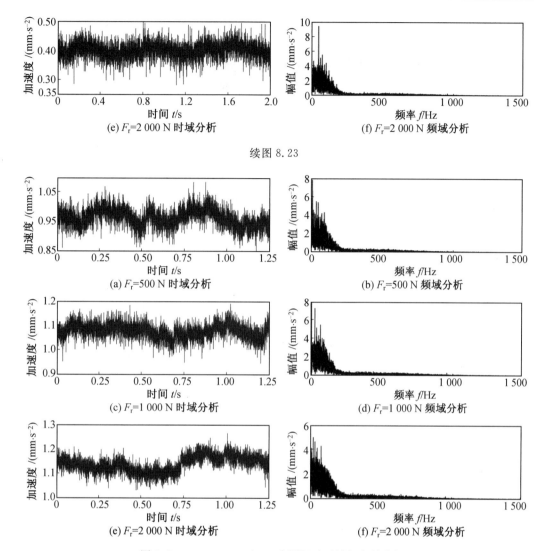

(e) $F_r=2\,000$ N 时域分析　　　　(f) $F_r=2\,000$ N 频域分析

续图 8.23

(a) $F_r=500$ N 时域分析　　　　(b) $F_r=500$ N 频域分析

(c) $F_r=1\,000$ N 时域分析　　　　(d) $F_r=1\,000$ N 频域分析

(e) $F_r=2\,000$ N 时域分析　　　　(f) $F_r=2\,000$ N 频域分析

图 8.24　$n=6\,000$ r/min 内圈振动时域与频域分析

　　随着转速的增加,轴承振动幅值及变化范围减小,低频及高频冲击信号成分减少,表明相邻滚动体之间接触次数减少。这是由于转速增大,滚动体公转打滑率下降,滚动体分布均匀。径向载荷增大,低频信号成分减少,但频谱幅值没有明显变化。这是因为滚动体打滑率小幅降低,对滚动体运动影响微弱,所以对轴承振动影响效果不明显。

2. 联合载荷作用

　　无保持架球轴承变工况时,轴承内圈时频域采集振动信号如图 8.25 ~ 8.33 所示。

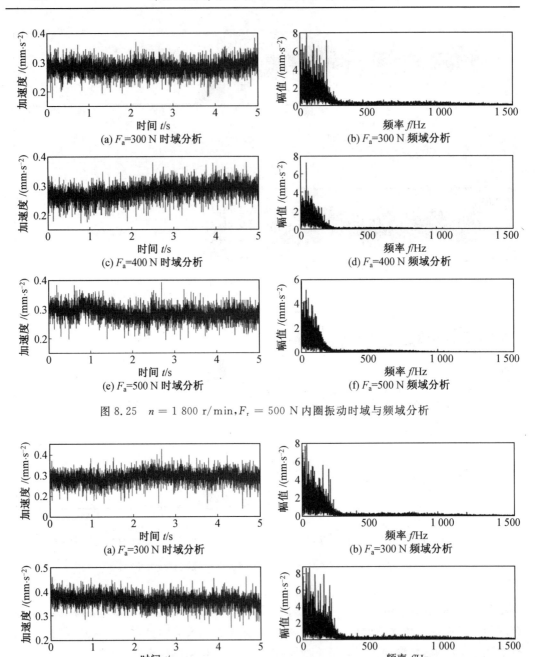

图 8.25　$n = 1\,800$ r/min，$F_r = 500$ N 内圈振动时域与频域分析

图 8.26　$n = 1\,800$ r/min，$F_r = 1\,000$ N 内圈振动时域与频域分析

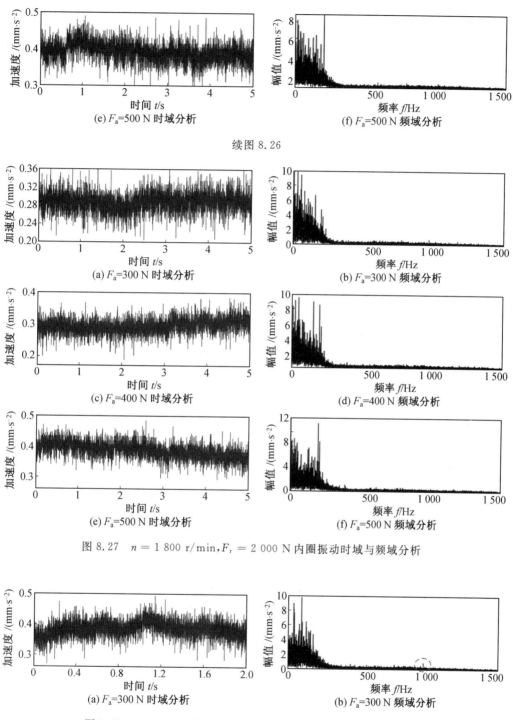

(e) F_a=500 N 时域分析　　　　(f) F_a=500 N 频域分析

续图 8.26

(a) F_a=300 N 时域分析　　　　(b) F_a=300 N 频域分析

(c) F_a=400 N 时域分析　　　　(d) F_a=400 N 频域分析

(e) F_a=500 N 时域分析　　　　(f) F_a=500 N 频域分析

图 8.27　$n = 1\ 800$ r/min，$F_r = 2\ 000$ N 内圈振动时域与频域分析

(a) F_a=300 N 时域分析　　　　(b) F_a=300 N 频域分析

图 8.28　$n = 3\ 000$ r/min，$F_r = 500$ N 内圈振动时域与频域分析

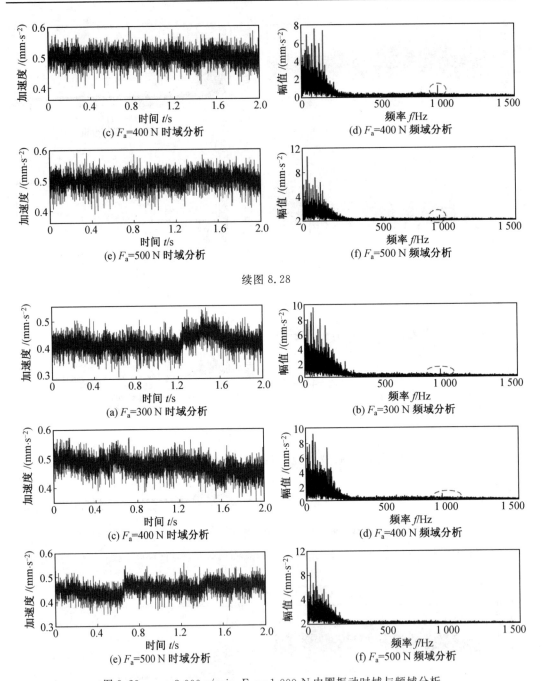

(c) F_a=400 N 时域分析

(d) F_a=400 N 频域分析

(e) F_a=500 N 时域分析

(f) F_a=500 N 频域分析

续图 8.28

(a) F_a=300 N 时域分析

(b) F_a=300 N 频域分析

(c) F_a=400 N 时域分析

(d) F_a=400 N 频域分析

(e) F_a=500 N 时域分析

(f) F_a=500 N 频域分析

图 8.29　$n = 3\ 000$ r/min,$F_r = 1\ 000$ N 内圈振动时域与频域分析

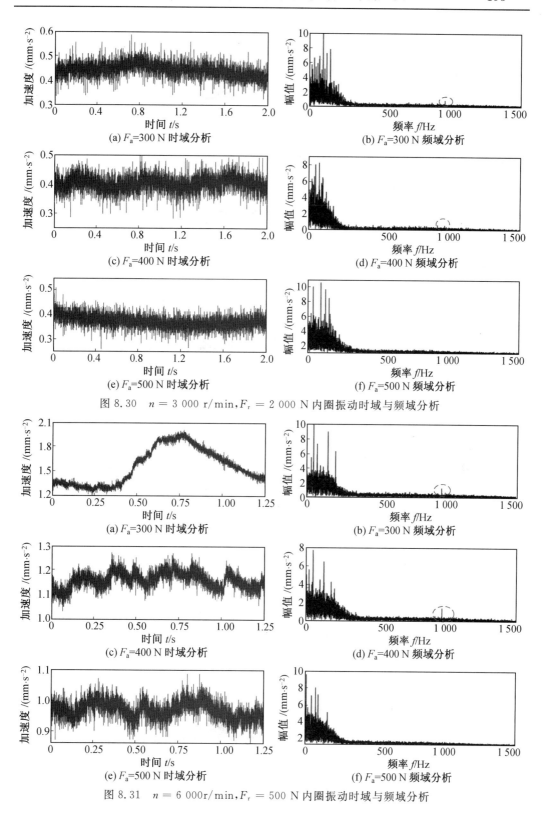

(a) F_a=300 N 时域分析

(b) F_a=300 N 频域分析

(c) F_a=400 N 时域分析

(d) F_a=400 N 频域分析

(e) F_a=500 N 时域分析

(f) F_a=500 N 频域分析

图 8.30　$n = 3\ 000\ \text{r/min},F_r = 2\ 000\ \text{N}$ 内圈振动时域与频域分析

(a) F_a=300 N 时域分析

(b) F_a=300 N 频域分析

(c) F_a=400 N 时域分析

(d) F_a=400 N 频域分析

(e) F_a=500 N 时域分析

(f) F_a=500 N 频域分析

图 8.31　$n = 6\ 000\ \text{r/min},F_r = 500\ \text{N}$ 内圈振动时域与频域分析

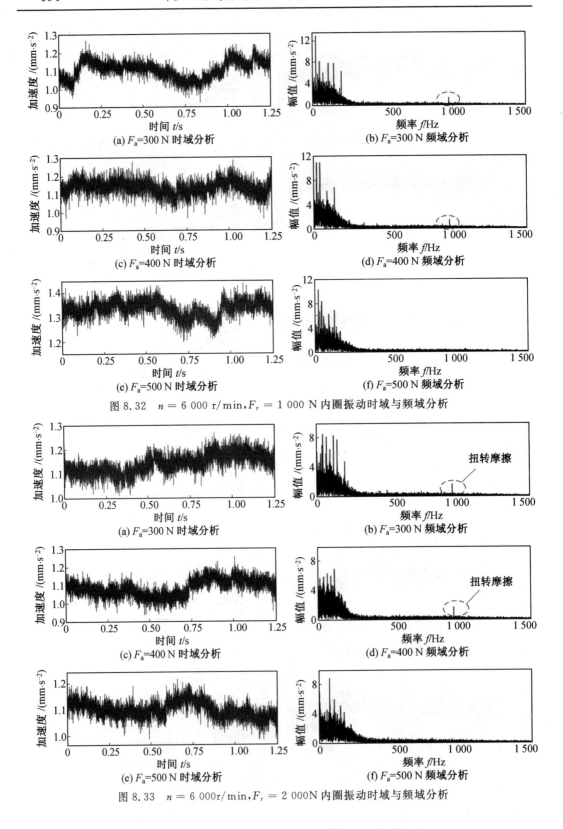

(a) F_a=300 N 时域分析 (b) F_a=300 N 频域分析

(c) F_a=400 N 时域分析 (d) F_a=400 N 频域分析

(e) F_a=500 N 时域分析 (f) F_a=500 N 频域分析

图 8.32　$n = 6\ 000\ r/min, F_r = 1\ 000\ N$ 内圈振动时域与频域分析

(a) F_a=300 N 时域分析 (b) F_a=300 N 频域分析

(c) F_a=400 N 时域分析 (d) F_a=400 N 频域分析

(e) F_a=500 N 时域分析 (f) F_a=500 N 频域分析

图 8.33　$n = 6\ 000 r/min, F_r = 2\ 000 N$ 内圈振动时域与频域分析

对比图 8.25～8.33 可知,在联合载荷作用下,轴承振动信号中出现明显的低频成分和部分工况下存在高频的振动信号,表明无保持架球轴承滚动体在任何工况下均存在冲击碰撞,在一定的工况下又存在连续扭转摩擦现象。综合以上分析可知,在径向载荷作用下,转速对滚动体的运动状态及轴承稳定性影响较大,而在联合载荷工况下轴向载荷对滚动体运动起主导作用,且振动变化规律及滚动体碰撞形式与理论分析一致。为了保证滚动体不发生持续碰摩和冲击碰撞,本节提出选择较高转速、较大轴向载荷的工况适用条件。

8.4.3　自动离散轴承振动试验结果

1.3 种变速曲面参数轴承振动结果

由理论分析可知,变速曲面结构尺寸及工况的改变均会引起轴承稳定性的改变。为验证理论分析中对变速曲面结构参数选择的合理性,首先对比 3 种参数变速曲面轴承振动特性,如图 8.34 所示。

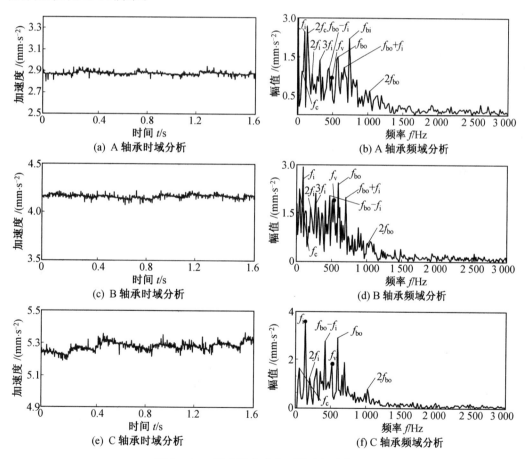

图 8.34　3 种参数变速曲面轴承振动特性

变速曲面自动离散轴承振动信号由主轴转频 f_i 及倍频 $2f_i$,滚动体公转频率 f_c 及其倍频 $2f_c$、$3f_c$,滚动体经变速曲面冲击频率 f_v,滚动体通过频率 f_{bo} 及其倍频组成。随着变速曲面环向跨度角减小,时域内轴承振动加速度越来越大,频域内滚动体经过变速曲面产生的振动幅值增加,主要原因是滚动体离散分布效果减弱,轴承内圈在载荷作用下刚度变化不平衡,引起内圈振动。跨度角减小时,滚动体进出变速曲面冲击频率 f_{bo} 幅值逐渐增大,这是由于滚动体滚出时与轴承内圈接触力增大,该冲击力使内圈在接触力法向方向存在加速运动,增大了轴承内圈运转过程中的速度变化次数。通过试验结果可同样确定环向跨度角较大的变速曲面轴承振动越小,运转越稳定,与理论分析结果具有一致性。

2. 变转速工况轴承振动结果

结合理论分析选取轴承 A 作为后续工况分析试验轴承,在不同转速下轴承振动特性如图 8.35 所示。轴承振动频谱主要由滚动体公转频率及其倍频、滚动体自转、滚动体经过变速曲面频率、主轴转频等组成。随着轴承转速的增加,轴承最大幅值及时域内加速度幅值变化逐渐增大,但是滚动体经过变速曲面频率 f_v 对应的幅值并无明显突变,说明变速曲面引起轴承振动响应较小,且振动信号中无高频成分,表明滚动体在运动过程中不发生相互持续碰摩现象,与理论分析结果具有一致性。

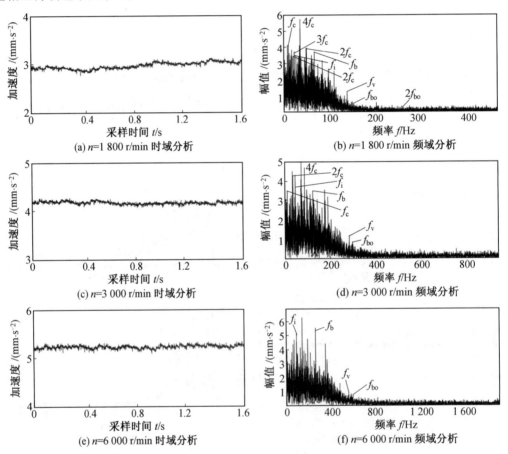

图 8.35　不同转速下轴承振动特性

3. 变径向载荷工况轴承振动结果

不同径向载荷作用下轴承振动特性如图 8.36 所示。

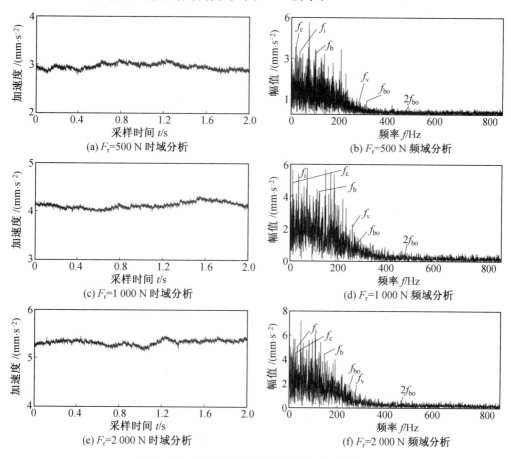

图 8.36　不同径向载荷作用下轴承振动特性

随着径向载荷的增大,振动幅值逐渐增大,但滚动体经过变速曲面的振动成分幅值反而降低,说明大载荷时变速曲面与滚动体之间的冲击能量减小,冲击力对于轴承整体振动的影响减弱,与理论分析具有一致性。对比无保持架球轴承振动特性可知,设计局部变速曲面后,振动频谱中未出现高频的扭转摩擦信号分量,表明在变速曲面作用下有效改善了相邻滚动体之间的接触问题。但试验振动信号中还存在成分不明确的振动信号,但整体轴承振动中仍以滚动体运动及转轴运动成分为主,其他信号出现的原因是试验中如温度、润滑、安装误差等可变因素较多。因此,在轴承外圈设计局部变速曲面虽然会产生振动信号,但其信号成分较微弱,不会引起轴承系统振动效应的叠加。

8.4.4　自动离散轴承磨损试验结果

变速曲面磨损到一定程度可能导致滚动体离散失效,因此试验的目的是观察变速曲面在轴承运转一定时间内的磨损情况,从而预测出变速曲面的磨损寿命。故以轴承的运行时间为单一因素对其进行试验。经计算得到不同磨损时间内轴承变速曲面的磨损质量,具体磨损量结果见表 8.7 和表 8.8。

表 8.7　轴承外圈的磨损量

序号	运行时间 /h	磨损前的质量 /g	磨损后的质量 /g	磨损量 /mg
1－1	3	88.715 6	88.713 2	2.4
1－2	3	90.177 9	90.172 7	2.2
1－3	3	89.651 1	89.648 8	2.3
2－1	6	89.702 6	89.696 1	6.5
2－2	6	90.257 1	90.250 3	6.8
2－3	6	88.718 5	88.711 6	6.9
3－1	9	88.019 4	88.006 6	12.8
3－2	9	89.842 7	89.830 3	12.4
3－3	9	89.704 3	89.691 9	12.3

表 8.8　不同工况下轴承外滚道磨损量

试件编号	磨损前质量 /g	磨损后质量 /g	磨损质量 /mg
1	97.496 61	97.495 9	0.71
2	97.878 1	97.986 1	2
3	97.790 19	97.787 2	2.99
4	97.038 4	97.033 7	4.67
5	97.037 95	97.036 87	1.08
6	97.747 7	97.744 5	3.21
7	97.186 77	97.182 5	4.27
8	97.220 4	97.212 97	7.43
9	97.655 27	97.653 9	1.37
10	97.656 9	97.652 9	3.98
11	97.045 1	97.038 3	6.82
12	97.665 5	97.656 9	8.61

　　轴承外圈的磨损质量随轴承运行时间的增加而增大,说明轴承运转过程中变速曲面存在一定的磨损。根据理论仿真分析可知,轴承运转过程中滚动体经过变速曲面时的接触点发生变化,其接触应力在瞬间变大,从而造成摩擦力变大,其变速曲面的磨损也增加;同时变速曲面的磨损也会随着滚动体经过变速曲面的次数而增加,时间越长,磨损次数越多,其外圈磨损量越大。采用超景深对变速曲面磨损后进行三维测量,如图 8.37 所示。基于三维测图对磨损深度进行测量,采用拉线法提取变速曲面最宽两侧的深度数据,并根据前述研究变速曲面磨损深度和次数关系方程得到理论结果,将其与试验结果进行对比,

变速曲面磨损深度测量结果见表 8.9。

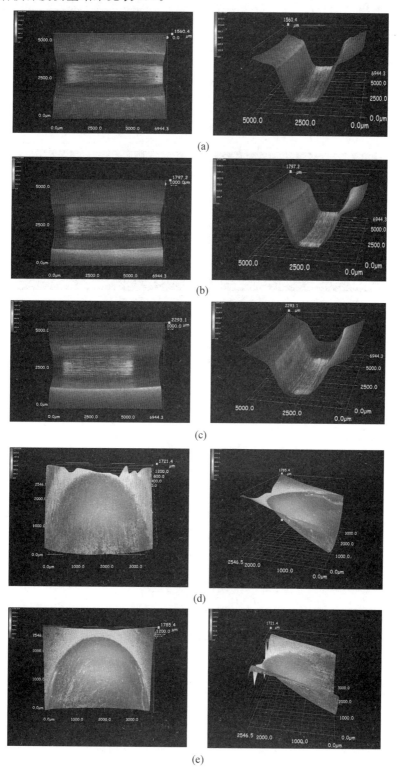

图 8.37　变速曲面磨损深度三维测量

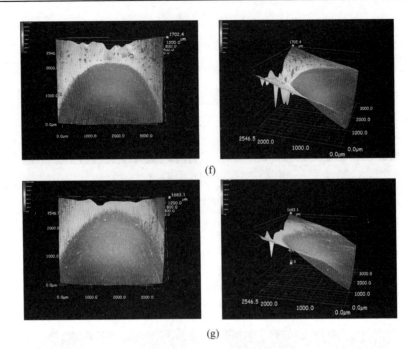

(f)

(g)

续图 8.37

表 8.9　变速曲面磨损深度测量结果

试件序号	时间 /h	试验磨损深度 /μm	理论磨损深度 /μm
1—1	3	1.62	1.41
1—2	3	1.63	1.41
1—3	3	1.59	1.41
2—1	6	4.73	4.21
2—2	6	4.69	4.21
2—3	6	4.71	4.21
3—1	9	7.74	7.08
3—2	9	7.69	7.08
3—3	9	7.62	7.08

　　下面针对前述理论研究椭圆形变速曲面的无保持架球轴承,给出轴承变速曲面磨损失效(寿命)预测。

1. 变速曲面磨损失效模型的建立

　　因轴承运转过程中每个滚动体都会经过变速曲面,所以将滚动体经过变速曲面的次数作为其磨损失效的量度,因此要计算滚道变速曲面磨损量,需要知道单位时间内圈旋转一圈时,有多少个滚动体经过变速曲面。假设整组滚动体相对于外圈转过一圈时,有 Z 个滚动体通过变速曲面,那么单位时间内滚动体滚过变速曲面的次数即磨损次数为

$$m = \frac{Zn_i}{2}\left(1 - \frac{D_w}{D_m}\right) \tag{8.19}$$

式中，n_i 为轴承内圈转速。

那么变速曲面最长磨损时间 T_{max}（磨损失效时间）对应的最大磨损次数为

$$M_{max} = T_{max}m \tag{8.20}$$

根据理论推导的磨损模型，得到最大磨损深度和时间的关系为

$$h_{max} = K_s\frac{v\sigma}{H}T_{max} \tag{8.21}$$

结合式（8.19）和式（8.20）得到最大磨损次数关于磨损深度的关系式，即

$$M_{max} = \frac{mH}{v\sigma K_s}h_{max} \tag{8.22}$$

无保持架球轴承变速曲面的磨损失效模型可以表示为

$$M_{max} = \frac{H}{v\sigma K_s}mh_{max} + A \tag{8.23}$$

式中，A 为线性补偿值。

2. 变速曲面磨损失效算例预测

当球径为 9.525 mm，$Z = 14$，滚动体最大离散角度为 1.82°，即 0.032 rad，对应的两球球间距 ΔY 为 0.712 3 mm，而根据第 3 章给出的变速曲面参数（长度为 11.2 mm，宽度为 3.2 mm）计算可知，磨损前的轴承滚动体的离散角度为 0.029 rad，两球间距为 0.672 5 mm，因此变速曲面的磨损深度 H' 只需满足滚动体离散距离在 0.672 5 ~ 0.712 3 mm 之间即可。

如图 8.38 所示，随着变速曲面磨损程度的增加，滚动体与变速曲面在磨损前和磨损后极限位置的接触点由 C_1 变为 D_1，环向跨度角由 β 变为 β'，其中 M_1 为 C_1 点在水平方向上的垂线交点，M_2 为 D_1 点在水平方向上的垂线交点，B_1、B_2 分别为变速曲面磨损前和磨损后的宽度，h_{max} 为变速曲面允许的最大磨损深度。因此根据图 8.38 中所示变速面磨损前后的几何关系，可以求出变速曲面允许的最大磨损深度 h_{max} 为

$$h_{max} = r_e(\cos\beta' - \cos\beta) \tag{8.24}$$

根据滚动体离散最大距离计算可知，当变速曲面对应的环向角度 β' 为 20.67° 时，其离散作用失效，那么此时变速曲面允许的最大磨损深度根据式（8.24）求解为 0.058 9 mm。

椭圆形变速曲面最大磨损深度和次数的关系可表示为

$$h_{max} = 8.202 \times 10^{-9}M_{max} + 3.425 \times 10^{-10} \tag{8.25}$$

将磨损深度转换为变速曲面磨损次数为

$$M_{max} = 1.219\ 2 \times 10^8 h_{max} - 0.417\ 58 \tag{8.26}$$

将 $h_{max} = 0.058\ 9$ 代入式（8.26），算得 $M_{max} = 7\ 181\ 175.3$，通过式（8.19）计算可知，每分钟滚动体经过变速曲面的次数为 20 048 次，对于变速曲面某一个接触点来说，就是磨损了 20 048 次，因此可将变速曲面的磨损失效转化为轴承的运转时间为

$$T_{max} = \frac{M_{max}}{20\ 048} = 358 \tag{8.27}$$

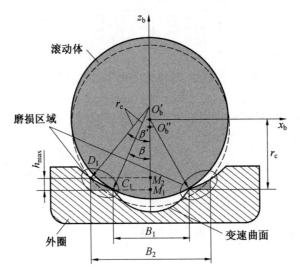

图 8.38　变速曲面球磨损失效示意

因此,当轴承内圈转速为 6 000 r/min 时,只考虑变速曲面磨损这一问题时,轴承在运行 358 h 之后,变速曲面的磨损对滚动体的自动离散效应失去作用,即变速曲面磨损失效。

8.4.5　自动离散轴承参数化设计

无保持架球轴承滚动体自动离散是依靠变速曲面的特殊结构实现的,不同型号的自动离散轴承的变速曲面的结构参数和滚动体的数量也不相同,变速曲面设计在轴承的外圈上,由于轴承尺寸、种类的不断变化,针对不同尺寸无保持架球轴承变速曲面和滚动体数量进行参数化设计,使系列化无保持架球轴承能匹配合适的椭圆形变速曲面尺寸来减少轴承相邻球之间的碰撞,实现球的离散。考虑到后续轴承零件的通用性、互换性以及加工性,本节按照国家标准规定选取标准轴承的主要外形尺寸,并在此基础上设计椭圆形变速曲面尺寸匹配,实现无保持架变速曲面球轴承的参数化设计。无保持架变速曲面球轴承结构及其参数如图 8.39 所示。

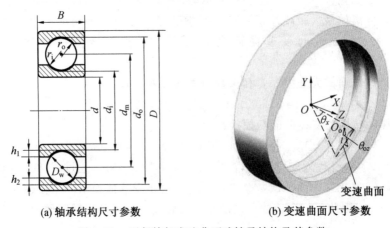

(a) 轴承结构尺寸参数　　　　　　(b) 变速曲面尺寸参数

图 8.39　无保持架变速曲面球轴承结构及其参数

变速曲面环向跨度角和轴向跨度角参数的选取与标准轴承中的节圆直径 d_m、球直径 D_w 与内外圈滚道曲率半径 $r_\mathrm{i(o)}$ 参数有关,根据轴承设计理论确定标准轴承内部结构参数和变速曲面参数,建立无保持架变速曲面球轴承参数与滚道参数、滚动体数量匹配关系模型:

$$\begin{cases} \arcsin \dfrac{D_\mathrm{w}}{d_\mathrm{m}} \leqslant \theta_x \leqslant 2\arcsin \dfrac{D_\mathrm{w}}{d_\mathrm{m}} \\[2mm] 2\arccos\left(1 - \dfrac{2\delta_\mathrm{max}}{D_\mathrm{w}}\right) \leqslant \theta_\mathrm{oz} \leqslant 2\arcsin\left(\dfrac{d_\mathrm{o}}{r_\mathrm{o}}\sin\dfrac{\theta_x}{2}\right) \\[2mm] Z = \left(360° \div 2\arcsin\dfrac{D_\mathrm{w}}{d_\mathrm{m}}\right) - 1 \end{cases} \tag{8.28}$$

在前述数值模拟的基础上得到具体的变速曲面参数设计程序,具体参数化设计流程图如图 8.40 所示。

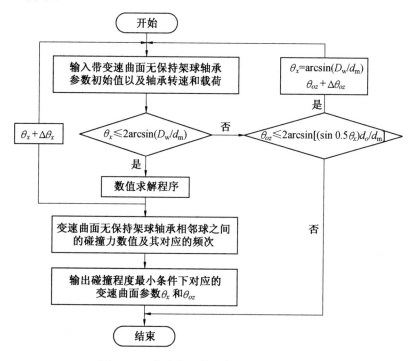

图 8.40　变速曲面轴承参数化设计流程图

本书的变速曲面轴承主要是小尺寸,因此主要针对内径为 $20 \sim 35$ mm 的无保持架变速曲面球轴承进行参数化设计,建立轴承参数数据库见表 8.10。

无保持架变速曲面球轴承参数化系统采用尺寸驱动法来实现轴承的参数化设计,只需在驱动界面修改轴承的主要尺寸而轴承结构保持不变,完成不同型号的变速曲面轴承三维建模。以内径为 30 mm、外径为 62 mm 和宽度为 16 mm 的变速曲面轴承为例设置约束集,图 8.41 所示给出了轴承约束集设置,很好地限制了轴承的内部几何结构。另外,由于外圈变速曲面的存在,需要增加一组约束集来限制其位置及形状。

表 8.10 无保持架变速曲面球轴承参数数据库

内径 d /mm	外径 D /mm	宽度 B /mm	节圆直径 d_m /mm	滚动体直径 D_w /mm	内沟道曲率半径 r_i/mm	外沟道曲率半径 r_o/mm	内圈沟底直径 d_i /mm	外圈沟底直径 d_o /mm	滚动体数目 Z /个	内外圈挡边高度 $h_{1(2)}$ /mm	环向跨度角 θ_x /(°)	轴向跨度角 θ_{oz} /(°)
20	32	7	26	3.6	1.854	1.872	22.4	29.6	21	0.71	14	28
	37	9	28.5	5.1	2.625	2.652	23.4	33.6	16	1.02	18	36
	42	12	31	6.6	3.399	3.432	24.4	37.6	13	1.32	20	40
	47	14	33.5	8.1	4.1715	4.212	25.4	41.6	11	1.62	24	48
	52	15	36	9.6	4.944	4.992	26.4	45.6	10	1.92	26	52
25	37	7	31	3.6	1.854	1.872	27.4	34.6	26	0.72	12	24
	42	9	33.5	5.1	2.6265	2.652	28.4	38.6	19	1.02	16	32
	47	12	36	6.6	3.399	3.432	29.4	42.6	16	1.32	18	36
	52	15	38.5	8.1	4.1715	4.212	30.4	46.6	13	1.62	22	44
	62	17	43.5	11.1	5.7165	5.772	32.4	54.6	11	2.22	28	56
30	42	7	36	3.6	1.854	1.872	32.4	39.6	30	0.72	11	22
	47	9	38.5	5.1	2.625	2.652	33.4	43.6	22	1.02	15	30
	55	13	42.5	7.5	3.8625	3.9	35	50	16	1.5	18	36
	62	16	46.005	9.525	4.905	4.953	36.48	55.53	14	1.905	20	40
	72	19	51	12.6	6.489	6.552	38.4	63.6	11	2.52	26	52
35	47	7	41	3.6	1.854	1.872	37.4	44.6	34	0.72	10	20
	55	10	45	6	3.09	3.12	39	51	22	1.2	15	30
	62	14	48.5	8.1	4.1715	4.212	40.4	56.6	17	1.62	18	36
	72	17	53.5	11.1	5.7165	5.772	42.4	64.6	14	2.22	24	48
	80	21	57.5	13.5	6.9525	7.02	44	71	12	2.7	27	54

无保持架变速曲面球轴承的参数化设计界面如图 8.42 所示。

基于 C♯ 语言设计了变速曲面球轴承的尺寸驱动参数化设计界面,部分界面实现程序如下。在参数化设计界面输入表 8.10 中的轴承参数即可生成对应的三维模型,如图 8.43 所示 。

```
EquationMgr swEqnMgr = (EquationMgr)swModel.GetEquationMgr();
int nCount = swEqnMgr.GetCount();
for(int i = 0; i < nCount; i++)
{if(swEqnMgr.get_GlobalVariable(i)
{string str1 = swEqnMgr.get_Equation(i);
```

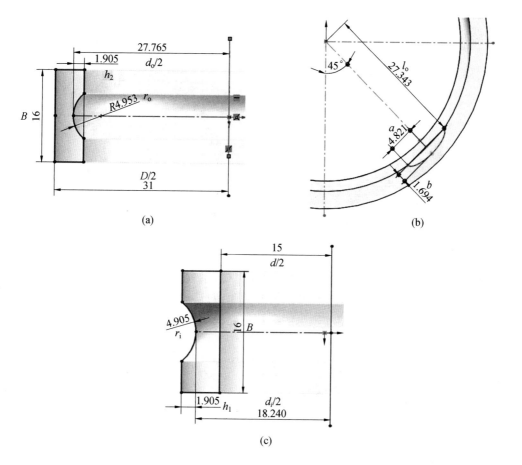

图 8.41 轴承约束集设置

图 8.42 无保持架变速曲面球轴承的参数化设计界面

$\mathrm{str1} = \mathrm{str1.\,Substring}(0,\ \mathrm{str1.\,IndexOf}(''=''){+}1);$

$\mathrm{if}(\mathrm{str1.\,Contains}(''\backslash''d\backslash'''))$

$\{\mathrm{str1} = \mathrm{str1} + d;\}$

$\mathrm{else\ if}(\mathrm{str1.\,Contains}(''\backslash''D\backslash'''))$

{str1 = str1 + D;}

else if ⋯⋯

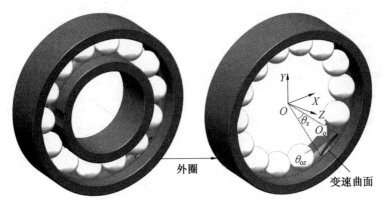

图 8.43　带变速曲面无保持架球轴承参数化三维模型

　　带变速曲面的无保持架球轴承参数化设计完成,系列化带变速曲面无保持架球轴承参数化三维模型如图 8.44 所示。外圈滚道变速曲面尺寸对减小相邻球之间的碰撞起着重要作用,轴承各项参数的确定和轴承的参数化建模对非标轴承的设计及动力学仿真提供了很大便利。

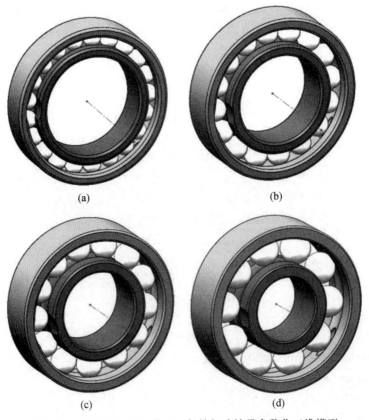

图 8.44　系列化带变速曲面无保持架球轴承参数化三维模型

参 考 文 献

[1] 马芳. 碳达峰碳中和政策对航空轴承的影响与对策思考[J]. 2022上海国际轴承峰会论文集, 2022, 40(6): 68-72.

[2] 韩玉琪, 王则皓, 刘英杰, 等. 通向碳中和的航空新能源动力发展路径分析[J]. 航空动力, 2022(3): 13-15.

[3] 轴承工业编辑部. 轴承行业现状与前景分析[R]. 上海: 中轴协轴承工业, 2023.

[4] 孙立业, 郝羿飞, 赵奉同. 多电发动机技术及其应用前景研究[J]. 沈阳航空航天大学学报, 2017, 34(2): 1-5.

[5] 姜晓莲, 王斌. 浅析未来航空发动机技术的发展[J]. 航空科学技术, 2010, 123(2): 10-12.

[6] 李子麟, 时振刚, 铁晓艳, 等. 重型磁悬浮转子跌落保护轴承失效机理[J]. 中国机械工程, 2023, 34(9): 1009-1018.

[7] 魏鹏, 王云峰, 杨勇, 等. 高速悬浮转子跌落在保护轴承上的碰撞力研究[J]. 振动与冲击, 2018, 37(20): 251-258.

[8] ZHANG W, ZHU H. Radial magnetic bearings: an overview[J]. Results in Physics, 2017, 7: 3756-3766.

[9] AENIS M, KNOPF E, NORDMANNR. Active magnetic bearings for the identification and fault diagnosis in turbomachinery[J]. Mechatronics, 2002, 12(8): 1011-1021.

[10] SRINIVAS R S, TIWARI R, KANNABABU C. Application of active magnetic bearings in flexible rotor dynamic systems: a state-of-the-art review[J]. Mechanical Systems and Signal Processing, 2018, 106: 537-572.

[11] MASLEN E H, SCHWEITZER G, BLEULER H, et al. Magnetic bearings - theory, design, and application to rotating machinery[M]. Berlin: Springer, 2009: 18-22.

[12] 杨咸启, 李晓玲, 刘胜荣. 滚动轴承几何与力学参数化设计和工程问题分析[M]. 合肥: 合肥工业大学出版社, 2021: 5-14, 31-32.

[13] 刘程子, 湛江, 杨艳, 等. 主动磁悬浮轴承-柔性转子的研究和发展综述[J]. 中国电机工程学报, 2020, 40(14): 4602-4614, 4739.

[14] 胡余生, 李立毅, 郭伟林, 等. 磁悬浮制冷离心压缩机停机气流冲击抑制研究[J]. 电机与控制学报, 2022, 26(1): 24-31.

[15] 李慧娟, 谭祥诗, 王黎. 磁悬浮技术在某公共机构中央空调系统技术改造中的应用及节能效果分析[J]. 机电工程技术, 2022, 51(12): 269-273.

[16] GU L, GUENAT E, SCHIFFMANN J. A review of grooved dynamic gas bearings[J]. Applied Mechanics Reviews, 2020, 72(1): 15.

[17] BREŇ KACZŁ, YWICA G, DROSI SKA-KOMOR M, et al. The experimental determination of bearings dynamic coefficients in a wide range of rotational speeds, taking into account the resonance and hydrodynamic instability[M]. Springer Proceedings in Mathematics & Statistics. Cham: Springer International Publishing, 2018: 13-24.

[18] SCHMIED J. Behavior of a one ton rotor being dropped into auxiliary bearings [C]. Alexandria:Proceedings, 3rd Int. Symp. Magnetic Bearings, 1992: 145-156.

[19] XU L, LIY. Modeling of a deep-groove ball bearing with waviness defects in planar multibody system[J]. Multibody System Dynamics, 2015, 33: 229-258.

[20] GUPTA P K. Minimum energy hypothesis in quasi-static equilibrium solutions for angular contact ball bearings[J]. Tribology Transactions, 2020, 63(6): 1051-1066.

[21] HARTNETTM J. The analysis of contact stresses in rolling element bearings[J]. Journal of Lubrication Technology, 1979, 101(1): 105-109.

[22] HAMROCK B J, ANDERSON W J. Analysis of an arched outer-race ball bearing considering centrifugal forces[J]. Journal of Lubrication Technology, 1973, 95(3): 265-271.

[23] HAMROCK B J. Ball motion and sliding friction in an arched outer race ball bearing[J]. Journal of Lubrication Technology, 1975, 97(2): 202-210.

[24] 王晓阳, 申鹏. 复合沟曲率半径深沟球轴承的设计[J]. 北华航天工业学院学报, 2016, 26(6): 9-11.

[25] 孙雪, 邓四二, 章元军, 等. 弹性支承下三瓣波滚道圆柱滚子轴承振动特性研究[J]. 机械传动, 2017, 41(8): 11-18.

[26] 卢振伟, 卢羽佳, 邓四二. 三瓣波滚道圆柱滚子轴承载荷分布特性研究[J]. 轴承, 2016(9): 1-6.

[27] 王静. 椭圆滚道深沟球轴承的几何设计与静应力分析[D]. 沈阳：东北大学, 2014: 3-4.

[28] HAINES D J, EDMONDS MJ. Fourth paper: a new design of angular contact ball race[J]. Proceedings of the Institution of Mechanical Engineers, 1970, 185(1): 382-393.

[29] 徐洪江, 徐卫军. 三点接触球轴承设计改进浅析[J]. 哈尔滨轴承, 2007(3): 6-7.

[30] 李杰, 田拥胜, 张华良, 等. 考虑轴向力影响的三点接触球轴承刚度特性研究[J]. 推进技术, 2018, 39(2): 419-425.

[31] 王廷剑, 张静静, 王黎钦, 等. 基于正交试验法的三点接触球轴承结构参数优化设计[J]. 轴承, 2020(12): 12-15.

[32] ZUPAN S, PREBIL I. Carrying angle and carrying capacity of a large single row

ball bearing as function of geometry parameters of the rolling contact and the sup-porting structure stiffness[J]. Mechanism and Machine Theory, 2001, 36(10): 1087-1103.

[33] AMASORRAIN J I, SAGARTZAZU X, DAMIAN J. Load distribution in a four contact-point slewing bearing[J]. Mechanism and Machine Theory, 2003, 38(6): 479-496.

[34] LEBLANC A, NELIAS D. Ball motion and sliding friction in a four-contact-point ball bearing[J]. Journal of Tribology, 2007, 129(4), 801-808.

[35] HALPIN J D, TRAN A N. An analytical model of four-point contact rolling ele-ment ball bearings[J]. Journal of Tribology, 2016, 138(3): 031404.

[36] SINGH A P, AGRAWAL A, JOSHI D. Contact mechanics studies for an elliptical curvature deep groove ball bearing using continuum solid modeling based on fem simulation approach[J]. IOSR J. Mech. Civ. Eng., 2016, 13: 1-11.

[37] KOROLEV A A, KOROLEVA V. Influence of geometrical parameters of the working surface of the bearing raceway on its operability[J]. Journal of Friction and Wear, 2015, 36(2): 189-192.

[38] 秦生. 无保持架轴承变速曲面设计及动力学研究[D]. 哈尔滨: 哈尔滨理工大学, 2020: 12-13.

[39] ZHAO Y, ZHANG J, ZHOU E. Automatic discrete failure study of cage free ball bearings based on variable diameter contact[J]. Journal of Mechanical Science and Technology, 2021, 35(11): 4943-4952.

[40] ZHAO Y, WANG Q, WANG M, et al. Discrete theory of rolling elements for a cageless ball bearing[J]. Journal of Mechanical Science and Technology, 2022, 36 (4): 1921-1933.

[41] WANG Q, ZHAO Y, WANG M. Analysis of contact stress distribution between rolling element and variable diameter raceway of cageless bearing[J]. Applied Sci-ences, 2022, 12(12): 5764.

[42] ZHAO Y, WUC. Numerical simulation to research the collision and skidding of rolling elements for cageless bearings[J]. Industrial Lubrication and Tribology, 2022, 74(9): 1101-1109.

[43] ZMARZLY P. Experimental assessment of influence of the ball bearing raceway curvature ratio on the level of vibration[J]. Communications-Scientific Letters of the University of Zilina, 2020, 22(4): 103-111.

[44] CAO J, ALLAIRE P P, DIMONDT, et al. Rotor drop analyses and auxiliary bearing system optimization for amb supported rotor/experimental validation – part ii: experiment and optimization[C]. Charlottesville: Proceedings of ISMB, 2016, 15: 819-825.

[45] SU Y, GU Y, KEOGH PS, et al. Nonlinear dynamic simulation and parametric a-

nalysis of a rotor-AMB-TDB system experiencing strong base shock excitations [J]. Mechanism and Machine Theory, 2021, 155: 104071.

[46] ANDERS J, LESLIE P, STACKE L E. Rotor drop simulations and validation with focus on internal contact mechanisms of hybrid ball bearings[C]. San Antonio: Turbine Technical Conference and Exposition, 2013.

[47] HAR H. A theoretical approach to evaluating the performance characteristic of double-decker high-precision bearings[J]. Tribotest, 2004, 10(3): 251-263.

[48] ZHU Y, JIN C, XUL. Dynamic responses of rotor drops onto double-decker catcher bearing[J]. Chinese Journal of Mechanical Engineering, 2013, 26(1): 104-113.

[49] 俞成涛, 徐龙祥, 金超武. 自动消除主动磁悬浮轴承系统保护间隙机构的运动学分析[J]. 航空学报, 2015, 36(7): 2485-2496.

[50] YU C, JIN C, YUX, et al. Dynamic analysis of active magnetic bearing rotor dropping on auto-eliminating clearance auxiliary bearing devices[J]. Journal of Engineering for Gas Turbines and Power, 2015, 137(6): 062502.

[51] KINGSBURYE. Ball-ball load carrying capacity in retainerless angular-contact bearings[J]. Journal of Lubrication Technology, 1982, 104: 327-329.

[52] JONES W R, SHOGRIN B A, KINGSBURY E. Long term performance of a retainerless bearing cartridge with an oozing flow lubricator for spacecraft applications[R]. 1997, NASA TM-107492.

[53] 河岛壮介. 滚动装置及其使用方法: 日本, CN101680483[P]. 2010-03-24.

[54] TOWNSEND D P, ALLEN C W, ZARETSKY E V. Friction losses in a lubricated thrust-loaded cageless angular-contact bearing[R]. [s. n.], 1973.

[55] ZHIL'NIKOV E P, BALYAKIN V B, LAVRIN A V. A method for calculating the frictional moment in cageless bearings[J]. Journal of Friction and Wear, 2018, 39(5): 400-404.

[56] HALMINEN O, KÄRKKÄINEN A, SOPANENJ, et al. Active magnetic bearing-supported rotor with misaligned cageless backup bearings: a dropdown event simulation model[J]. Mechanical Systems and Signal Processing, 2015, 50: 692-705.

[57] HALMINEN O, ACEITUNO J F, ESCALONAJ L, et al. Models for dynamic analysis of backup ball bearings of an AMB-system[J]. Mechanical Systems and Signal Processing, 2017, 95: 324-344.

[58] HALMINEN O, ACEITUNO J F, ESCALONA J L, et al. A touchdown bearing with surface waviness: friction loss analysis[J]. Mechanism and Machine Theory, 2017, 110: 73-84.

[59] HALMINEN O, ACEITUNO J F, ESCALONA JL, et al. A touchdown bearing with surface waviness: a dynamic model using a multibody approach[J]. Proceed-

ings of the Institution of Mechanical Engineers, Part K: Journal of Multi-body Dynamics, 2017, 231(4): 658-669.

[60] HELFERTM. Analysis of anti-friction bearings by means of high-speed videography. experimental analysis of the retainer bearing behavior after touchdown of a magnetically suspended rotor[J]. Tribologie Und Schmierungstechnik, 2008, 55 (1): 10-15.

[61] COLE M O T, KEOGH P S, BURROWS C R. The dynamic behavior of a rolling element auxiliary bearing following rotor impact[J]. Journal of Tribology, 2002, 124 (2): 406-413.

[62] KÄRKKÄINEN A, SOPANEN J, MIKKOLA A. Dynamic simulation of a flexible rotor during drop on retainer bearings[J]. Journal of Sound & Vibration, 2007, 306(3-5): 601-617.

[63] JARROUX C, MAHFOUD J, DUFOURR, et al. Investigations on the dynamic behaviour of an on-board rotor-AMB system with touch-down bearing contacts: modelling and experimentation[J]. Mechanical Systems and Signal Processing, 2021, 159: 107787.

[64] JARROUX C, DUFOUR R, MAHFOUDJ, et al. Touchdown bearing models for rotor-AMB systems[J]. Journal of Sound and Vibration, 2019, 440: 51-69.

[65] SUN G, PALAZZOLO A B, PROVENZA A, et al. Detailed ball bearing model for magnetic suspension auxiliary service[J]. Journal of Sound and Vibration, 2004, 269(3-5): 933-963.

[66] NEISI N, SIKANEN E, HEIKKINEN JE, et al. Stress analysis of a touchdown bearing having an artificial crack[C]. Cleveland :Proceedings of ASME 2017 International Design Engineering Technical Conferences and Computers and Information in Engineering Conference, 2017: V008T12A034.

[67] WIERCIGROCH M. Applied nonlinear dynamics of non-smooth mechanical systems[J]. Journal of the Brazilian Society of Mechanical Sciences and Engineering, 2006,28(4): 519-526.

[68] 聂傲男, 李迎春, 夏维华, 等. 主动磁悬浮轴承系统保护轴承碰撞特性研究[J]. 轴承, 2022(6): 30-37.

[69] 马子魁, 赵东旭, 倪艳光. 磁悬浮系统跌落转子-保护轴承的动态响应分析[J]. 轴承, 2022: 1-9.

[70] GUPTA PK. Advanced dynamics of rolling elements[M]. New York: Springer Science & Business Media, 2012: 61-63.

[71] HIRANO F. Motion of a ball in angular-contact ball bearing[J]. Asle Transactions, 1965, 8(4): 425-434.

[72] ARIYOSHI S, KAWAKITA K, HIRANO F. The performance of a new measuring method for three-dimensional ball motion in a ball-bearing[J]. Wear, 1983, 92

　　　　(1)：13-23.

[73] KAWAKITA K，ARIYOSHI S. The actual motion and the contact angle of a ball in a deep groove ball-bearing II：Shaft speed Ni ＝ 100 rev min1；thrust load Fa ＝ 600，800 and 1 000 N[J]. Wear，1987，117(2)：251-262.

[74] 高翔，张晨阳.高速精密球轴承钢球三维运动状态检测[J].轴承，2010，362(1)：45-48,63.

[75] GENTLE C R，BONESSR J. Prediction of ball motion in high-speed thrust-loaded ball bearings[J]. ASME. J. of Lubrication Tech. ，1976,98(3)：463-469.

[76] 温保岗，韩清凯，乔留春，等. 保持架间隙对角接触球轴承保持架磨损的影响研究[J].振动与冲击，2018，37(23)：9-14.

[77] CHI Y，YANG S，JIAO W，et al. Spectral DCS-based feature extraction method for rolling element bearing pseudo-fault in rotor-bearing system[J]. Measurement，2019，132：22-34.

[78] YUN X，HAN Q，WENB，et al. Dynamic stiffness and vibration analysis model of angular contact ball bearing considering vibration and friction state variation[J]. Journal of Vibroengineering，2022，24(2)：221-255.

[79] 潘奔流，叶军，薛玉君，等. 高速电主轴轴承性能试验台的研制[J].轴承，2011，377(4)：48-50,62.

[80] 田胜利. 高速电主轴系统复杂动态特性及其综合测试技术研究[D]. 重庆：重庆大学，2019：31-34.

[81] NITHYAVATHY N，KUMAR S A，IBRAHIM SHERIFF K A I，et al. Vibration monitoring and analysis of ball bearing using GSD platform[J]. Materials Today：Proceedings，2021，43：2290-2295.

[82] WANG Y，SHIYUANE. Design and research of bearing reliability test bed based on multi-dimensional vibration loading[C]. Journal of Physics：Conference Series，2021，2101(1)：012045.

[83] GUPTA P K. Dynamics of rolling-element bearings—part iv：ball bearing results [J]. Journal of Tribology，1979，101(3)：312-319.

[84] ASANOK. Recent development in numerical analysis of rolling bearings basic technology series of bearings[J]. Koyo Engineering Journal，2002，160：65-70.

[85] 史修江，王黎钦. 基于拟动力学的航空发动机主轴滚子轴承热弹流润滑分析[J].机械工程学报，2016，52(3)：86-92.

[86] 邓四二，谢鹏飞，杨海生，等. 高速角接触球轴承保持架柔体动力学分析[J].兵工学报，2011，32(5)：625-631.

[87] 王艳青，闫月晖，马嵩华，等. 滚动轴承数字孪生几何模型精细建模方法[J/OL].计算机集成制造系统：1-17[2023-06-14]. http://kns. cnki. net/kcms/detail/11. 5946. TP. 20230410. 1227. 006. html.

[88] 顾伟，张文远，王恒. 滚动轴承疲劳失效故障的数字孪生虚拟实体建模[J].机床与

液压，2023，51(3)：193-199.

[89] FARAH MB E. Digital twin by DEM for ball bearing operating under EHD conditions[J]. Mechanics & Industry, 2020, 21(5)：506-518.

[90] SUN A, YAO T Q. Modeling and analysis of planar multibody system containing deep groove ball bearing with slider-crank mechanism[C]. Advanced Materials Research. Trans Tech Publications Ltd, 2013, 753：918-923.

[91] JIN K F, YAO T Q. Multi-body contact dynamics analysis of angular contact ball bearing[C]. Applied Mechanics and Materials. Trans Tech Publications Ltd., 2014, 444：45-49.

[92] 吉博文，景敏卿，刘恒，等. 基于 ADAMS 的球轴承保持架动力学仿真[J]. 机械制造与自动化，2014，43(5)：113-116.

[93] STRIBEC K. Ball Bearings for Various Load[J]. Transactions of the ASME, 1907, 29：420-467.

[94] 万长森. 滚动轴承的分析方法[M]. 北京：机械工业出版社，1987.

[95] 罗祝三. 轴向受载的高速球轴承的拟动力学分析[J]. 航空动力学报，1996，11(3)：257-260.

[96] JONES A B. Ball motion and sliding friction in ball bearings[J]. Journal of Basic Engineering, 1959, 81(1)：1-12.

[97] HARRIS T A, CRECELIUS W J. Rolling bearing analysis[J]. Journal of Tribology, 1986, 108(1)：149-150.

[98] HARRIS TA, MINDEL M H. Rolling element bearing dynamics[J]. Wear, 1973, 23(3)：311-337.

[99] HARRIS T. A. Ball motion in thrust-loaded, angular contact bearings with coulomb friction[J]. Journal of Tribology, 1971, 93(1)：32-38.

[100] HARRIS T A, BARNSBY R M, KOTZALAS M N. A Method to calculate frictional effects in oil-lubricated ball bearings[J]. Tribology transactions, 2001, 44 (4)：704-708.

[101] 唐云冰，高德平，罗贵火. 航空发动机高速滚珠轴承力学特性分析与研究[J]. 航空动力学报，2006，21(2)：354-360.

[102] 丁长安，周福章，朱均，等. 滚道控制理论与滚动体姿态角的确定[J]. 机械工程学报，2001，37 (2)：58-61,65.

[103] BONESS R J. The Effect of oil supply on cage and roller motion in a lubricated roller bearing[J]. Journal of Lubrication Technology, 1970, 92(1)：39 – 51.

[104] HARSHA S P, SANDEEP K, PRAKASH R. Non-linear dynamic behaviors of rolling element bearings due to surface waviness[J]. Journal of Sound & Vibration, 2004, 272(3-5)：557-580.

[105] 王黎钦，崔立，郑德志，等. 航空发动机高速球轴承动态特性分析[J]. 航空学报，2007，28(6)：1461-1467.

[106] WALTERS C T. The Dynamics of ball bearings[J]. Journal of Tribology, 1971,
　　　93(1): 1-10.

[107] GEER T E, KANNEL J W, STOCKWELLR D, et al. Study of high-speed angu-
　　　lar-contact ball bearings under dynamic load[R]. [s. n.],1969.

[108] GUPTA P K. On the dynamics of a tapered roller bearing[J]. Journal of Tribolo-
　　　gy, 1989, 111(2): 278-287.

[109] GUPTA P K. Transient ball motion and skid in ball bearings[J]. ASME. J. of
　　　Lubrication Tech, 1975, 97(2): 261-269.

[110] GUPTA PK. Some Dynamic effects in high-speed solid-lubricated ball bearings
　　　[J]. Tribology Transactions, 1983, 26(3): 393-400.

[111] MEEKS C,NG K. The dynamics of ball separators in ball bearings-part i: analy-
　　　sis[J]. Tribology Transactions, 1985, 28(3): 277-287.

[112] MEEKS C R. The dynamics of ball separators in ball bearings—part ii: results of
　　　optimization study[J]. ASLE Transactions, 1985, 28(3): 288-295.

[113] BIBOULET N, HOUPERT L, LUBRECHTA, et al. Contact stress and rolling
　　　contact fatigue of indented contacts: part ii, rolling element bearing life calcula-
　　　tion and experimental data of indent geometries[J]. Proceedings of the Institu-
　　　tion of Mechanical Engineers Part J Journal of Engineering Tribology, 2013, 227
　　　(4): 319-327.

[114] HOUPENL. Ball bearing and tapered roller bearing torque: analytical, numerical
　　　and experimental results[J]. Tribology Transactions, 2002, 45(3): 345-353.

[115] HOUPERT L. CAGEDYN: a contribution to roller bearing dynamic calculations
　　　part i: basic tribology concepts[J]. Tribology Transactions, 2009, 53(1): 1-9.

[116] 崔立,王黎钦,郑德志. 等. 航空发动机高速滚子轴承动态特性分析[J]. 航空学
　　　报, 2008, 29(2): 492-498.

[117] YE Z H , WANGL Q . Cage Instabilities in high-speed ball bearings[J]. Applied
　　　Mechanics and Materials, 2013, 278/279/280:3-6.

[118] OKTAVIANA L, TONG V C, HONG S W. Skidding analysis of angular contact
　　　ball bearing subjected to radial load and angular misalignment[J]. Journal of Me-
　　　chanical Science and Technology, 2019, 33(2): 837-845.

[119] LIOULIOS A N, ANTONIADIS I A. Effect of rotational speed fluctuations on
　　　the dynamic behaviour of rolling element bearings with radial clearances[J]. In-
　　　ternational Journal of Mechanical Sciences, 2006, 48(8): 809-829.

[120] 涂文兵,何海斌,罗丫,等.基于滚动体打滑特征的滚动轴承振动特性研究[J]. 振
　　　动与冲击, 2017, 36(11): 166-170,175.

[121] 韩勤锴,李峥,褚福磊. 基于 Euler 方程的角接触球轴承打滑动力学模型[J].轴
　　　承, 2015, 428(7): 1-7.

[122] 李峰,邓四二,张文虎. 频繁摆动工况下球轴承打滑特性研究[J]. 机械工程学报,

2021，57(1)：168-178.

[123] 姚廷强，王立华，刘孝保，等. 考虑保持架间隙碰撞的球轴承-机构系统动力学分析[J]. 航空动力学报，2016，31(7)：1725-1735.

[124] 韩勤锴，褚福磊. 角接触滚动轴承打滑预测模型[J]. 振动工程学报，2017，30(3)：357-366.

[125] 涂文兵，梁杰，杨锦雯，等. 变工况下滚动轴承保持架碰撞接触动力学特性分析[J]. 振动与冲击，2022，41(4)：278-286.

[126] 袁倩倩，朱永生，张进华，等. 考虑润滑碰撞的精密轴承保持架动态特性[J]. 西安交通大学学报，2021，55(1)：110-117.

[127] 张艳龙. 含动摩擦的碰撞振动系统的动力学特性及其工程应用[D]. 兰州：兰州交通大学，2019：121-123.

[128] 张学宁，韩勤锴，褚福磊. 含双频时变滚动轴承刚度的转子-轴承系统响应特征研究[J]. 振动与冲击，2017，36(13)：116-121.

[129] PATIL M S, MATHEW J, RAJENDRAKUMAR PK, et al. A Theoretical model to predict the effect of localized defect on vibrations associated with ball bearing [J]. International Journal of Mechanical Sciences，2010，52(9)：1193-1201.

[130] SHAH D S, PATEL V N. A Dynamic model for vibration studies of dry and lubricated deep groove ball bearings considering local defects on races[J]. Measurement，2019，137：535-555.

[131] VILLA C V S, SINOU JJ, THOUVEREZ F. Investigation of a Rotor-bearing System with Bearing Clearances and Hertz Contact by Using a Harmonic Balance Method[J]. Journal of the Brazilian Society of Mechanical Sciences and Engineering，2007，29(1)：14-20.

[132] BEHZAD M, BASTAMI A R, MBA D. New model for estimating vibrations generated in the defective rolling element bearings[J]. Journal of Vibration and Acoustics，2011，133(4)：1.

[133] NAKHAEINEJAD M , BRYANT M D. Dynamic modeling of rolling element bearings with surface contact defects using bond graphs[J]. Journal of Tribology，2010，133(1)：12.

[134] LIU J, SHAO Y. Dynamic modeling for rigid rotor bearing systems with a localized defect considering additional deformations at the sharp edges[J]. Journal of Sound & Vibration，2017，398：84-102.

[135] SINGH S, KÖPKE U G, HOWARD C Q, et al. Analyses of contact forces and vibration response for a defective rolling element bearing using an explicit dynamics finite element model[J]. Journal of Sound and Vibration，2014，333(21)：5356-5377.

[136] 关贞珍，郑海起，王彦刚，等. 滚动轴承局部损伤故障动力学建模及仿真[J]. 振动. 测试与诊断，2012，32(6)：950-955，1036.

[137] XIANG L, HU A, HOU L, et al. nonlinear coupled dynamics of an asymmetric double-disc rotor-bearing system under rub-impact and oil-film forces[J]. Applied Mathematical Modelling, 2016, 40(7-8): 4505-4523.

[138] 剡昌锋, 苑浩, 王鑫, 等. 点接触弹流润滑条件下的深沟球轴承表面局部缺陷动力学建模[J]. 振动与冲击, 2016, 35(14): 61-70.

[139] 牛蔺楷, 曹宏瑞, 何正嘉. 考虑三维运动和相对滑动的滚动球轴承局部表面损伤动力学建模研究[J]. 机械工程学报, 2015, 51(19): 53-59.

[140] NIU L, CAO H, HE Z, et al. An investigation on the occurrence of stable cage whirl motions in ball bearings based on dynamic simulations[J]. Tribology International, 2016, 103: 12-24.

[141] NIU L, CAO H, HE Z, et al. A systematic study of ball passing frequencies based on dynamic modeling of rolling ball bearings with localized surface defects [J]. Journal of Sound and Vibration, 2015, 357: 207-232.

[142] ROQUES S, LEGRAND M, CARTRAUD P, et al. Modeling of a rotor speed transient response with radial rubbing[J]. Journal of Sound and Vibration, 2010, 329(5): 527-546.

[143] HUNT K H, CROSSLEY F. Coefficient of restitution interpreted as damping in vibroimpact[J]. Journal of Applied Mechanics, 1975, 42(2): 440-445.

[144] LANKARANI H M, NIKRAVESH P E. A contact force model with hysteresis damping for impact analysis of multibody systems[J]. Journal of Mechanical Design, 1990, 112(2): 369-376.

[145] LEE T W, WANG A C. On the dynamics of intermittent-motion mechanisms. part 1: dynamic model and response[J], Journal of Mechanisms, Transmissions and Automation in Design. 1983, 105(3): 534-540.

[146] WANG J, YANG P. A Numerical analysis for tehl of eccentric-tappet pair subjected to transient load[J]. J. Trib. , 2003, 125(4): 770-779.

[147] GUO F, WONG P L, YANG P, et al. Film formation in ehl point contacts under zero entraining velocity conditions[J]. Tribology Transactions, 2002, 45(4): 521-530.

[148] ZHAO Y, WONG P L, MAO J H. EHL film formation under zero entrainment velocity condition[J]. Tribology International, 2018, 124: 1-9.

[149] GUO L, WONG P, GUO F. Identifying the optimal interfacial parameter correlated with hydrodynamic lubrication[J]. Friction, 2016, 4(4): 347-358.

[150] WONG P L, ZHAO Y, MAO J. Facilitating effective hydrodynamic lubrication for zero-entrainment-velocity contacts based on boundary slip mechanism[J]. Tribology International, 2018, 128: 89-95.

[151] ZHAO Y, ZHOU G, WANG Q Y. Discrete dynamics of balls in cageless ball bearings[J]. Symmetry, 2022, 14(11): 2242.

[152] ZHANG J W, ZHAO Y L, ZHANG X N. Stability investigations of cageless ball bearings considering balls and outer rings with variable diameter raceways[J]. Advances in Mechanical Engineering,2022,14(11):168781322211356.

[153] ZHOU E W, ZHAO Y L , ZHANG H Q. Research on vibration evolution of a ball bearing without the cage under local variable-diameter raceway damage. Journal of Theoretical and Applied Mechanics,2023,61(1):129-146.

[154] 赵彦玲,张晓楠,秦生.无保持架球轴承变速曲面设计及仿真分析[J].哈尔滨理工大学学报,2021,26(6):33-39.

[155] 赵彦玲,王明珠,侯新新,等.无保持架轴承滚动体与变速曲面静接触有限元[J].哈尔滨理工大学学报,2022,27(1):100-107.

[156] WANG, Q, ZHAO Y, WANG M, et al. Design of discrete groove for raceway of cageless ball bearing[C]//Advances in Mechanical Design: Proceedings of the 2021 International Conference on Mechanical Design (2021 ICMD). Singapore: Springer, 2022: 2089-2108.

[157] LUO M, GUO Y, WU X, et al. An analytical model for estimating spalled zone size of rolling element bearing based on dual-impulse time separation[J]. Journal of Sound and Vibration, 2019, 453: 87-102.

[158] 裘春航,吕和祥,钟万勰. 求解非线性动力学方程的分段直接积分法[J]. 力学学报, 2002, 34(3): 369-378.

[159] XUE Y H. Finite Element simulation and experimental test of the wear behavior for self-lubricating spherical plain bearings[J]. Friction, 2018, 6(3): 297-306.

[160] 胡国明. 颗粒系统的离散元素法分析仿真[M]. 武汉: 武汉理工大学出版社, 2010: 11-12.

[161] 朱宝琛. 应用于连续体结构强非线性仿真的离散实体单元法研究[D]. 南京: 东南大学, 2019: 39-48.

[162] 徐芝纶. 弹性力学[M]. 北京: 人民教育出版社, 1982: 272.

[163] 王国强,郝万军,王继新. 离散单元法及其在 EDEM 上的实践[M]. 西安: 西北工业大学出版社, 2010: 18-19.

[164] 孙其诚,王光谦. 颗粒物质力学导论[M]. 北京: 科学出版社, 2009: 33.

[165] 约翰逊. 接触力学[M]. 徐秉业,等译. 北京: 高等教育出版社, 1992: 104.

[166] 波波夫. 接触力学与摩擦学的原理及其应用[M]. 李强,雒建斌,译. 北京: 清华大学出版社, 2019: 49.

[167] 蒋红英,苗天德,鲁进步. 二维颗粒堆积中力传递的一个概率模型[J]. 岩土工程学报, 2006, 28(7): 881-885.

[168] 赵群. 规则排列的轻质球形材料路基应力传递规律研究[D]. 哈尔滨: 哈尔滨工业大学, 2016: 36.

ZHAO Y L, JIN Y, PANC Y, et al. Characterization of bond fracture in discrete groove wear of cageless ball bearings[J]. Materials, 2022, 15(19): 6711.

[170] 付秋菊. 贫油润滑下深沟球轴承的摩擦磨损研究[D]. 南京：南京航空航天大学，2014：28-36.

[171] 张宇，谢里阳，胡智勇，等. 弹性流体动力润滑状态下滚动轴承摩擦的分析[J]. 东北大学学报，2015，36(7)：1000-1004.

[172] 张宇，谢里阳，胡智勇，等. 弹流润滑对球轴承滚动体与滚道接触刚度的影响[J]. 中国工程机械学报，2015，13(3)：206-211.

[173] POPOVV L. Contact mechanics and friction：physical principles and applications[M]. Springer Berlin Heidelberg，2010：160-178.

[174] 陈文蔚. 弹性流体动力润滑理论及其应用[J]. 润滑与密封，1982，7(1)：42-55.

[175] DOWSON D，HIGGINSON G R. A Numerical solution to the elasto-hydrodynamic problem[J]. J Mech. Eng，2006，1(1)：6-15.

[176] 崔金磊，杨萍，刘晓玲，等. 由润滑油密度求黏度的新黏压关系式探讨[J]. 摩擦学学报，2016，36(1)：13-19.

[177] 王静，杨沛然. 润滑油黏度和接触椭圆比对纯挤压热弹流润滑的影响[J]. 润滑与密封，2014，39(9)：1-3.

[178] 束坤. 高速轻载航空轴承打滑监测技术研究[D]. 哈尔滨：哈尔滨工业大学，2015：11-12.

[179] 洛阳轴研科技股份有限公司. 滚动轴承 振动(加速度)测量方法及技术条件：GB/T 32333—2015 [S]. 全国滚动轴承标准化技术委员会，2015.

[180] FELDMANM. Hilbert transform in vibration analysis[J]. Mechanical Systems & Signal Processing，2011，25(3)：735-802.